中等职业教育数字艺术类规划教材

边做边学 Dreamweaver CS3 网页设计案例教程

■ 官辛华 主 编

■ 谭耀辉 骆霞权 副主编

人民邮电出版社

北京

图书在版编目（C I P）数据

Dreamweaver CS3网页设计案例教程 / 官辛华主编
. -- 北京 : 人民邮电出版社, 2010.11(2019.8重印)
（边做边学）
中等职业教育数字艺术类规划教材
ISBN 978-7-115-23989-1

Ⅰ. ①D… Ⅱ. ①官… Ⅲ. ①主页制作—图形软件，
Dreamweaver CS3—专业学校—教材 Ⅳ. ①TP393.092

中国版本图书馆CIP数据核字(2010)第193475号

内 容 提 要

本书全面系统地介绍 Dreamweaver CS3 的基本操作方法和网页设计制作技巧，包括初识 Dreamweaver CS3、文本与文档、图像和多媒体、超链接、使用表格、使用框架、使用层和时间轴、CSS 样式、模板和库、使用表单、使用行为和网页代码。

本书内容以课堂案例为主线，通过各案例的实际操作，学生可以快速上手，熟悉软件功能和艺术设计思路。书中的软件功能解析部分使学生能够更深入地学习软件功能。课堂实战演练和课后综合演练，可以拓展学生的实际应用能力，提高学生的软件使用技巧。本书配套光盘中包含了书中所有案例的素材及效果文件，以利于教师授课，学生练习。

本书可作为职业学校艺术类专业课程的教材，也可作为 Dreamweaver CS3 自学者的参考用书。

◆ 主　　编　官辛华
副 主 编　谭耀辉　骆霞权
责任编辑　王　平
◆ 人民邮电出版社出版发行　　北京市丰台区成寿寺路 11 号
邮编　100164　　电子邮件　315@ptpress.com.cn
网址　http://www.ptpress.com.cn
固安县铭成印刷有限公司印刷
◆ 开本：787×1092　1/16
印张：15.75　　2010 年 11 月第 1 版
字数：405 千字　　2019 年 8 月河北第 16 次印刷

ISBN 978-7-115-23989-1

定价：33.00 元（附光盘）

读者服务热线：(010)81055256　印装质量热线：(010)81055316
反盗版热线：(010)81055315
广告经营许可证：京东工商广登字 20170147 号

前　言

Dreamweaver CS3 是由 Adobe 公司开发的网页设计与制作软件。它的功能强大、易学易用，深受网页制作者和网页设计师的喜爱，已经成为这一领域最流行的软件之一。目前，我国很多职业学校的艺术类专业，都将 Dreamweaver 列为一门重要的专业课程。为了帮助职业学校的教师全面、系统地讲授这门课程，使学生能够熟练地使用 Dreamweaver 来进行网页设计，我们几位长期在职业学校从事 Dreamweaver 教学的教师和专业网页设计公司经验丰富的设计师合作，共同编写了本书。

根据现代职业学校的教学方向和教学特色，我们对本书的编写体系做了精心的设计。每章按照“课堂实训案例－软件相关功能－课堂实战演练－课后综合演练”这一思路进行编排，力求通过课堂实训案例演练，使学生快速熟悉网页设计理念和软件功能；通过软件相关功能解析使学生深入学习软件功能和制作特色；通过课堂实战演练和课后综合演练，拓展学生的实际应用能力。

在内容编写方面，力求细致全面、重点突出；在文字叙述方面，注意言简意赅、通俗易懂；在案例选取方面，强调案例的针对性和实用性。

本书配套光盘中包含了书中所有案例的素材及效果文件。另外，为方便教师教学，本书配备了详尽的课堂实战演练和课后综合演练的操作步骤文稿、PPT 课件、教学大纲，附送商业实训案例文件等丰富的教学资源，任课教师可登录人民邮电出版社教学服务与资源网（www.ptpedu.com.cn）免费下载使用。本书的参考学时为 72 学时，各章的参考学时参见下面的学时分配表。

章　节	课 程 内 容	学 时 分 配
第 1 章	初识 Dreamweaver CS3	2
第 2 章	文本与文档	6
第 3 章	图像和多媒体	6
第 4 章	超链接	6
第 5 章	使用表格	8
第 6 章	使用框架	8
第 7 章	使用层和时间轴	7
第 8 章	CSS 样式	7
第 9 章	模板和库	7
第 10 章	使用表单	6
第 11 章	使用行为	5
第 12 章	网页代码	4
课 时 总 计		72

本书由官辛华任主编，谭耀辉、骆霞权任副主编，参与本书编写工作的还有周建国、吕娜、葛润平、陈东生、周世宾、刘尧、周亚宁、张敏娜、王世宏、孟庆岩、谢立群、黄小龙、高宏、尹国琴、崔桂青、张文达等。

由于时间仓促，加之编者水平有限，书中难免存在错误和不妥之处，敬请广大读者批评指正。

编　者

2010 年 7 月

目 录

第3章 图像和多媒体

第 10 章 使用表单

第 11 章 使用行为

第 12 章　网页代码

第1章 初识 Dreamweaver CS3

网页是网站最基本的组成部分，网站之间并不是杂乱无章的，它们通过各种链接相互关联，从而描述相关的主题或实现相同的目的。本章讲述 Dreamweaver CS3 的工作界面、创建网站框架、网页文件设置、管理站点的方式等内容。

课堂学习目标

- 操作界面
- 创建网站框架
- 管理站点
- 网页文件头设置

1.1 操作界面

1.1.1 【操作目的】

通过打开文件和调出属性面板命令，熟悉菜单栏的操作。通过链接选项改变链接文字的状态，熟悉 CSS 功能的应用方法。

1.1.2 【操作步骤】

步骤 1 选择“文件 > 打开”命令，在弹出的对话框中选择光盘中的“Ch01 > clip >回味时光网页> index.html”文件，单击“打开”按钮打开文件，如图 1-1 所示。

步骤 2 选择“窗口 > 属性”命令，调出“属性”面板，单击“页面属性”按钮，弹出“页面属性”对话框。在对话框左侧的“分类”列表框中选择“链接”选项，单击“加粗”按钮 **B**，将“链接颜色”选项设为黑色，在“下划线样式”下拉列表中选择“始终无下划线”选项，如图 1-2 所示。

图 1-1

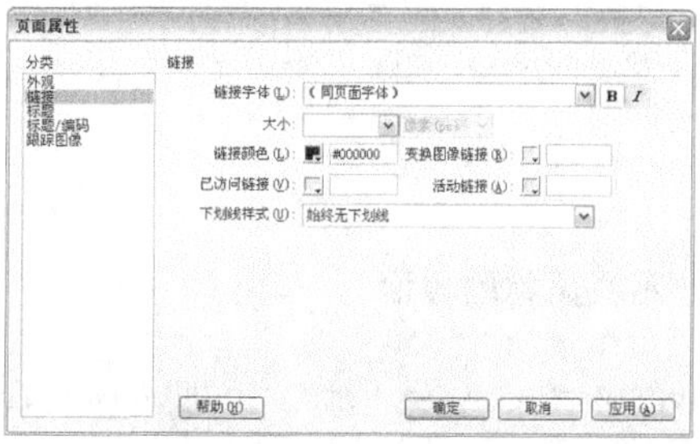

图 1-2

步骤 3 单击“确定”按钮，链接文字发生变化，效果如图 1-3 所示。保存文档，按<F12>键预览效果，如图 1-4 所示。

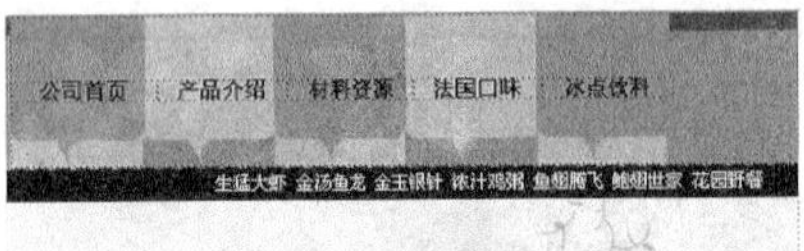

图 1-3

图 1-4

1.1.3 【相关工具】

1. 开始页面

启动 Dreamweaver CS3 后首先看到的画面是开始页面，供用户选择新建文件的类型，或打开已有的文档等，如图 1-5 所示。

对于老用户，如果不想显示开始页面，可选择“编辑 > 首选参数”命令，在弹出的“首选参数”对话框中取消选择“显示欢迎屏幕”复选框，如图 1-6 所示。单击“确定”按钮完成设置。当用户再次启动 Dreamweaver CS3 后，将不再显示开始页面。

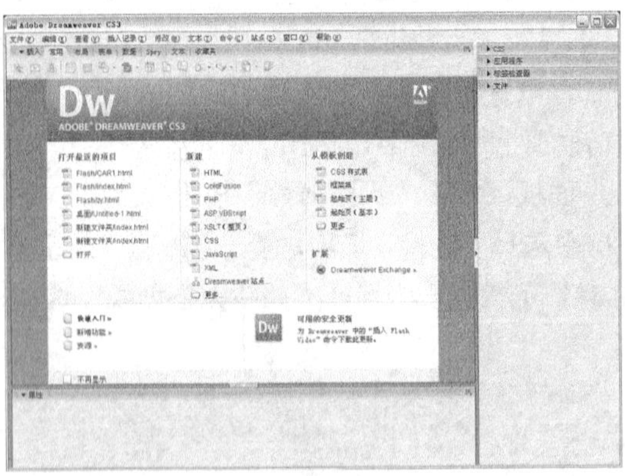

图 1-5

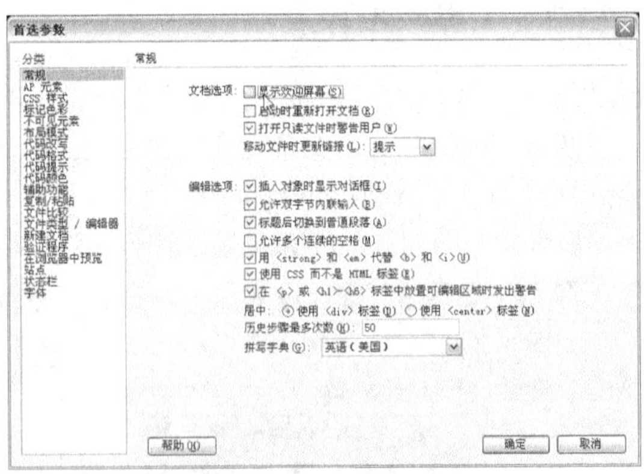

图 1-6

2. 不同风格的界面

Dreamweaver CS3 的操作界面新颖淡雅，布局紧凑，为用户提供了一个轻松、愉悦的开发环境。

若用户想修改操作界面的风格，切换到自己熟悉的开发环境，可选择“窗口 > 工作区布局”命令，弹出其子菜单如图 1-7 所示，在子菜单中选择“编码器”或“设计器”命令，页面则会显示不同的界面风格。

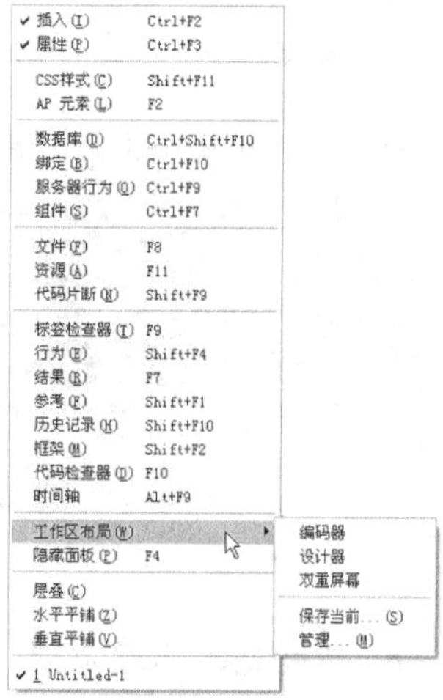

图 1-7

3. 伸缩自如的功能面板

在文档编辑窗口的右侧和下方与面板交界的框线中央各有一个箭头，单击箭头便可隐藏或展开面板，如图 1-8 所示。

如果用户觉得工作区不够大，可以将鼠标指针放在文档编辑窗口右侧与面板交界的框线处，当鼠标指针呈双向箭头时拖曳鼠标，调整工作区的大小，如图 1-9 所示。若用户需要更大的工作区，可以将面板隐藏。

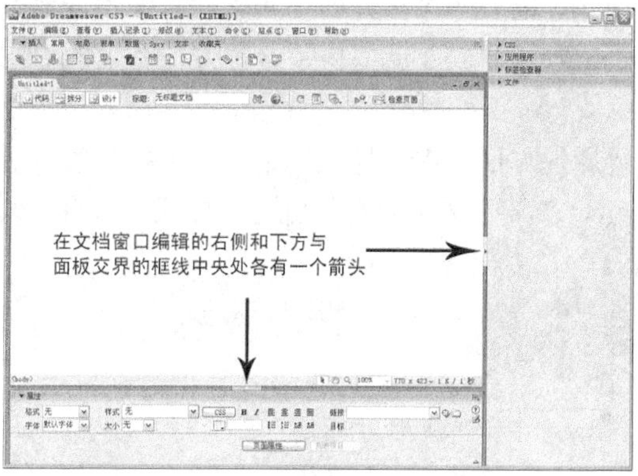

图 1-8

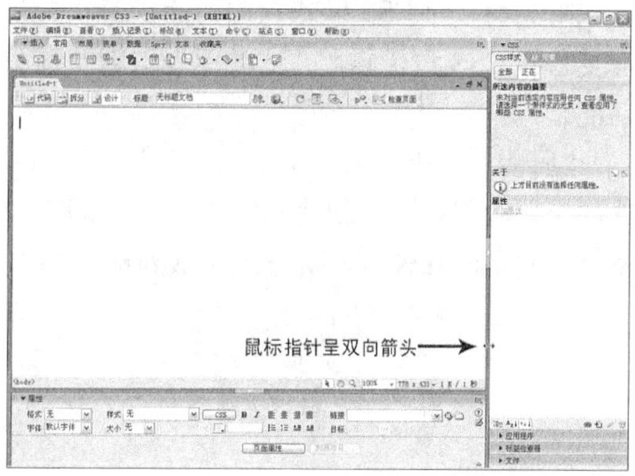

图 1-9

4. 多文档的编辑界面

Dreamweaver CS3 提供了多文档的编辑界面，将多个文档整合在一起，方便用户在各个文档之间切换。如图 1-10 所示，用户可以单击文档编辑窗口上方的选项卡，切换到相应的文档。通过多文档的编辑界面，用户可以同时编辑多个文档。

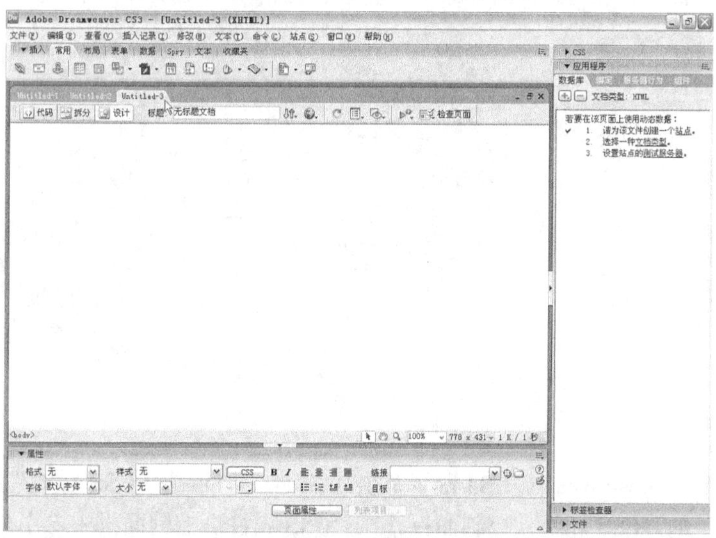

图 1-10

5. 插入面板

Dreamweaver CS3 的“插入”面板在菜单栏的下方，如图 1-11 所示。

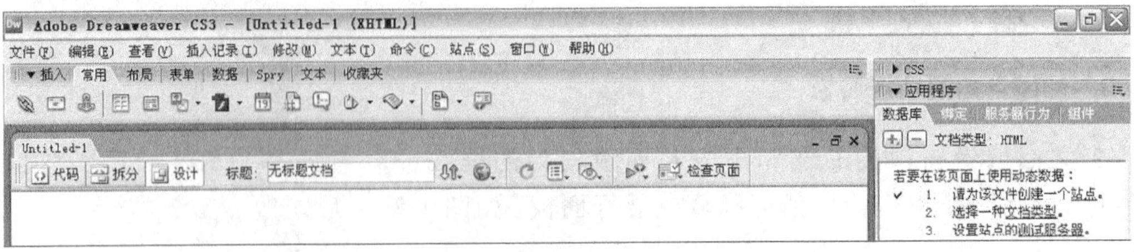

图 1-11

6. 更完整的 CSS 功能

传统的 HTML 所提供的样式及排版功能非常有限，因此，现在复杂的网页版面主要靠 CSS 样式来实现。而 CSS 样式表的功能较多，语法比较复杂，需要一个很好的工具软件有条不紊地整理复杂的 CSS 源代码，并适时地提供辅助说明。Dreamweaver CS3 就提供了这种方便有效的 CSS 功能。

“属性”面板提供了 CSS 功能。用户可以通过“属性”面板中“样式”选项的下拉列表对所选的对象应用样式或创建和编辑样式，如图 1-12 所示。若某些文字应用了自定义样式，当用户调整这些文字的属性时，会自动生成新的 CSS 样式。

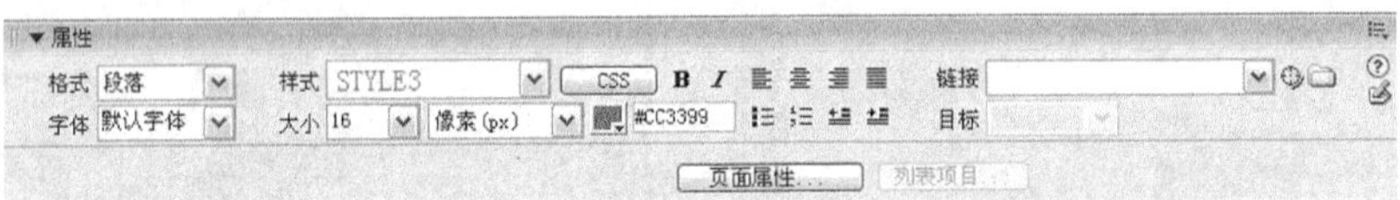

图 1-12

“页面属性”按钮也提供了 CSS 功能。单击“页面属性”按钮，弹出“页面属性”对话框，如图 1-13 所示。用户可以在“分类”列表框中选择“链接”选项，在“下划线样式”选项的下拉列表中设置超链接的样式，这个设置会自动转化成 CSS 样式，如图 1-14 所示。

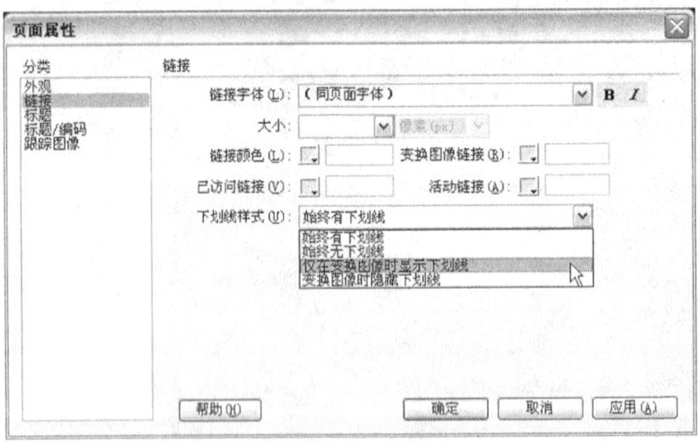

图 1-13

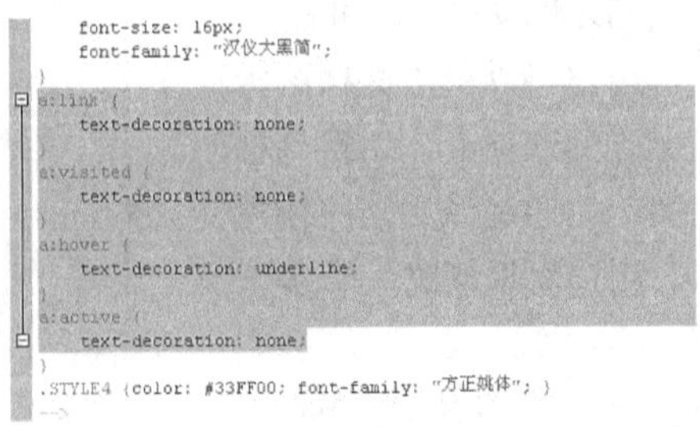

图 1-14

Dreamweaver CS3 除了提供如图 1-15 所示的“CSS 样式”控制面板外，还提供如图 1-16 所示的“CSS 属性”控制面板。在“CSS 属性”控制面板中，用户可轻松地查看规则的属性设置，并可快速修改嵌入在当前文档或通过附加的样式表链接的 CSS 样式。可编辑的网格使用户可以更改显示的属性值，对所做的更改系统都将立即应用，这使用户可以在操作的同时预览效果。

图 1-15

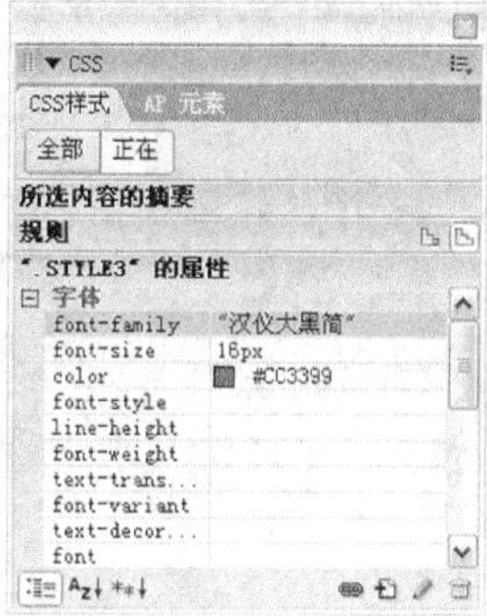

图 1-16

1.2 创建网站框架

1.2.1 【操作目的】

通过打开效果文件，熟练掌握打开命令。通过复制效果，熟练掌握新建命令。通过关闭新建文件，熟练掌握保存和关闭命令。

1.2.2 【操作步骤】

步骤 1 打开 Dreamweaver CS3，选择“文件 > 打开”命令，弹出“打开”对话框，如图 1-17 所示。选择光盘中的“Ch01 > 素材 > 美容养颜网页> default.html”文件，单击“打开”按钮打开文件，如图 1-18 所示。

图 1-17

图 1-18

步骤 2 按 Ctrl+A 组合键，选择网页全部元素，如图 1-19 所示。按<Ctrl+C>组合键，复制图形。选择“文件 > 新建”命令，在弹出的“新建文档”对话框中进行设置，如图 1-20 所示。单击“创建”按钮，创建一个空白文档，如图 1-21 所示。

步骤 3 选择“文件 > 保存”命令，弹出“另存为”对话框，在“文件名”文本框中输入名称如图 1-22 所示，单击“保存”按钮保存文件。

图 1-19

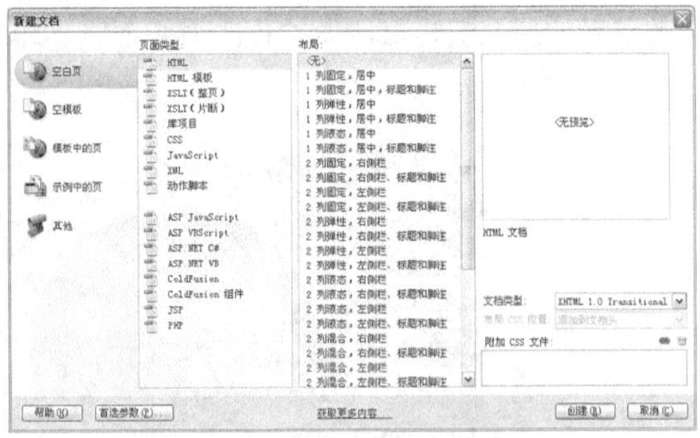

图 1-20

图 1-21

图 1-22

步骤 4 按<Ctrl+V>组合键，粘贴网页元素到新建的空白文档中，效果如图 1-23 所示。单击窗口右上角的 按钮，弹出提示对话框，如图 1-24 所示。单击“是”按钮，关闭窗口。再次单击绘图窗口右上角的 按钮，关闭打开的“default.html”文件。单击标题栏右侧的“关闭”按钮 ，可关闭软件。

图 1-23

图 1-24

1.2.3 【相关工具】

1. 创建和保存网页

创建站点后，用户需要创建网页来组织要展示的内容。合理的网页名称非常重要，一般网页文件的名称应容易理解，能反映网页的内容。

在网站中有一个特殊的网页是首页，每个网站必须有一个首页。访问者每当在 IE 浏览器的地址栏中输入网站地址，如在 IE 浏览器的地址栏中输入“www.sina.com.cn”时会自动打开新浪网的首页。一般情况下，首页的文件名为“index.htm”、“index.html”、“index.asp”、“default.asp”、“default.htm”或“default.html”。

在标准的 Dreamweaver CS3 环境下，建立和保存网页的具体操作步骤如下。

步骤 1 选择“文件 > 新建”命令，弹出“新建文档”对话框，选择“空白页”选项，在“页面类型”列表框中选择“HTML”选项，在“布局”列表框中选择“无”选项，创建空白网页的设置如图 1-25 所示。

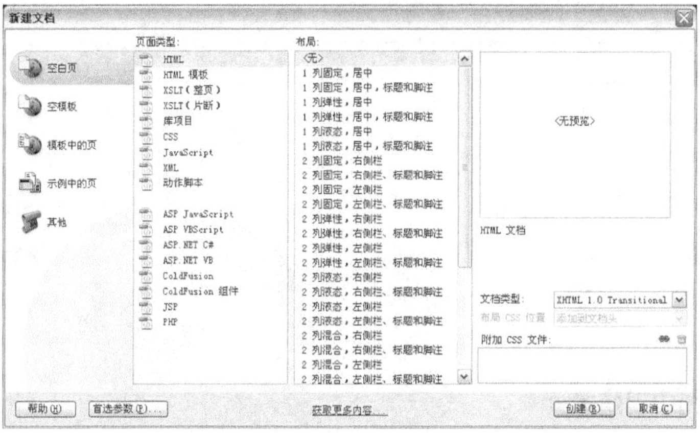

图 1-25

步骤 2 设置完成后，单击“创建”按钮，弹出“文档”窗口，新文档在该窗口中打开。根据需要，在“文档”窗口中选择不同的视图设计网页，如图 1-26 所示。

“文档”窗口中有 3 种视图方式，这 3 种视图方式的作用介绍如下。

“代码”视图：有编程经验的网页设计用户，可在“代码”视图中查看、修改和编写网页代码，以实现特殊的网页效果。“代码”视图的效果如图 1-27 所示。

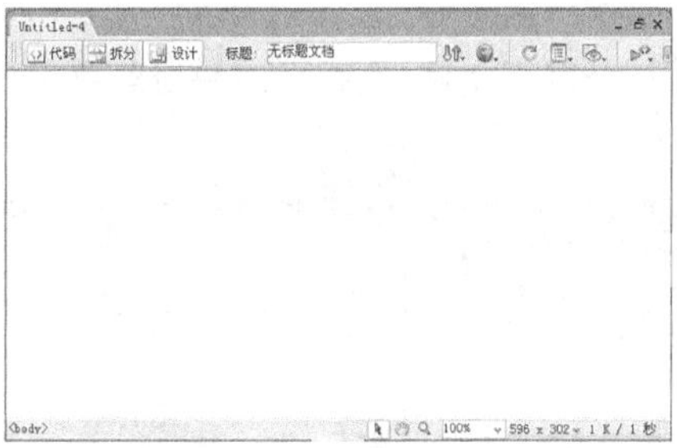

图 1-26

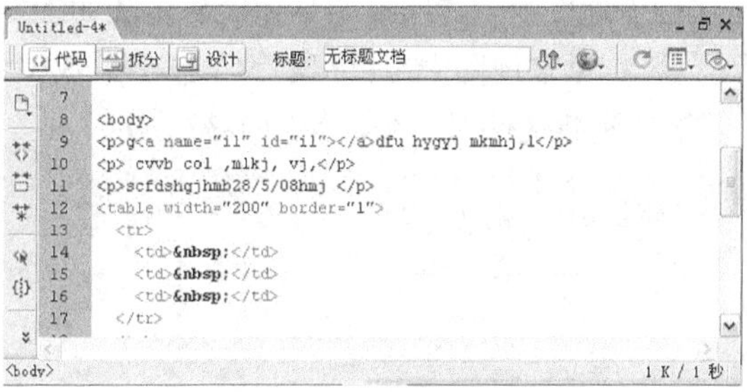

图 1-27

“设计”视图：以所见即所得的方式显示所有网页元素。“设计”视图的效果如图 1-28 所示。

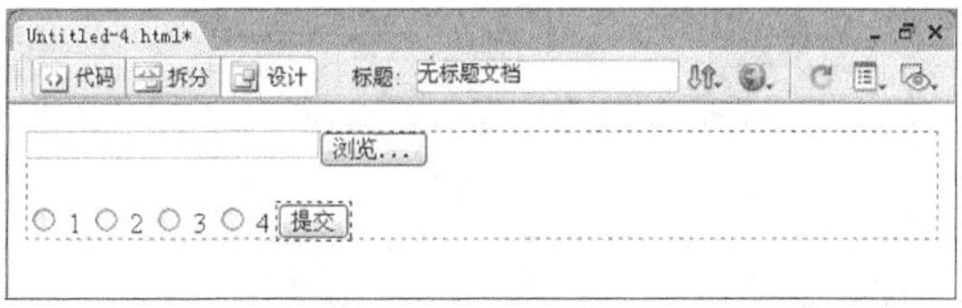

图 1-28

“拆分”视图：将文档窗口分为上下两部分，上部分是代码部分，显示代码；下部分是设计部分，显示网页元素及其在页面中的布局。在此视图中，用户通过在设计部分单击网页元素的方式，快速地定位到要修改的网页元素代码的位置修改代码，或在“属性”面板中修改网页元素的属性。“拆分”视图的效果如图 1-29

所示。

步骤 3 网页设计完成后，选择“文件 > 保存”命令，弹出“另存为”对话框，在“文件名”文本框中输入网页的名称，如图 1-30 所示。单击“保存”按钮，将该文档保存在站点文件夹中。

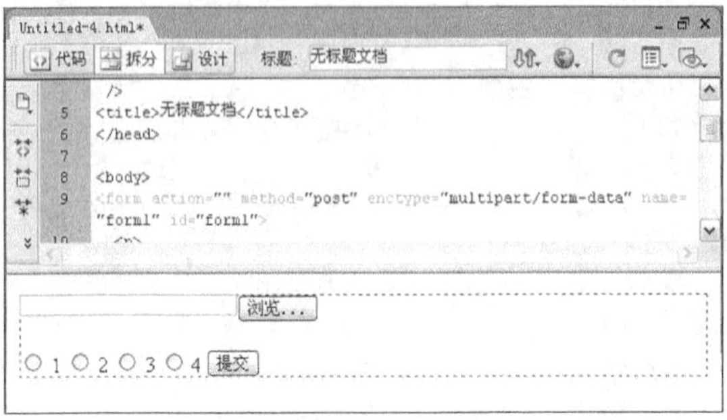

图 1-29

图 1-30

2. 在站点地图中创建网页

在站点地图中，各网页文件间的链接关系以树状的形式显示出来。站点地图是理想的站点结构布局工具，用户利用它可以快速地设置整个站点的结构，然后创建站点地图的图形图像。但是，站点地图仅适用于本地站点，对于远程站点，必须将其站点内容复制到本地磁盘上的一个文件夹中，并设置为本地站点后才能查看和使用站点地图。站点地图的界面如图 1-31 所示。

在站点地图中，可以进行选择网页、打开网页进行编辑、向站点添加新页、创建文件之间的链接、更改网页标题等操作。

在站点地图中新建网页的具体操作步骤如下。

步骤 1 在站点地图中用鼠标右键单击主页或主页下的某个网页文件，在弹出的快捷菜单中选择“链接到新文件”命令，如图 1-32 所示。

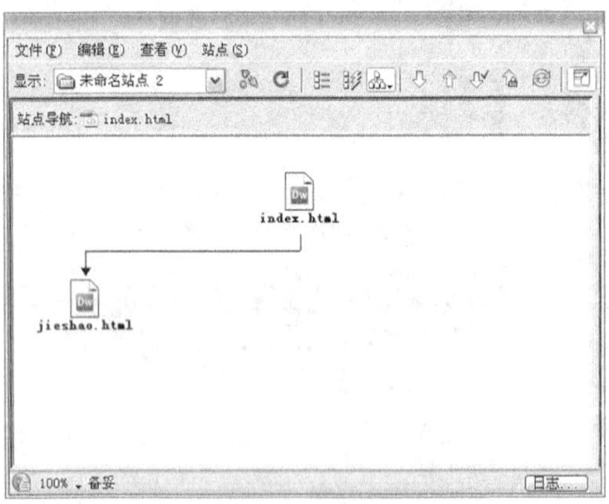

图 1-31

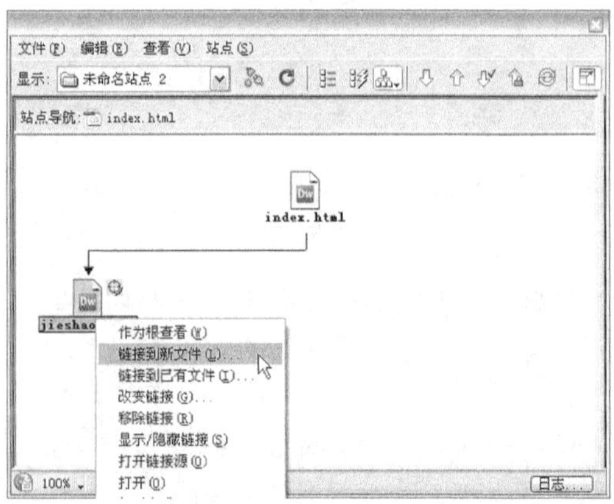

图 1-32

步骤 2 在打开的“链接到新文件”对话框中填写新文件的名称、标题和原文件的链接文字信息，如图 1-33 所示。

步骤 3 单击“确定”按钮，关闭“链接到新文件”对话框。“站点管理器”文件列表窗口中会自动添加一个链接到“jieshao.html”的空白网页“lianxi.html”，如图 1-34 所示。

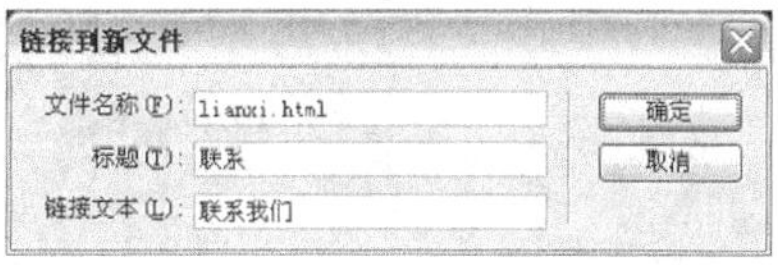

图 1-33

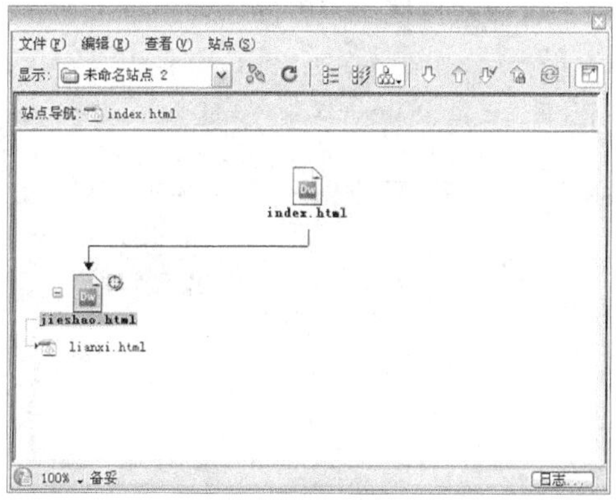

图 1-34

步骤 4 打开网页“jieshao.html”，会看到文件中有一个链接到“lianxi.html”网页的链接文字“联系我们”，如图 1-35 所示。

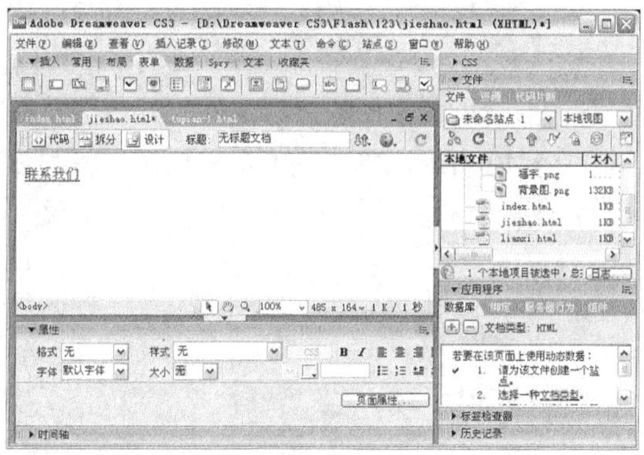

图 1-35

步骤 5 如果想改变新文件“lianxi.html”在站点中的位置，还可以在“站点管理器”文件列表窗口中，按住鼠标左键将“lianxi.html”拖曳到其他的文件夹中。

如图 1-36 所示，将“lianxi.html” 拖曳到“tupian”文件夹中。这时，系统会弹出“更新文件”对话框，询问是否更新文件中的链接，如图 1-37 所示。单击“更新”按钮，完成链接更新。

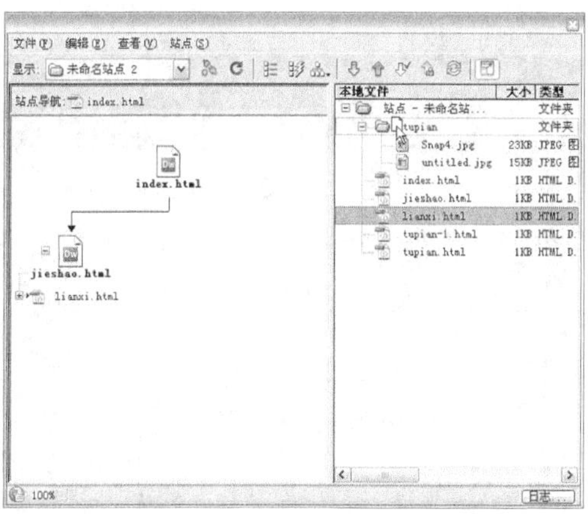

图 1-36

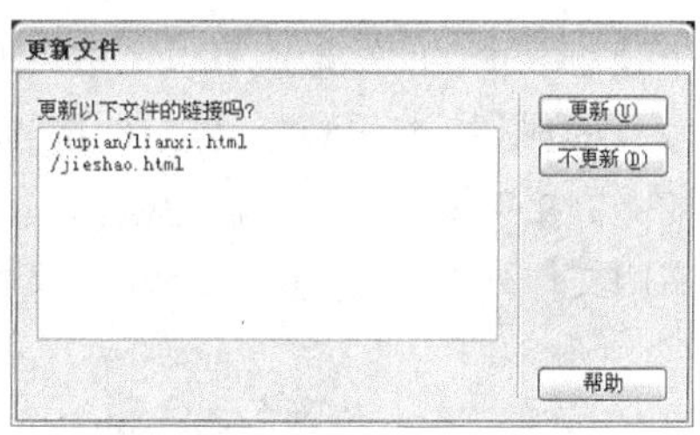

图 1-37

3. 在文件列表中创建网页

在文件列表窗口中新建网页的具体操作步骤如下。

步骤 1 在文件列表窗口的“tupian”文件夹上单击鼠标右键，在弹出的快捷菜单中选择“新建文件”命令，在“tupian”文件夹内添加一个新网页，将其命名为“fengjing.html”，如图 1-38 所示。

步骤 2 在站点地图中，用鼠标右键单击“jieshao.html”文件，在弹出的快捷菜单中选择“链接到已有文件”命令，如图 1-39 所示。

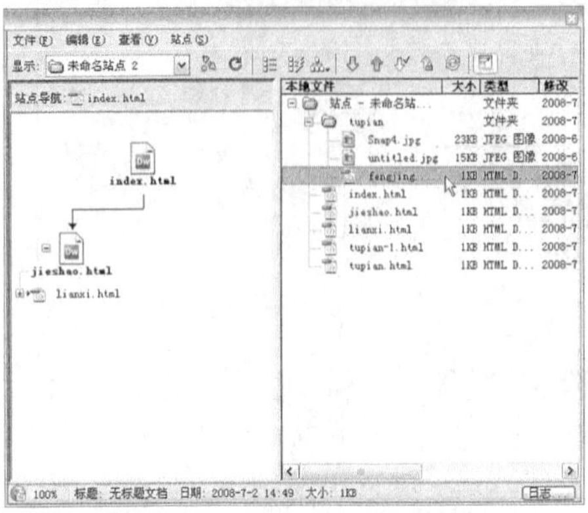

图 1-38

图 1-39

步骤 3 弹出“选择因特网文件”对话框，在对话框中选择刚建立的“fengjing.html”文件，如图 1-40 所示。单击“确定”按钮，将其与“jieshao.html”文件链接，效果如图 1-41 所示。

完成操作后，“jieshao.html”文件中出现一个与“fengjing.html”文件链接的链接文本，如图 1-42 所示。

图 1-40

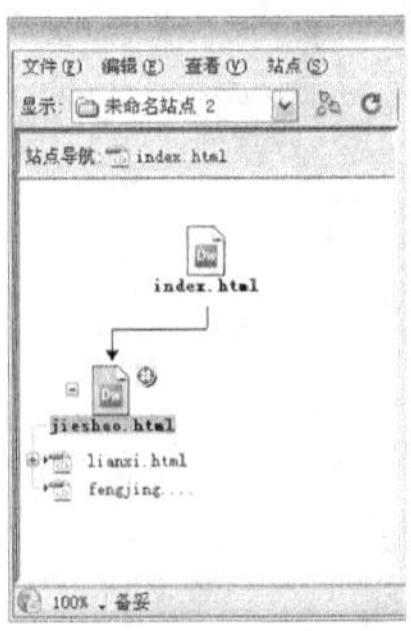

图 1-41

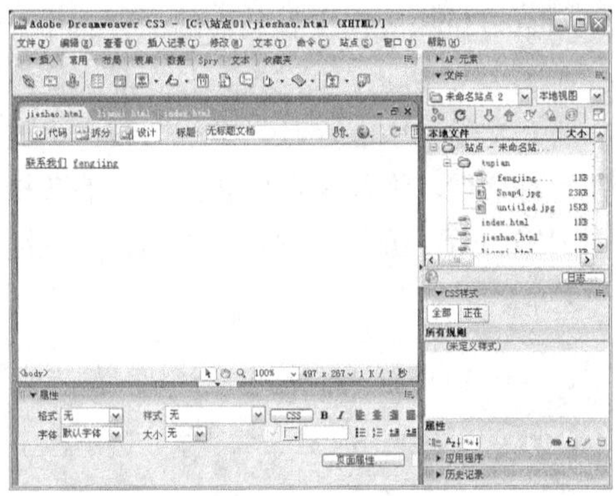

图 1-42

步骤 2 中建立的链接还可以在站点地图中实现。在站点地图中，将鼠标指针放在“jieshao.html”文件的“链接”图标上，按住鼠标左键拖曳图标到右侧文件列表的“fengjing.html”文件中，如图 1-43 所示。

完成操作后，将“jieshao.html”文件与“fengjing.html”文件建立链接。在“jieshao.html”文件中，同样会出现如图 1-42 所示的链接文本。

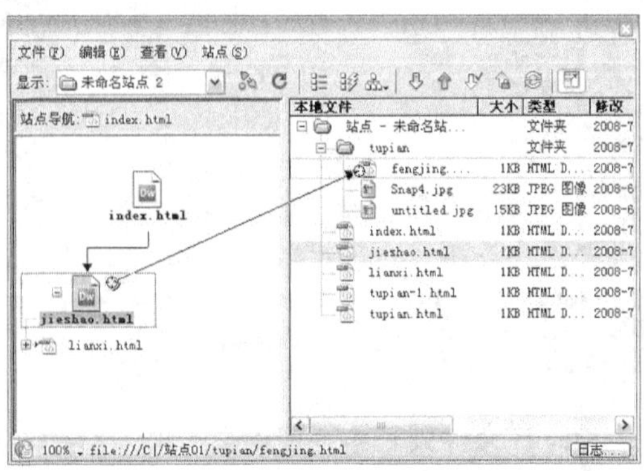

图 1-43

1.3 管理站点

1.3.1 【操作目的】

通过站点管理命令，熟练掌握创建站点的方法。通过新建站点，熟练掌握创建站点根目录的过程。

1.3.2 【操作步骤】

步骤 1 选择“窗口 > 文件”命令，调出“文件”控制面板，选择“文件”选项卡，如图 1-44 所示。在“管理站点”下拉列表中选择“管理站点”选项，如图 1-45 所示，弹出“新建站点”对话框，单击“新建”按钮，在列表中选择“站点”选项，弹出“未命名站点 1 的站点定义为”对话框，选择“高级”选项卡，在“站点名称”文本框中输入站点名称，对话框的左上方发生变化，如图 1-46 所示。

图 1-44

图 1-45

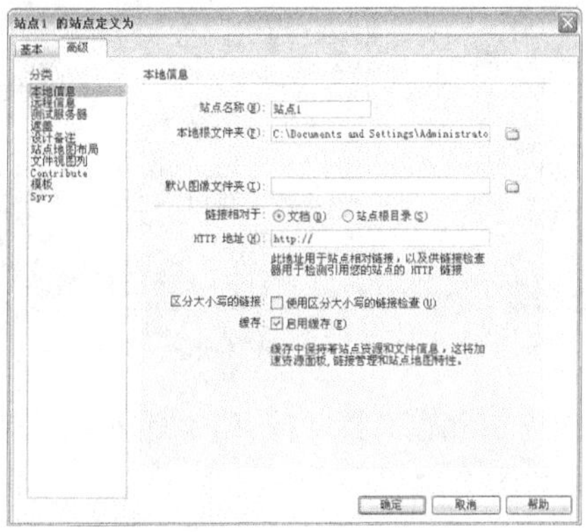

图 1-46

步骤 2 单击“本地根文件夹”选项右侧的“浏览文件”按钮，在弹出的对话框中选择需要设定的本地磁盘中存储站点文件，单击“选择”按钮，返回到对话框中，如图 1-47 所示。单击“确定”按钮，弹出“管理站点”对话框，如图 1-48 所示。

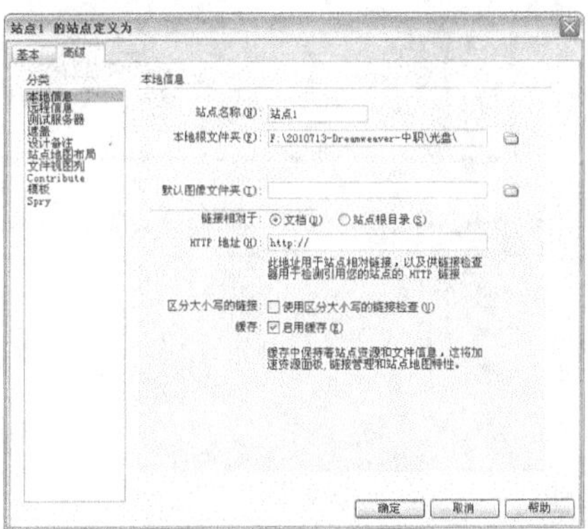

图 1-47

图 1-48

步骤 3 单击“完成”按钮，站点定义完成，“文件”控制面板如图 1-49 所示。在站点中选择“Ch01>clip

>水墨画网页 > index.html”文件，如图 1-50 所示，双击鼠标打开文件，如图 1-51 所示。

图 1-49

图 1-50

图 1-51

步骤 4 按<Ctrl+J>组合键，弹出“页面属性”对话框，选项设置如图 1-52 所示，单击“确定”按钮，效果如图 1-53 所示。

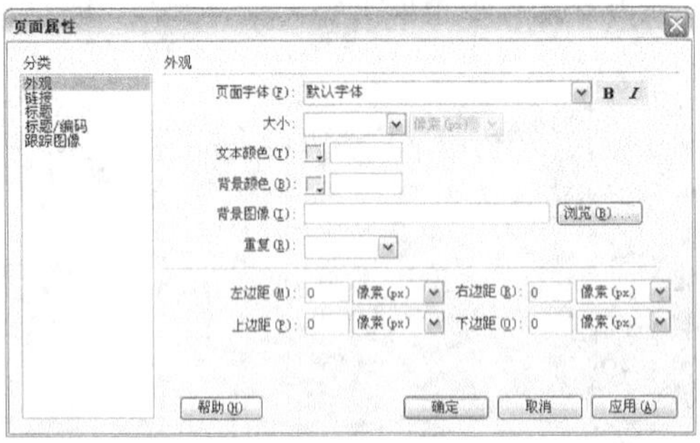

图 1-52

图 1-53

步骤 5 保存文档，按<F12>键预览效果，如图 1-54 所示。

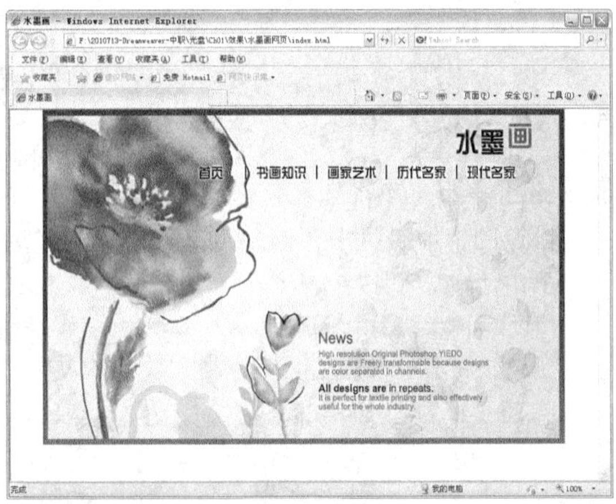

图 1-54

1.3.3 【相关工具】

1. 站点管理器

站点管理器的主要功能包括新建站点、编辑站点、复制站点、删除站点以及导入或导出站点。若要管理站点，必须打开“管理站点”对话框。

打开“管理站点”对话框有以下几种方法。

① 选择“站点 > 管理站点”命令。

② 选择“窗口 > 文件”命令，调出“文件”控制面板，选择“文件”选项卡，如图 1-55 所示。单击控制面板左侧的下拉列表，选择“管理站点”命令，如图 1-56 所示。

③ 在“管理站点”对话框中，通过“新建”、“编辑”、“复制”和“删除”按钮，可以新建一个站点、修改选择的站点、复制选择的站点、删除选择的站点。通过对话框中的“导出”、“导入”按钮，用户可以将站点导出为 XML 文件，然后再将其导入到 Dreamweaver CS3。这样，用户就可以在不同的计算机和产品版本之间移动站点，或者与其他用户共享，如图 1-57 所示。

④ 在“管理站点”对话框中，选择一个具体的站点，然后单击“完成”按钮，就会在“文件”控制面板的“文件”选项卡中出现站点管理器的缩略图。

图 1-55

图 1-56

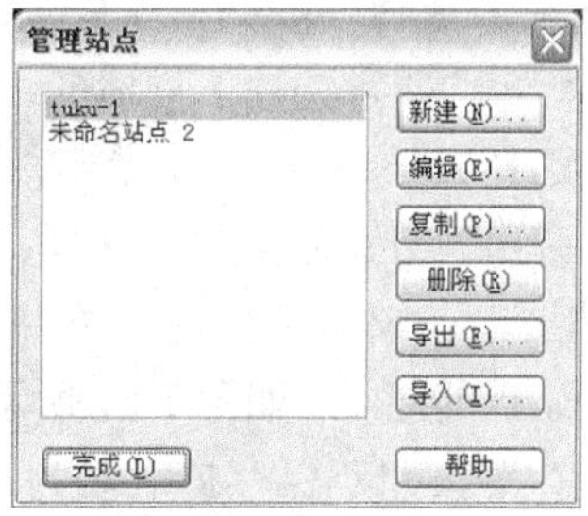

图 1-57

◎ **编辑站点**

有时用户需要修改站点的一些设置，此时需要编辑站点。例如，修改站点的默认图像文件夹的路径，其具体操作步骤如下。

步骤 1 选择“站点 > 管理站点”命令，弹出“管理站点”对话框。

步骤 2 在对话框中，选择要编辑的站点名，单击“编辑”按钮，弹出“未命名站点 1 的站点定义为”对话框，选择“高级”选项卡，此时可根据需要进行修改，如图 1-58 所示。单击“确定”按钮完成设置，返回“管理站点”对话框。

步骤 3 如果不需要修改其他站点，可单击“完成”按钮关闭“管理站点”对话框。

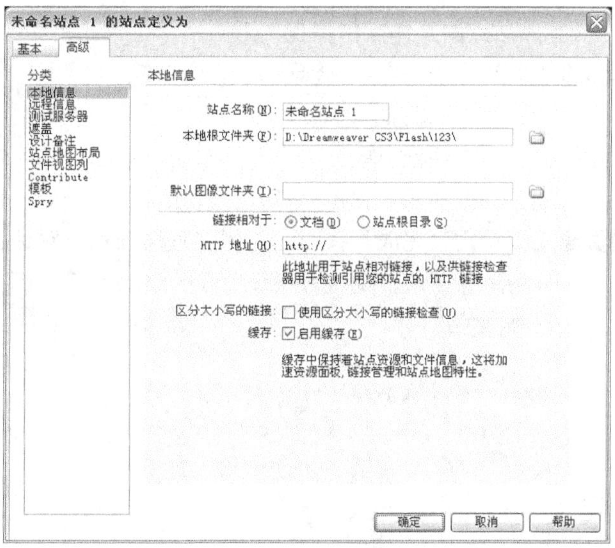

图 1-58

◎ **复制站点**

复制站点可省去重复建立多个结构相同站点的操作步骤，可以提高用户的工作效率。在“管理站点”对话框中可以复制站点，其具体操作步骤如下。

步骤 1 在“管理站点”对话框左侧的站点列表中选择要复制的站点，单击“复制”按钮进行复制。

步骤 2 用鼠标左键双击新复制出的站点，在弹出的“站点定义为”对话框中更改新站点的名称。

◎ **删除站点**

删除站点只是删除 Dreamweaver CS3 同本地站点间的关系，而本地站点包含的文件和文件夹仍然保存在磁盘原来的位置上。换句话说，删除站点后，虽然站点文件夹保存在计算机中，但在 Dreamweaver CS3 中已经不存在此站点。例如，在按下列步骤删除站点后，在“管理站点”对话框中，不存在该站点的名称。

在“管理站点”对话框中删除站点的具体操作步骤如下。

步骤 1 在“管理站点”对话框左侧的站点列表中选择要删除的站点。

步骤 2 单击“删除”按钮即可删除选择的站点。

◎ **导出站点**

步骤 1 选择“站点 > 管理站点”命令，弹出“管理站点”对话框。在对话框中选择要导出的站点，单击“导出”按钮，弹出“导出站点”对话框。

步骤 2 在该对话框中浏览并选择保存该站点的路径，如图 1-59 所示，单击“保存”按钮，保存扩展名为“.ste”的文件。

步骤 3 单击“完成”按钮，关闭“管理站点”对话框，完成导出站点的设置。

图 1-59

◎ **导入站点**

导入站点的具体操作步骤如下。

步骤 1 选择“站点 > 管理站点”命令，弹出“管理站点”对话框。

步骤 2 在对话框中单击“导入”按钮，弹出“导入站点”对话框，浏览并选择要导入的站点，如图 1-60 所示，单击“打开”按钮，站点被导入，如图 1-61 所示。

步骤 3 单击“完成”按钮，关闭“管理站点”对话框，完成导入站点的设置。

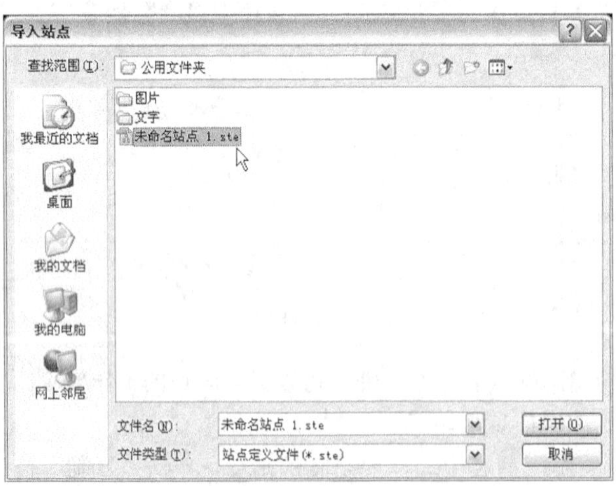

图 1-60

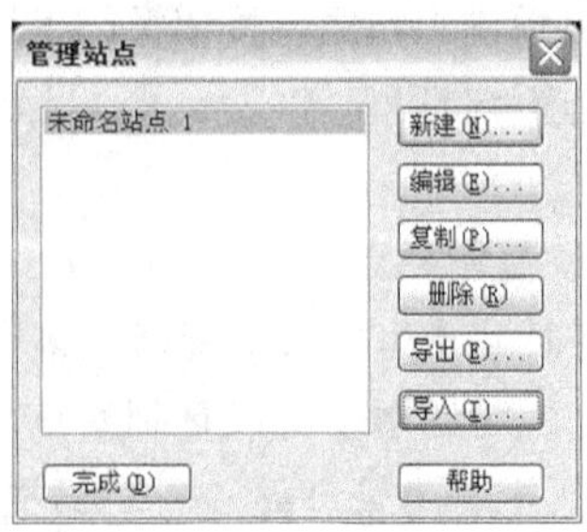

图 1-61

2. 创建文件夹

建立站点前，要先在站点管理器中创建站点文件夹。

新建文件夹的具体操作步骤如下。

步骤 1 在站点管理器的右侧窗口中单击选择站点。

步骤 2 通过以下两种方法新建文件夹。

① 选择“文件 > 新建文件夹”命令。

② 用鼠标右键单击站点，在弹出的快捷菜单中选择“新建文件夹”命令。

步骤 3 输入新文件夹的名称。

一般情况下，若站点不复杂，可直接将网页存放在站点的根目录下，并在站点根目录中，按照资源的种类建立不同的文件夹存放不同的资源。例如，image 文件夹存放站点中的图像文件，media 文件夹存放站点的多媒体文件等。若站点复杂，需要根据实现不同功能的板块，在站点根目录中按板块创建子文件夹存放不同的网页，这样可以方便网站设计者修改网站。

3. 定义新站点

建立好站点文件夹后用户就可定义新站点了。在 Dreamweaver CS3 中，站点通常包含两部分，即本地站点和远程站点。本地站点是本地计算机上的一组文件，远程站点是远程 Web 服务器上的一个位置。用户将本地站点中的文件发布到网络上的远程站点，使公众可以访问它们。在 Dreamweaver CS3 中创建 Web 站点，通常先在本地磁盘上创建本地站点，然后创建远程站点，再将这些网页的副本上传到一个远程 Web 服务器上，使公众可以访问它们。

◎ **创建本地站点的步骤**

步骤 1 选择“站点 > 管理站点”命令，弹出“管理站点”对话框，如图 1-62 所示。

步骤 2 在对话框中单击“新建”按钮，在弹出的菜单中选择“站点”命令，弹出“未命名站点 1 的站点定义为”对话框。在对话框中，通过“基本”选项卡可建立不同的站点，对于熟练的设计者，通常在“高级”选项卡的“本地信息”分类中，根据需要设置站点，如图 1-63 所示。

图 1-62

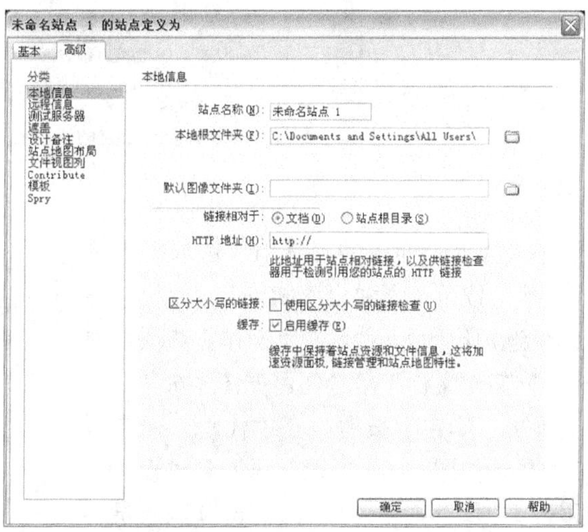

图 1-63

◎ 本地站点主要选项的作用

本地信息：表示定义或修改本地站点。

站点名称：在文本框中输入用户自定的站点名称。

本地根文件夹：在文本框中输入本地磁盘中存储的站点文件、模板和库项目的文件夹名称，或者单击文件夹图标查找到该文件夹。

默认图像文件夹：在文本框中输入此站点的默认图像文件夹的路径，或者单击文件夹图标查找到该文件夹。例如，将非站点图像添加到网页中时，图像会自动添加到当前站点的默认图像文件夹中。

使用区分大小写的链接检查：选择此复选框，则对使用区分大小写的链接进行检查。

启用缓存：指定是否创建本地缓存以提高链接和站点管理任务的速度。若选择此复选框，则创建本地缓存。

1.4 网页文件头设置

1.4.1 【操作目的】

通过刷新命令，熟练掌握如何使用该命令制作网页自动刷新效果。

1.4.2 【操作步骤】

步骤 1 选择“文件 > 打开”命令，在弹出的对话框中选择光盘中的“Ch01 > clip >时尚杂志网页 > index.html”文件，单击“打开”按钮打开文件， 如图 1-64 所示。

图 1-64

步骤 2 在“插入”面板的“常用”选项卡中单击“刷新”按钮，弹出“刷新”对话框，将“延迟”选项设为 60 秒，在“操作”选项组中选择“刷新此文档”单选钮，如图 1-65 所示。

图 1-65

步骤 3 单击“确定”按钮，在“代码”视图窗口中的显示如图 1-66 所示。返回到“设计”视图窗口中保存文档，按<F12>键预览效果，每过 60s 后，页面会自动刷新一次，如图 1-67 所示。

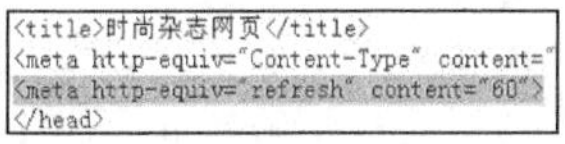

```
<title>时尚杂志网页</title>
<meta http-equiv="Content-Type" content="
<meta http-equiv="refresh" content="60">
</head>
```

图 1-66

图 1-67

1.4.3 【相关工具】

1. 插入搜索关键字

在万维网上通过搜索引擎查找资料时，搜索引擎自动读取网页中<meta>标签的内容，所以网页中的搜索关键字非常重要，它可以间接地宣传网站，提高访问量。但搜索关键字并不是字数越多越好，因为有些搜索引擎限制索引的关键字或字符的数目，当超过了限制的数目时，它将忽略所有的关键字，所以最好只使用几个精选的关键字。一般情况下，关键字是对网页的主题、内容、风格或作者等内容的概括。

设置网页搜索关键字的具体操作步骤如下。

步骤 1 选中文档窗口中的“代码”视图，将鼠标指针放在<head>标签中，选择“插入记录 > HTML > 文件头标签 > 关键字”命令，弹出“关键字”对话框，如图 1-68 所示。

步骤 2 在“关键字”对话框中输入相应的中文或英文关键字，但注意多个关键字之间要用半角的逗号分隔。设定关键字为“浏览”，如图 1-69 所示，单击“确定”按钮，完成设置。

图 1-68

图 1-69

步骤 3 此时，观察“代码”视图，发现<head>标签内多了下述代码。

“<meta name="keywords" content="浏览" />”

同样，还可以通过<meta>标签实现设置搜索关键字，具体操作步骤如下。

选择“插入记录 > HTML > 文件头标签 > META”命令，弹出“META”对话框。在“属性”选项的下拉列表中选择“名称”，在“值”选项的文本框中输入“keywords”，在“内容”选项的文本框中输入关键字信息，如图 1-70 所示。设置完成后单击“确定”按钮，可在“代码”视图中查看相应的 html 标记。

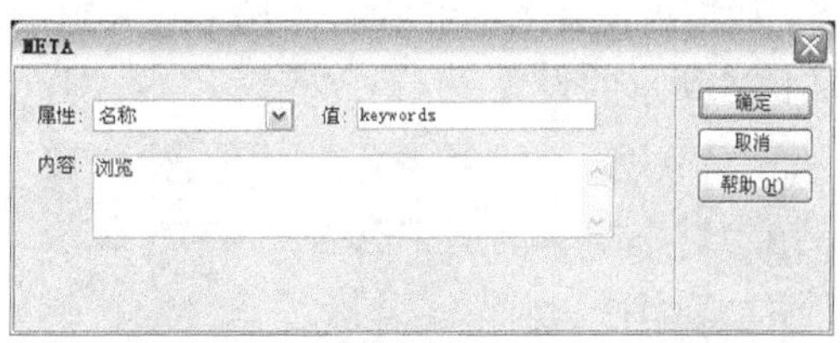

图 1-70

2. 插入作者和版权信息

要设置网页中的作者和版权信息，可选择“插入记录 > HTML > 文件头标签 > META”命令，弹出“META”对话框。在“值”选项的文本框中输入“ / x.Copyright”，在“内容”选项的文本框中输入作者名称和版权信息，如图 1-71 所示，完成后单击“确定”按钮。

此时，在“代码”视图中的<head>标签内可以看到相应的 html 标记：

“<meta name=" / x.Copyright" content="作者：汪庆洋 版权归 齐市一中所有" />”

图 1-71

3. 设置刷新时间

要指定载入页面刷新或者转到其他页面的时间，可设置文件头部的刷新时间项，具体操作步骤如下。

步骤 1 选中文档窗口中的“代码”视图，将鼠标指针放在<head>标签中，选择“插入记录 > HTML > 文件头标签 > 刷新”命令，弹出“刷新”对话框，如图 1-72 所示。

“刷新”对话框中各选项的作用如下。

延迟：设置浏览器刷新页面之前需要等待的时间，以秒为单位。若要浏览器在完成载入后立即刷新页面，则在文本框中输入“0”。

“操作”选项组：指定在规定的延迟时间后，浏览器是转到另一个 URL 还是刷新当前页面。若要打开另一个 URL 而不刷新当前页面，应单击“浏览”按钮，选择要载入的页面。

如果想显示在线人员列表或浮动框架中的动态文档，那么可以指定浏览器定时刷新当前打开的网页，因为它可以实时地反映在线或离线用户，以及动态文档实时改变的信息。

步骤 2 在“刷新”对话框中设置刷新时间。

例如，将网页设定为每隔 60 秒自动刷新，如图 1-73 所示。

图 1-72

图 1-73

此时，在“代码”视图中的<head>标签内可以看到相应的 html 标记：

“<meta http-equiv="refresh" content="60" />”

同样，还可以通过<meta>标签实现对刷新时间的设置，具体设置如图 1-74 所示。

如果想设置浏览引导主页 10 秒后，自动打开主页，可在引导主页的“刷新”对话框中进行如图 1-75 所示的设置。

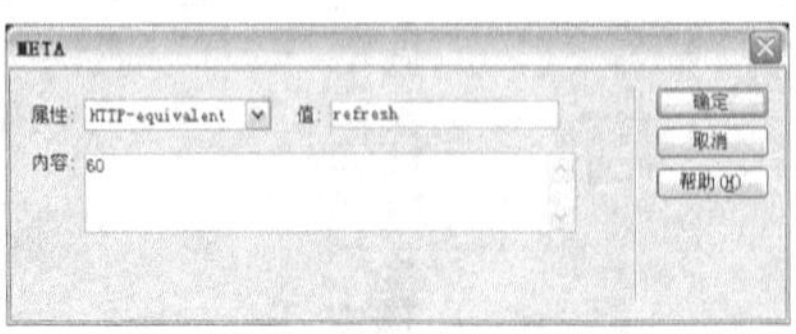

图 1-74

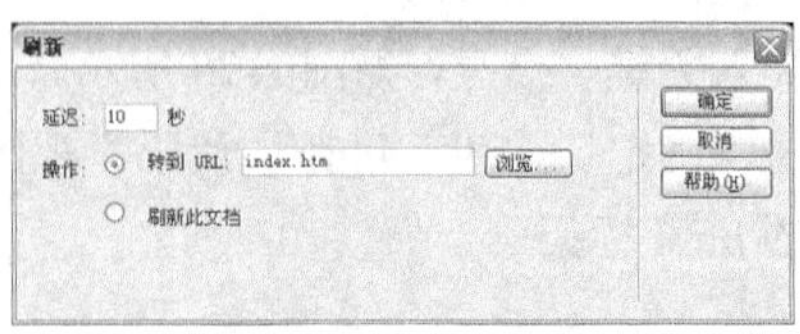

图 1-75

4. 设置描述信息

搜索引擎也可通过读取<meta> 标签的说明内容来查找信息，但说明信息主要是设计者对网页内容的详细说明，而关键字可以让搜索引擎尽快搜索到网页。设置网页说明信息的具体操作步骤如下。

步骤 1 选中文档窗口中的“代码”视图，将鼠标指针放在<head>标签中，选择“插入记录 > HTML > 文件头标签 > 说明”命令，弹出“说明”对话框。

步骤 2 在“说明”对话框中设置说明信息。

例如，在网页中设置为网站设计者提供“利用 ASP 脚本，按用户需求进行查询”的说明信息，如图 1-76 所示。

此时，在“代码”视图中的<head>标签内可以看到相应的 html 标记：

“<meta name="description" content="利用 ASP 脚本，按用户需求进行查询" />”

同样，还可以通过<meta>标签实现对描述信息的设置，具体设置如图 1-77 所示。

图 1-76

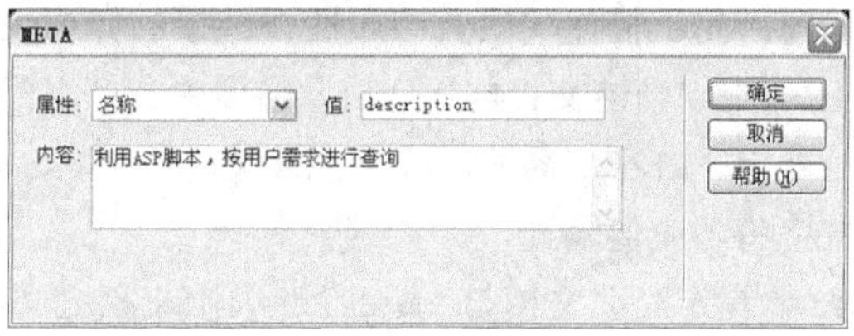

图 1-77

5. 设置页面中所有链接的基准链接

基准链接类似于相对路径，若要设置网页文档中所有链接都以某个链接为基准，可添加一个基准链接，但其他网页的链接与此页的基准链接无关。设置基准链接的具体操作步骤如下。

步骤 1 选中文档窗口中的“代码”视图，将鼠标指针放在<head>标签中，选择“插入记录 > HTML > 文件头标签 > 基础”命令，弹出“基础”对话框。

步骤 2 在“基础”对话框中设置“Href”和“目标”两个选项。

Href：设置页面中所有链接的基准链接。

目标：指定所有链接的文档都应在哪个框架或窗口中打开。

例如，当前页面中的所有链接都是以“http://www.sina.com”为基准链接，而不是本服务器的 URL 地址，则“基础”对话框中的设置如图 1-78 所示。

图 1-78

此时，在“代码”视图中的<head>标签内可以看到相应的 html 标记：

“<base href="http://www.sina.com" target="空白(_B)" />”

一般情况下，在网页的头部插入基准链接不带有普遍性，只是针对个别网页而言。当个别网页需要临时改变服务器域名和 IP 地址时，才在其文件头部插入基准链接。当需要大量、长久地改变链接时，最好在站点管理器中完成。

6. 设置当前文件与其他文件的关联性

<head> 部分的<link>标签可以定义当前文档与其他文件之间的关系，它与 <body> 部分中的文档之间的 HTML 链接是不一样的，其具体操作步骤如下。

步骤 1 选中文档窗口中的“代码”视图，将光标放在<head>标签中，选择“插入记录 > HTML > 文件头标签 > 链接”命令，弹出“链接”对话框，如图 1-79 所示。

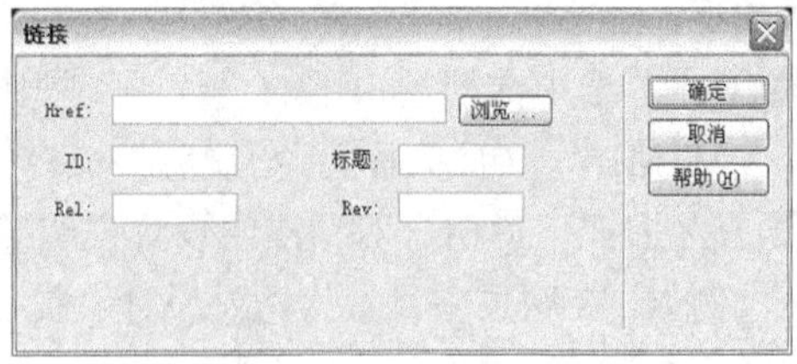

图 1-79

步骤 2 在“链接”对话框中设置相应的选项。

Href：用于定义与当前文件相关联的文件的 URL。它并不表示通常 HTML 意义上的链接文件，链接元素中指定的关系更复杂。

ID：为链接指定一个唯一的标志符。

标题：用于描述关系。该属性与链接的样式表有特别的关系。

Rel：指定当前文档与“Href”选项中文档之间的关系。其值包括替代、样式表、开始、下一步、上一步、内容、索引、术语、版权、章、节、小节、附录、帮助和书签。若要指定多个关系，则用空格将各个值隔开。

Rev：指定当前文档与“Href”选项中文档之间的相反关系，与“Rel”选项相对。其值与“Rel”选项的值相同。

第2章 文本与文档

不管网页内容如何丰富，文本自始至终都是网页中最基本的元素。文本具有产生的信息量大，输入、编辑起来方便，并且生成的文件小，容易被浏览器下载，不会占用太多的等待时间等优点，因此，掌握好文本的使用，对于制作网页来说是最基本的要求。

课堂学习目标

- 文本与文档
- 项目符号和编号列表
- 水平线、网格与标尺

2.1 植物香水网页

2.1.1 【案例分析】

香水是一种混合了香精油、固定剂与酒精的液体，用来让物体拥有持久且悦人的气味。本例将设计制作植物香水网页，在设计风格上要表现出香水清新自然的迷人气息和魅力。

2.1.2 【设计理念】

在网页设计制作过程中，上方采用了漂亮的花草图片，使整个面页清新自然。左下方的按钮设计简洁清晰，方便浏览者查找需要的类型和品牌。右下方的区域为内容显示区域，通过对文字和图片的精心编排和设计，提供出浏览者最要了解的香水知识。（最终效果参看光盘中的“Ch02 > 效果 > 植物香水网页 > index.html”，如图 2-1 所示。）

图 2-1

2.1.3 【操作步骤】

1. 设置页面属性

步骤 1 选择“文件 > 打开”命令，在弹出的对话框中选择光盘中的“Ch02 > clip >植物香水网页> index.html”文件，单击“打开”按钮打开文件，如图 2-2 所示。

步骤 2 选择“修改 > 页面属性”命令，弹出“页面属性”对话框，在对话框左侧“分类”列表框中选择“外观”选项，将右侧的“大小”选项设为“12”，“左边距”、“右边距”、“上边距”、“下边距”选项均设为“0”，如图 2-4 所示。

步骤 3 在“分类”列表框中选择“标题 / 编码”选项，在“标题”选项文本框中输入“植物香水网页”，如图 2-4 所示，单击“确定”按钮，效果如图 2-5 所示。

图 2-2

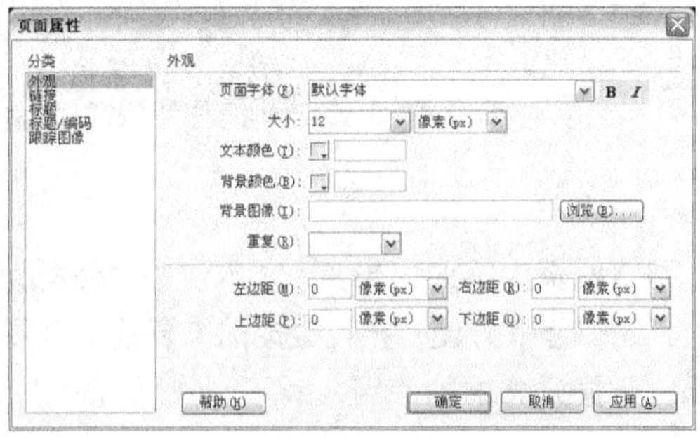

图 2-3

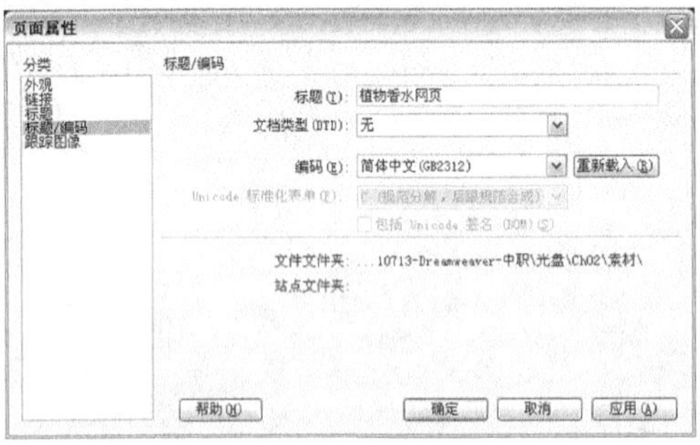

图 2-4

图 2-5

2. 输入空格和文字

步骤 1 选择“编辑 > 首选参数”命令，在“首选参数”对话框左侧的分类列表框中选择“常规”选项，在右侧的“编辑选项”选项组中勾选“允许多个连续的空格”复选框，如图 2-6 所示，单击“确定”按钮完成设置。

步骤 2 将光标置入空白单元格中，如图 2-7 所示。按 4 次<Space>键，输入空格，如图 2-8 所示。输入说明文字，效果如图 2-9 所示。

步骤 3 保存文档，按<F12>键预览效果，如图 2-10 所示。

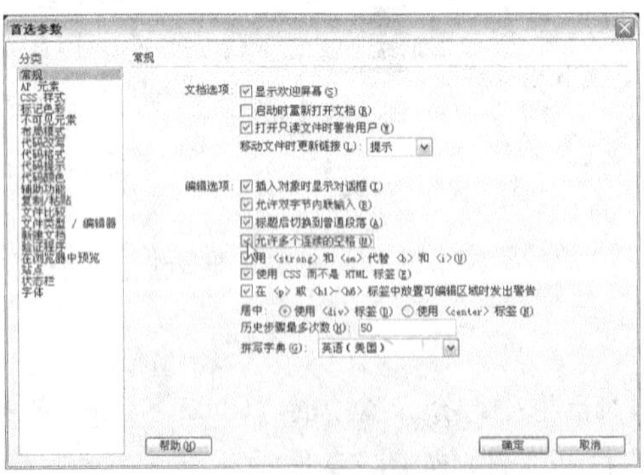

图 2-6

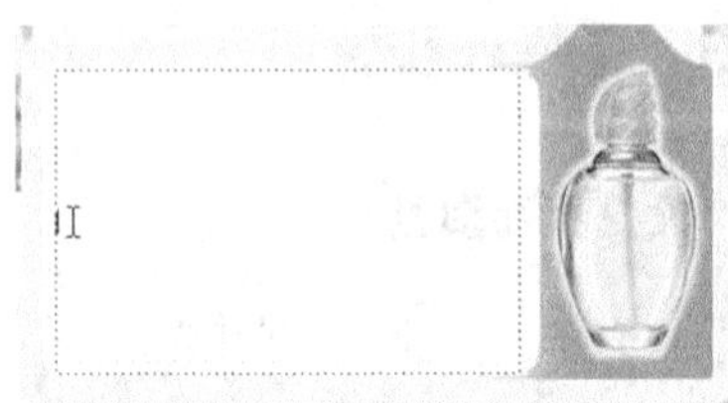

图 2-7

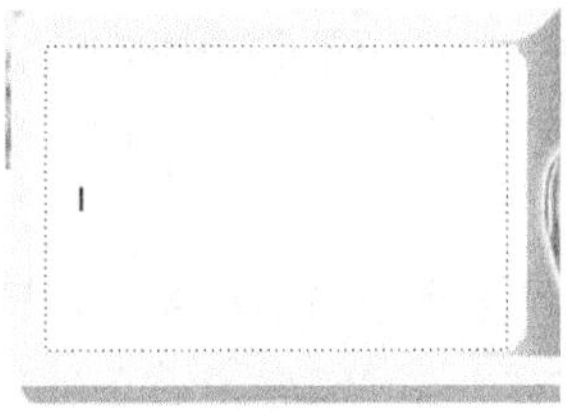

图 2-8

图 2-9

图 2-10

2.1.4 【相关工具】

1. 输入文本

应用 Dreamweaver CS3 编辑网页时，在文档窗口中光标为默认显示状态。要添加文本，首先应将光标移动到文档窗口中的编辑区域，然后直接输入文本，就像在其他文本编辑器中一样。打开一个文档，在文档中单击鼠标左键，将光标置于其中，然后在光标后面输入文本，如图 2-11 所示。

图 2-11

提 示 除了直接输入文本外，也可将其他文档中的文本复制后，粘贴到当前的文档中。需要注意的是，粘贴文本到 Dreamweaver CS3 的文档窗口后，该文本不会保持原有的格式，但是会保留原来文本中的段落格式。

2. 设置文本属性

利用文本属性可以方便地修改选中文本的字体、字号、样式、对齐方式等，以获得预期的效果。选择“窗口 > 属性”命令，调出“属性”面板，如图 2-12 所示。

图 2-12

“属性”面板中各选项的含义如下。

格式：设置所选文本的段落样式。

样式：设置已定义的或引用的 CSS 样式为文本的样式。

“粗体”按钮 **B**、“斜体”按钮 *I*：设置文字格式。

“左对齐”按钮、“居中对齐”按钮、“右对齐”按钮、“两端对齐”按钮：设置段落在网页中的对齐方式。

字体：设置文本的字体组合。

大小：设置文本的字级。

“文本颜色”按钮：设置文本的颜色。

“项目列表”按钮、“编号列表”按钮：设置段落的项目符号或编号。

“文本凸出”按钮、“文本缩进”按钮：设置段落文本向右凸出或向左缩进一定距离。

3. 输入连续的空格

在默认状态下，Dreamweaver CS3 只允许输入一个空格，要输入连续多个空格则需要进行设置或通过特定操作才能实现。

◎ **设置“首选参数”对话框**

步骤 1 选择“编辑 > 首选参数”命令，弹出“首选参数”对话框，如图 2-13 所示。

步骤 2 在“首选参数”对话框左侧的“分类”列表框中选择“常规”选项，在右侧的“编辑选项”选项组中选择“允许多个连续的空格”复选框，单击“确定”按钮完成设置。此时，用户可连续按<Space>键在文档编辑区内输入多个空格。

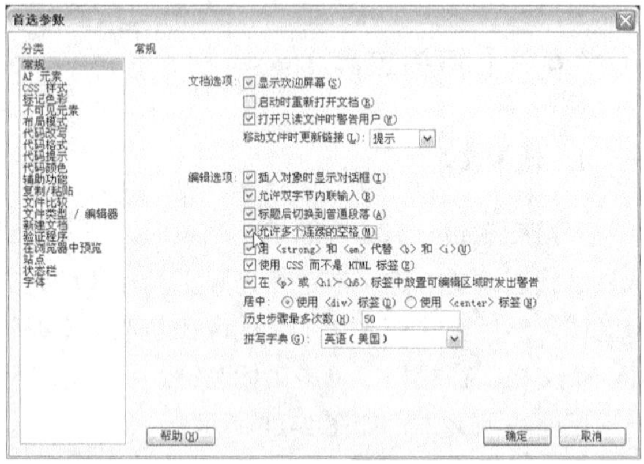

图 2-13

◎ **直接插入多个连续空格**

在 Dreamweaver CS3 中插入多个连续空格，有以下几种方法。

① 选择“插入”面板中的“文本”选项卡，单击“字符”展开式按钮，选择“不换行空格”按钮。

② 选择“插入记录 > HTML > 特殊字符 > 不换行空格”命令，或按<Ctrl+Shift+Space>组合键。

③ 将输入法转换到中文的全角状态下。

4. 设置是否显示不可见元素

在网页的“设计”视图中，有一些元素仅用来标志该元素的位置，而在浏览器中是不可见的。例如，脚本图标是用来标志文档正文中的 JavaScript 或 VbScript 代码的位置，换行符图标是用来标志每个换行符
 的位置等。在设计网页时，为了快速找到这些不可见元素的位置，常常改变这些元素在设计视图中的可见性。

显示或隐藏某些不可见元素的具体操作步骤如下。

步骤 1 选择“编辑 > 首选参数”命令，弹出“首选参数”对话框。

步骤 2 在“首选参数”对话框左侧的“分类”列表框中选择“不可见元素”选项，根据需要选择或取消选择右侧“显示”选项组中的多个复选框，以实现不可见元素的显示或隐藏，如图 2-14 所示，单击“确定”按钮完成设置。

最常用的不可见元素是换行符、脚本、命名锚记、层锚记和表单隐藏区域，一般将它们设为可见。

虽然在“首选参数”对话框中设置某些不可见元素为显示的状态，但在网页的“设计”视图中却看不见这些不可见元素。为了解决这个问题，还必须选择“查看>可视化助理>不可见元素”命令，选择“不可见元素”选项后，效果如图 2-15 所示。

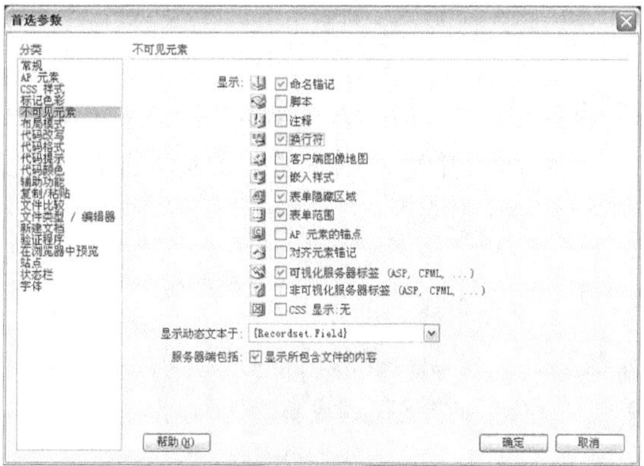

图 2-14

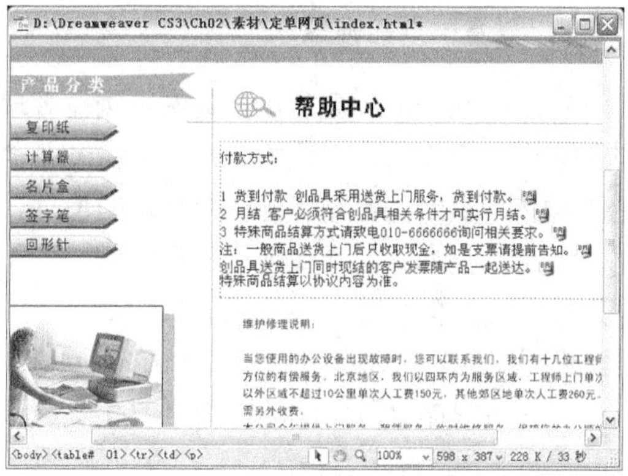

图 2-15

> **提　示**　要在网页中添加换行符不能只按<Enter>键，而要按<Shift+Enter>快捷键。

5. 设置页边距

按照文章的书写规则，正文与纸的四周需要留有一定的距离，这个距离叫做页边距。网页设计也如此，在默认状态下文档的上、下、左、右边距不为零。

修改页边距的具体操作步骤如下。

步骤 1　选择“修改 > 页面属性”命令，弹出“页面属性”对话框，如图 2-16 所示。

> **提　示**　在“首选参数”对话框的“编辑选项”中不选择“使用 CSS 而不是 HTML 标签”复选框后，“页面属性”对话框提供的界面将发生改变，如图 2-17 示。

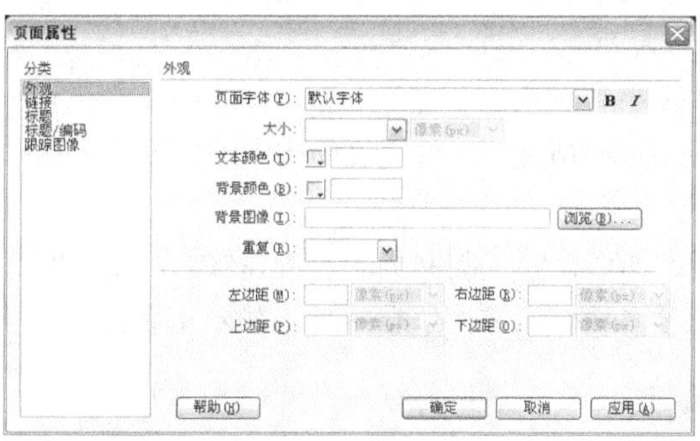

图 2-16

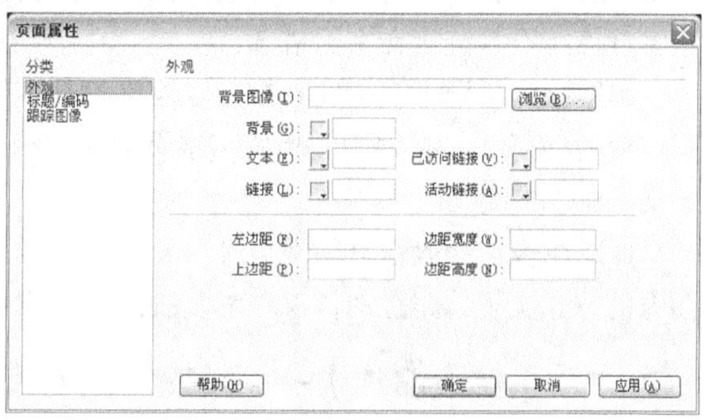

图 2-17

步骤 2　根据需要在对话框的“左边距”、“右边距”、“上边距”、“下边距”、“边距宽度”和“边距高度”选项的数值框中输入相应的数值。这些选项的含义如下。

左边距、右边距：指定网页内容浏览器左、右页边的大小。

上边距、下边距：指定网页内容浏览器上、下页边的大小。

边距宽度：指定网页内容 Navigator 浏览器左、右页边的大小。

边距高度：指定网页内容 Navigator 浏览器上、下页边的大小。

6. 设置网页的标题

HTML 页面的标题可以帮助站点浏览者理解所查看网页的内容，并在浏览者的历史记录和书签列表中标志页面。文档的文件名是通过保存文件命令保存的网页文件名称，而页面标题是浏览者在浏览网页时浏览器标题栏中显示的信息。

更改页面标题的具体操作步骤如下。

步骤 1 选择“修改 > 页面属性”命令，弹出“页面属性”对话框。

步骤 2 在对话框的“分类”列表框中选择“标题/编码”选项，在对话框右侧“标题”选项的文本框中输入页面标题，如图 2-18 所示，单击“确定”按钮完成设置。

7. 设置网页的默认格式

用户在制作新网页时，页面都有一些默认的属性，如网页的标题、网页边界、文字编码、文字颜色、超链接的颜色等。若需要修改网页的页面属性，可选择“修改 > 页面属性”命令，弹出“页面属性”对话框，如图 2-19 所示。“分类”列表框中各选项的作用如下。

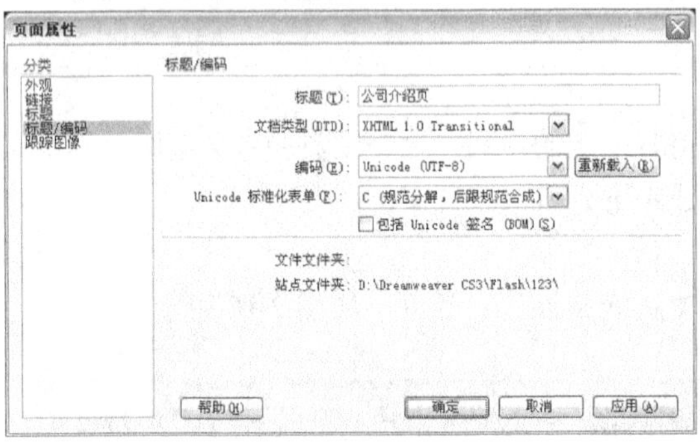

图 2-18

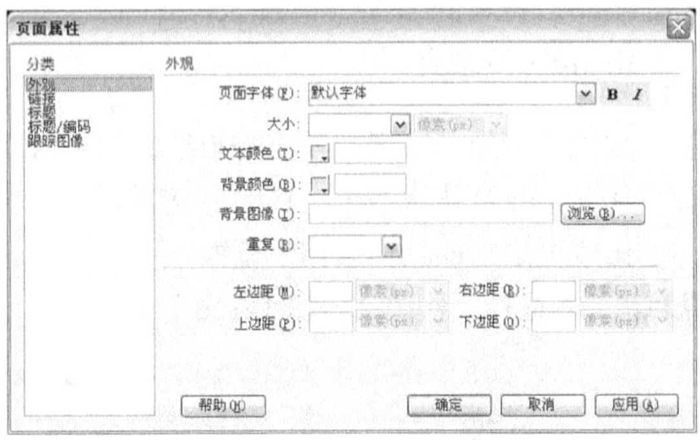

图 2-19

外观：设置网页背景色、背景图像以及网页文字的字体、字号、颜色和网页边界。

链接：设置链接文字的格式。

标题：为标题 1 至标题 6 指定标题标签的字体大小和颜色。

标题/编码：设置网页的标题和网页的文字编码。一般情况下，将网页的文字编码设定为简体中文 GB2312 编码。

跟踪图像：一般在复制网页时，若想使原网页的图像作为复制网页的参考图像，可使用跟踪图像的方式实现。跟踪图像仅作为复制网页的设计参考图像，在浏览器中并不显示出来。

2.1.5 【实战演练】——数码产品专卖网页

使用“页面属性”命令设置网页的页边距和网页标题，使用“首选参数”命令允许输入多个空格。（最终效果参看光盘中的“Ch02 > 效果 > 数码产品专卖网页 > index.html”，如图 2-20 所示。）

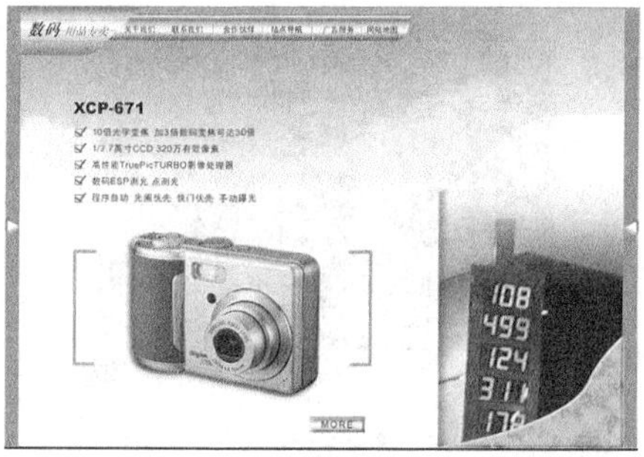

图 2-20

2.2 美味西点网页

2.2.1 【案例分析】

快节奏的生活，更需要讲究生活趣味。在忙碌的工作、学习间隙，试着做出一份美味的蛋糕，可以从中品位出生活的情趣。本例是为喜爱做西点的朋友们制作的西点网页，在网页设计时要表现出淡雅温馨和甜美浪漫的风格。

2.2.2 【设计理念】

在网页设计制作过程中，整个页面以淡雅的黄色为基调，表现出恬静、舒爽的氛围。清晰明确的导航设计，体现出现代气息。蛋糕和云彩的摆放，表现出制作蛋糕的样式和轻松的感觉。左侧的菜单链接，介绍了多种西点的制作方法，每种制作方法都有详尽的步骤图讲解说明，使读者一目了然。整个网页设计温馨甜美，充分体现了生活的惬意。（最终效果参看光盘中的“Ch02 > 效果 > 美味西点网页 > index.html”，如图 2-21 所示。）

图 2-21

2.2.3 【操作步骤】

步骤 1 选择“文件 > 打开”命令，在弹出的对话框中选择光盘中的“Ch02 > clip >美味西点网页 > index.html”文件，单击“打开”按钮打开文件，如图 2-22 所示。

图 2-22

步骤 2 在文字“美味西点”的下方输入拼音，如图 2-23 所示。选中输入的拼音，单击“属性”面板中的“文本颜色”按钮，在弹出的颜色面板中选择需要的颜色，如图 2-24 所示。在空白处单击鼠标，取消对拼音的选取，效果如图 2-25 所示。

图 2-23

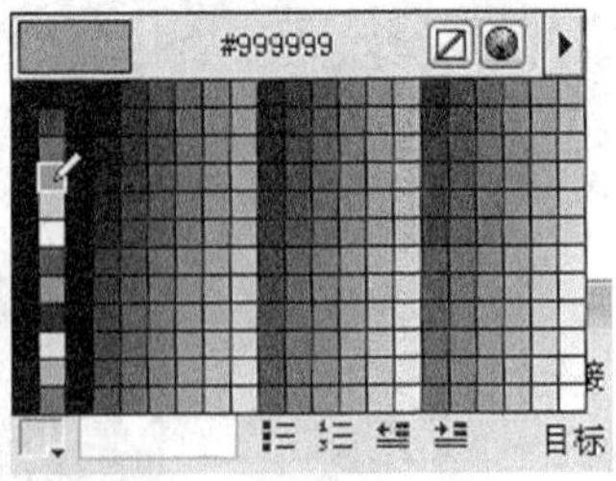

图 2-24

图 2-25

步骤 3 将光标移到拼音的后面，按<Shift+Enter>快捷键，光标移到另一个段落。输入文字“绿色食品”，效果如图 2-26 所示。选中输入的文字，在“属性”面板中单击“字体”选项右侧的下拉按钮，在弹出的列表中选择“编辑字体列表”选项，如图 2-27 所示。

图 2-26

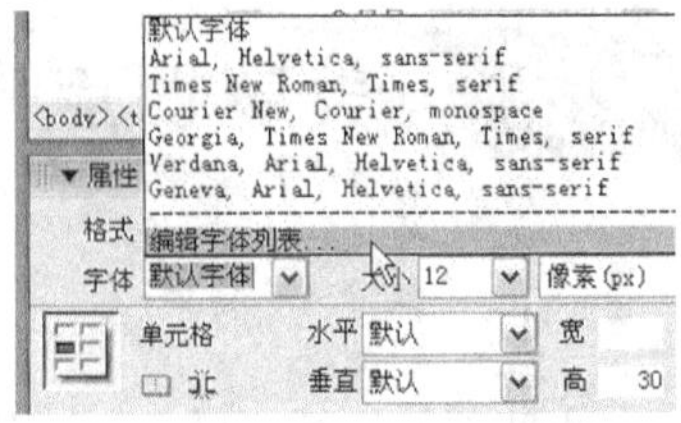

图 2-27

步骤 4 弹出“编辑字体列表”对话框，在“可用字体”列表框中选择需要的字体，如图 2-28 所示。单击“注册”按钮，在“选择的字体”文本框中添加所选字体。单击按钮，将所选的字体添加到字体列表中，如图 2-29 所示，单击“确定”按钮。

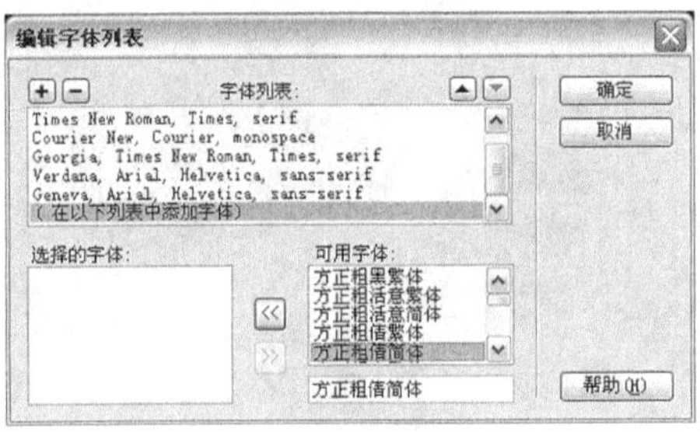

图 2-28

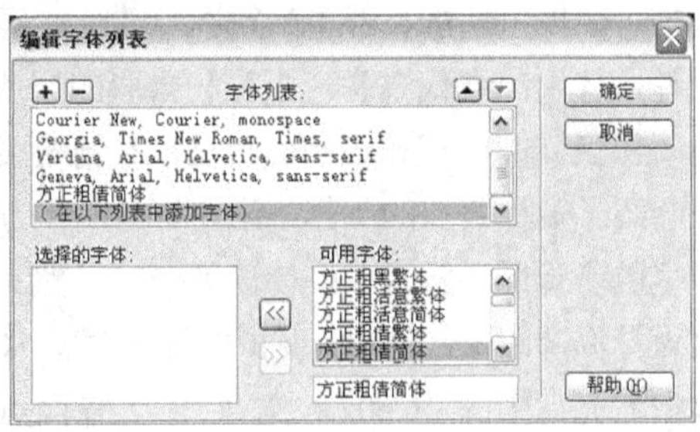

图 2-29

步骤 5 在“属性”面板中，单击“字体”选项右侧的下拉按钮，在弹出的列表中选择添加的字体，并将“大小”选项设为 24，文字效果如图 2-30 所示。将光标移到“绿色食品”文字的后面，按<Shift+Enter>快捷键，如图 2-31 所示。用上面的操作方法，再次输入文字，并设置大小和颜色，效果如图 2-32 所示。

图 2-30

图 2-31

图 2-32

步骤 6 选中所有输入的文字，单击“属性”面板中的“居中对齐”按钮，使文字居中显示，效果如图 2-33 所示。

步骤 7 保存文档，按<F12>键预览效果，如图 2-34 所示。

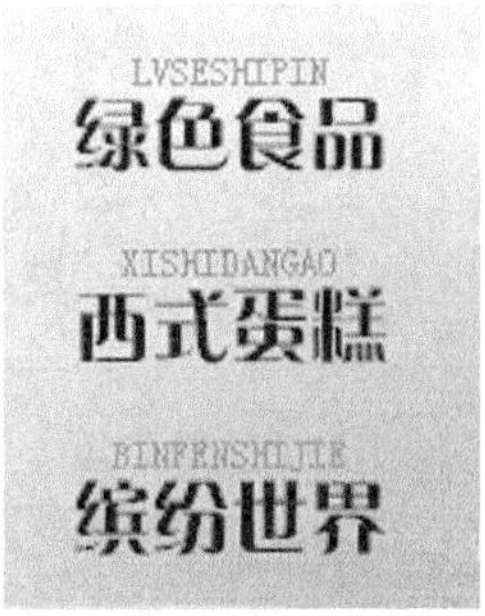

图 2-33

图 2-34

2.2.4 【相关工具】

1. 改变文本的大小

Dreamweaver CS3 提供了两种改变文本大小的方法，一种是设置文本的默认大小，另一种是设置选中文本的大小。

◎ 设置文本的默认大小

步骤 1 选择“修改 > 页面属性”命令，弹出“页面属性”对话框。

步骤 2 在“页面属性”对话框左侧的“分类”列表框中选择“外观”选项，在右侧的“大小”选项中根据需要选择文本的大小，如图 2-35 所示，单击“确定”按钮完成设置。

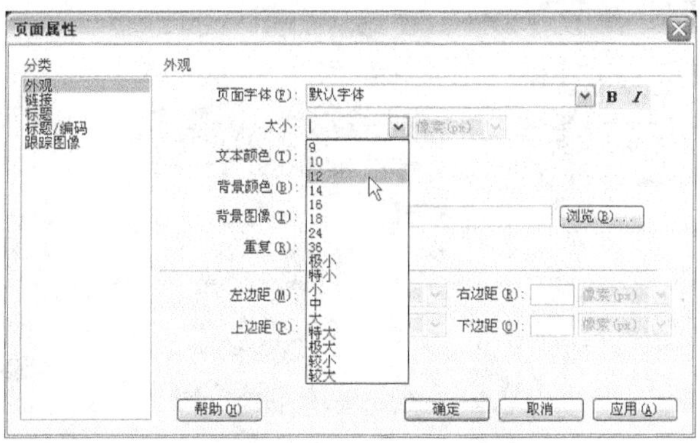

图 2-35

◎ 设置选中文本的大小

为了对不同的文本设定不同的大小，Dreamweaver CS3 提供了两种改变选中文本大小的方法。

通过“属性”面板设置选中文本的大小，操作步骤如下。

步骤 1 在文档窗口中选中文本。

步骤 2 在“属性”面板中，单击“大小”选项的下拉列表，选择相应的值，如图 2-36 所示。

通过“文本”设置选中文本的大小，操作步骤如下。

步骤 1 在文档窗口中选中文本。

步骤 2 选择“文本 > 大小”命令，在弹出的子菜单中选择相应的数值，如图 2-37 所示。

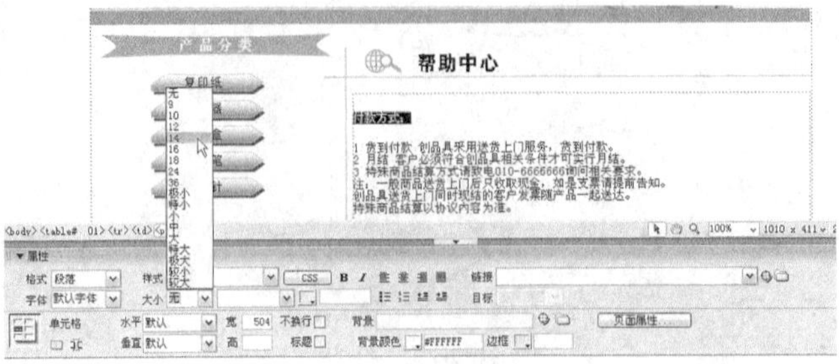

图 2-36

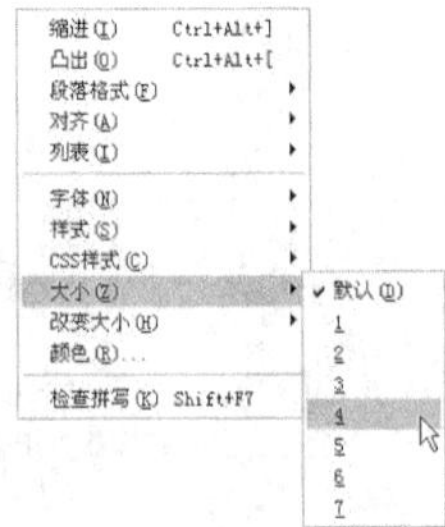

图 2-37

提 示 此命令在“首选参数”对话框中选择“使用 CSS 而不是 HTML 标签”复选框时不可用。在“属性”面板的“大小”选项中选择“无”时，文字的大小按默认设置。

◎ **文本的相对大小和绝对大小**

如果文本在<font>和</font>标签之间，则可以按相对大小和绝对大小两种方式来设置文本大小。绝对大小是指应用特定的字体大小，其值从 1～7，在默认状态下字级为 3。相对大小是相对于默认字级而言的字体大小，若相对于默认字级变大，则在 1～7 的数字前加“+”号；若相对于默认字级变小，则在 1～7 的数字前加“－”号。

提 示 在“首选参数”对话框中不选择“使用 CSS 而不是 HTML 标签”复选框时，在“属性”面板中，“大小”选项的下拉列表如图 2-38 所示。此时，按相对大小来设置文本的大小。

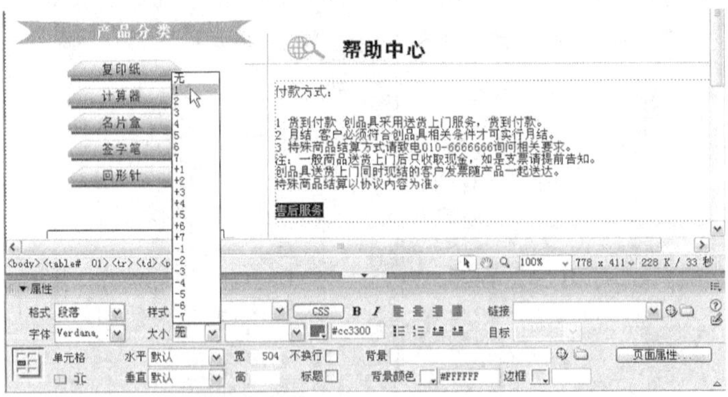

图 2-38

2. 改变文本的颜色

丰富的视觉色彩可以吸引用户的注意，网页中的文本不仅可以是黑色，还可以呈现为其他色彩，最多时可达到 16 777 216 种颜色。颜色的种类与用户显示器的分辨率和颜色值有关，通常在 216 种网页色彩中选择文字的颜色。

在 Dreamweaver CS3 中提供了两种改变文本颜色的方法。

◎ 设置文本的默认颜色

步骤 1 选择“修改 > 页面属性”命令，弹出“页面属性”对话框。

步骤 2 在左侧的“分类”列表框中选择“外观”选项，在右侧的“文本颜色”选项中选择具体的文本颜色，如图 2-39 所示，单击“确定”按钮完成设置。

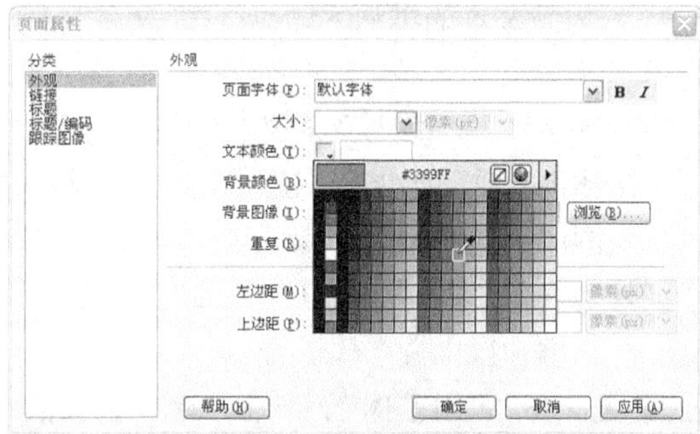

图 2-39

提 示 在“文本颜色”选项中选择文本颜色时，可以在颜色按钮右边的文本框中，直接输入文本颜色的十六进制数值。

◎ 设置选中文本的颜色

为了对不同的文字设定不同的颜色，Dreamweaver CS3 提供了两种改变选中文本颜色的方法。

通过“文本颜色”按钮设置选中文本的颜色，具体操作步骤如下。

步骤 1 在文档窗口中选中文本。

步骤 2 单击“属性”面板中的“文本颜色”按钮选择相应的颜色，如图 2-40 所示。

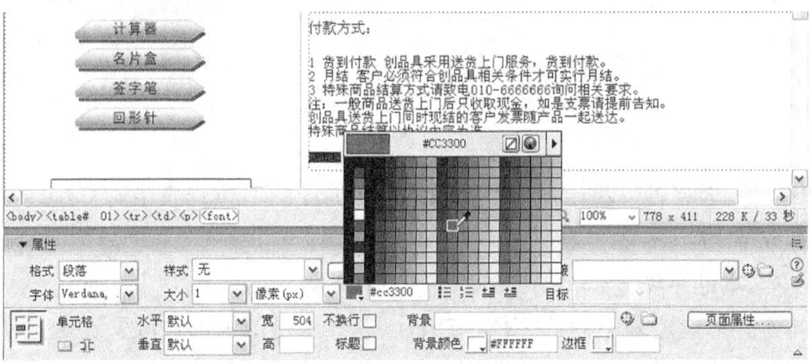

图 2-40

通过“颜色”命令设置选中文本的颜色，具体操作步骤如下。

步骤 1 在文档窗口中选中文本。

步骤 2 选择“文本 > 颜色”命令，弹出“颜色”对话框，如图 2-41 所示。选择相应的颜色，单击“确定”按钮完成设置。

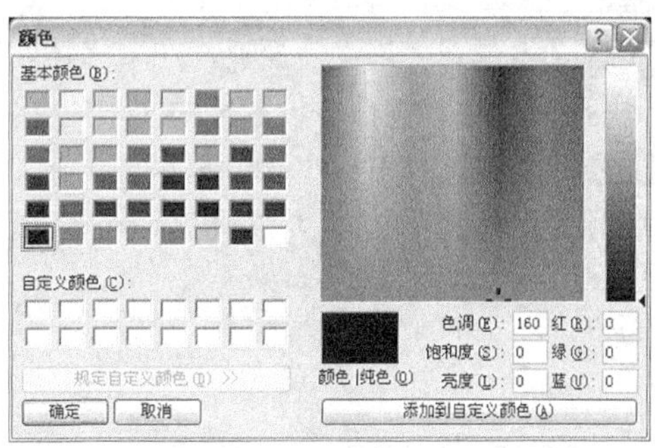

图 2-41

3. 改变文本的字体

Dreamweaver CS3 提供了两种改变文本字体的方法，一种是设置文本的默认字体，另一种是设置选中文本的字体。

◎ **设置文本的默认字体**

步骤 1 选择“修改 > 页面属性”命令，弹出“页面属性”对话框。

步骤 2 在“页面属性”对话框左侧的“分类”列表框中选择“外观”选项，在右侧选择“页面字体”选项，弹出其下拉列表，如果列表中有合适的字体组合，可直接单击选择该字体组合，如图 2-42 所示。否则，需选择“编辑字体列表”选项，在弹出的“编辑字体列表”对话框中自定义字体组合。

步骤 3 在“可用字体”列表框中选择需要的字体，然后单击《按钮，将其添加到“选择的字体”文本框中，如图 2-43 所示。在“可用字体”列表中再选中一种字体，在“字体列表”中建立字体组合，单击“确定”按钮完成设置。

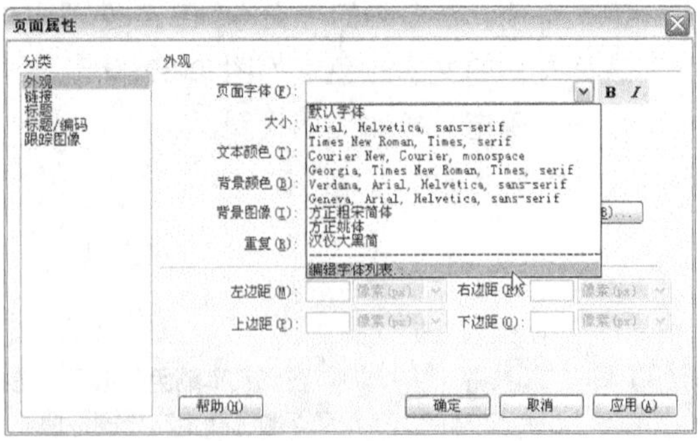

图 2-42

图 2-43

步骤 4 重新在“页面属性”对话框中“页面字体”选项的下拉列表中选择刚建立的字体组合作为文本的默认字体。

◎ **设置选中文本的字体**

为了将不同的文字设定为不同的字体，Dreamweaver 提供了两种改变选中文本字体的方法。

通过“字体”选项设置选中文本的字体，具体操作步骤如下。

步骤 1 在文档窗口中选中文本。

步骤 2 选择“属性”面板，在“字体”选项的下拉列表中选择相应的字体，如图 2-44 所示。

通过“字体”命令设置选中文本的字体，具体操作步骤如下。

步骤 1 在文档窗口中选中文本。

步骤 2 选择“文本 > 字体”命令，在弹出的子菜单中选择相应的字体，如图 2-45 所示。

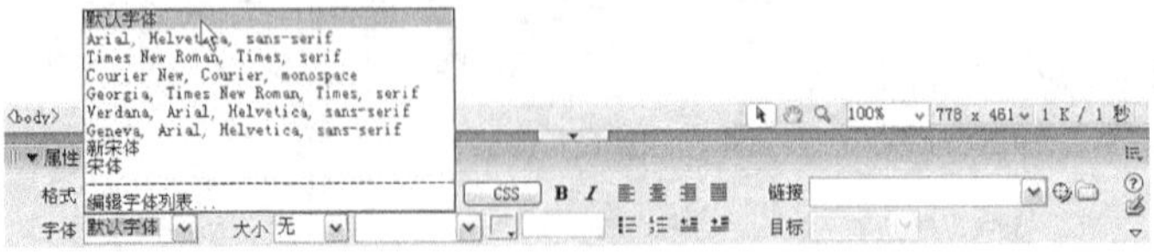

图 2-44

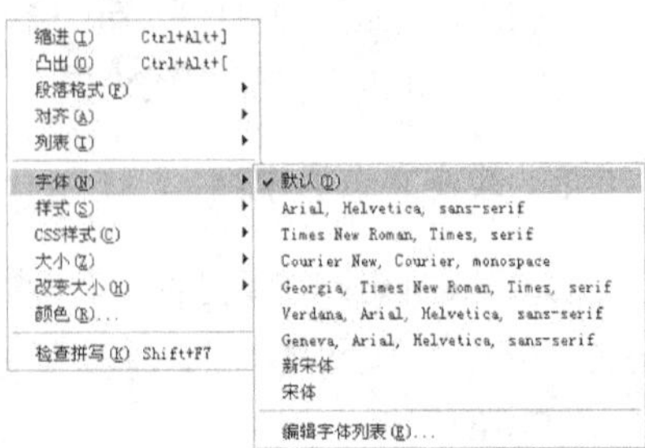

图 2-45

4. 改变文本的对齐方式

文本的对齐方式是指文字相对于文档窗口或浏览器窗口在水平位置的对齐方式。对齐方式按钮有以下 4 种。

“左对齐”按钮：使文本在浏览器窗口中左对齐。

“居中对齐”按钮：使文本在浏览器窗口中居中对齐。

“右对齐”按钮：使文本在浏览器窗口中右对齐。

“两端对齐”按钮：使文本在浏览器窗口中两端对齐。

通过对齐按钮改变文本的对齐方式，具体操作步骤如下。

步骤 1 将插入点放在文本中，或者选择段落。

步骤 2 在“属性”面板中单击相应的对齐按钮，如图 2-46 所示。

图 2-46

对段落文本的对齐操作，实际上是对<p>标记的 align 属性设置。align 属性值有 3 种选择，其中 left 表示左对齐，center 表示居中对齐，right 表示右对齐。例如，下面的 3 条语句分别设置了段落的左对齐、居中对齐和右对齐方式，效果如图 2-47 所示。

<p align="left">左对齐</p>

<p align="center">居中对齐</p>

<p align="right">左对齐</p>

通过对齐命令改变文本的对齐方式，具体操作步骤如下。

步骤 1 将插入点放在文本中，或者选择段落。

步骤 2 选择“文本 > 对齐”命令，弹出其子菜单，如图 2-48 所示，选择相应的对齐方式。

5. 设置文本样式

文本样式是指字符的外观显示方式，如加粗文本、倾斜文本为文本加下划线等。

◎ 通过“样式”命令设置文本样式

步骤 1 在文档窗口中选中文本。

步骤 2 选择“文本 > 样式”命令，在弹出的子菜单中选择相应的样式，如图 2-49 所示。

图 2-47

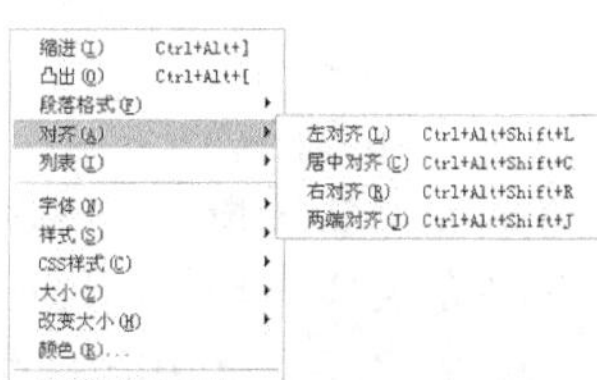

图 2-48

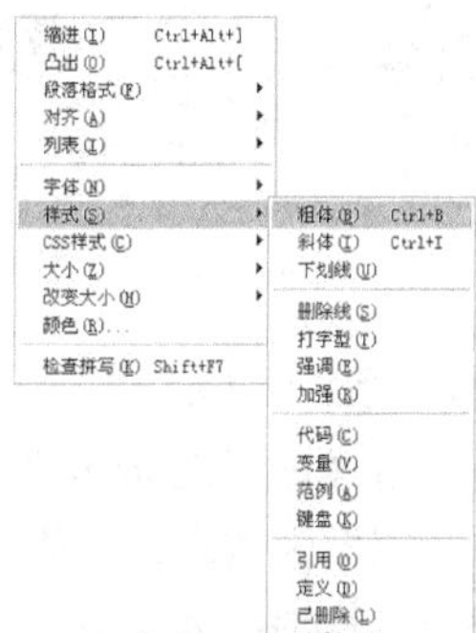

图 2-49

步骤 3 选择需要的选项后，即可为选中的文本设置相应的字符格式，被选中的菜单命令左侧会带有选中标记 ✓ 粗体(B) Ctrl+B 。

提 示 如果希望取消设置的字符格式，可以再次打开子菜单，取消对该菜单命令的选择。

◎ 通过“属性”面板设置文本样式

单击“属性”面板中的“粗体”按钮 **B** 和“斜体”按钮 *I* 可快速设置文本的样式，如图 2-50 所示。如果要取消粗体或斜体样式，再次单击相应的按钮即可。

图 2-50

◎ 使用快捷键快速设置文本样式

按<Ctrl+B>组合键，可以将选中的文本加粗。按<Ctrl+I>组合键，可以将选中的文本倾斜。

6. 段落文本

段落是指描述一个主题并且格式统一的一段文字。在文档窗口中，输入一段文字后按<Enter>键，这段文字就显示在<P>……</P>标签中。

◎ 应用段落格式

通过格式选项应用段落格式的具体操作步骤如下。

步骤 1 将插入点放在段落中，或者选择段落中的文本。

步骤 2 选择“属性”面板，在“格式”选项的下拉列表中选择相应的格式，如图 2-51 所示。

通过段落格式命令应用段落格式的具体操作步骤如下。

步骤 1 将插入点放在段落中，或者选择段落中的文本。

步骤 2 选择“文本 > 段落格式”命令，弹出其子菜单如图 2-52 所示，在其中选择相应的段落格式。

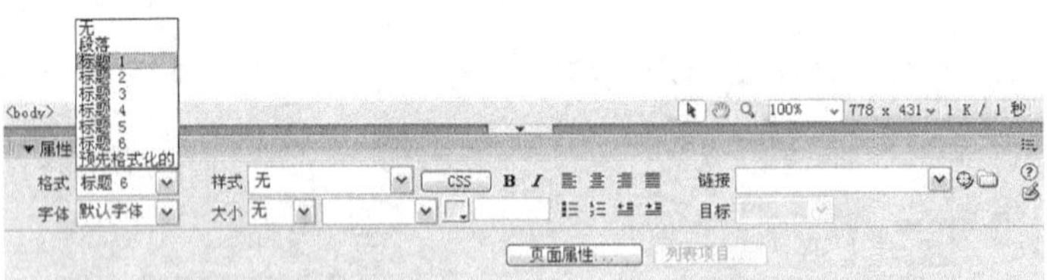

图 2-51

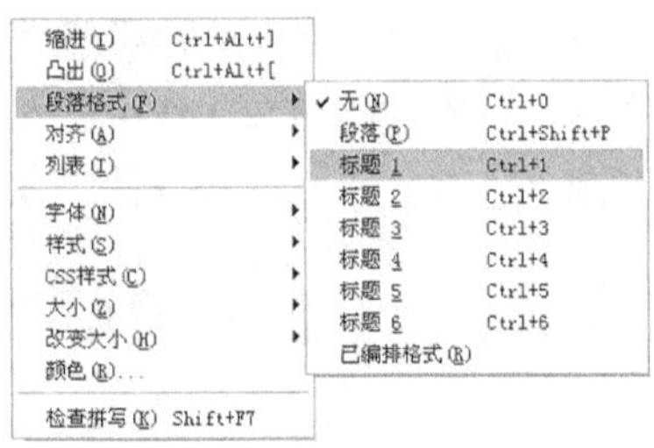

图 2-52

◎ 指定预格式

预格式标记是<pre>和</pre>。预格式化是指用户预先对<pre>和</pre>的文字进行格式化，以便在浏览器中按真正的格式显示其中的文本。例如，用户在段落中插入多个空格，但浏览器却按一个空格处理。为这段文字指定预格式后，就会按用户的输入显示多个空格。

通过“格式”选项指定预格式的具体操作步骤如下。

步骤 1 将插入点放在段落中，或者选择段落中的文本。

步骤 2 选择“属性”面板，在“格式”选项的下拉列表中选择“预先格式化的”选项，如图2-53所示。

通过“段落”格式指定预格式的具体操作步骤如下。

步骤 1 将插入点放在段落中，或者选择段落中的文本。

步骤 2 选择“文本 > 段落格式”命令，弹出其子菜单如图2-54所示，选择“已编排格式”命令。

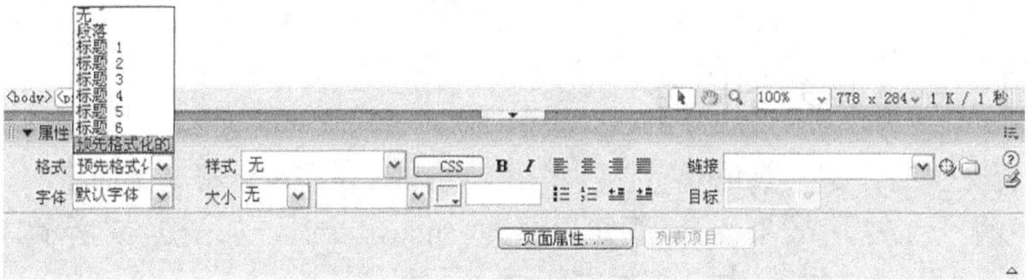

图2-53

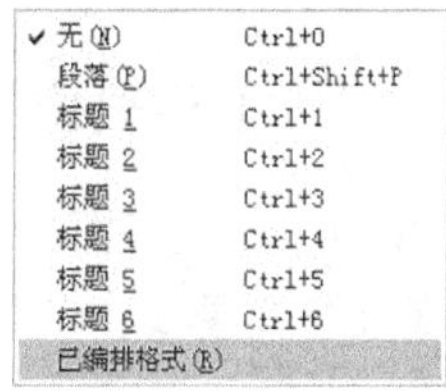

图2-54

通过“已编排格式”按钮指定预格式：单击“插入”面板“文本”选项卡中的“已编排格式”按钮，指定预格式。

提 示 若想去除文字的格式，可按上述方法，将“格式”选项设为“无”。

7. 插入换行符

为段落添加换行符有以下几种方法。

① 选择“插入”面板的“文本”选项卡，单击“字符”展开式工具按钮，选择“换行符”按钮，如图2-55所示。

② 按<Shift+Enter>组合键。

③ 选择“插入记录 > HTML > 特殊字符 > 换行符”命令。

在文档中插入换行符的具体操作步骤如下。

步骤 1 打开一个网页文件，输入一段文字，如图2-56所示。

图2-55

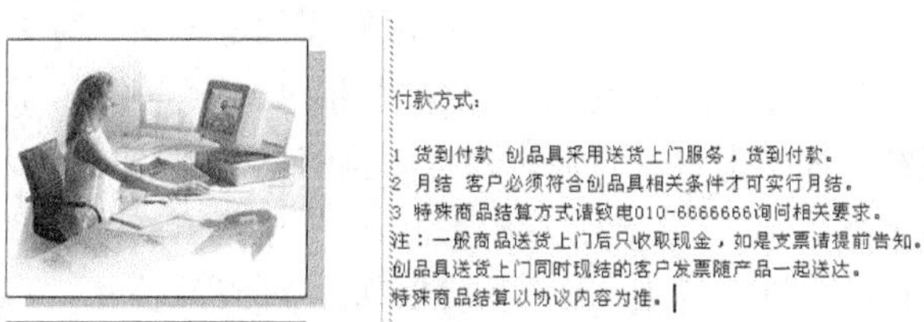

图2-56

步骤 2 按<Shift+Enter>组合键，光标换移到另一个段落，如图2-57所示。按<Shift+Ctrl+Space>组合键，输入空格，输入文字，如图2-58所示。

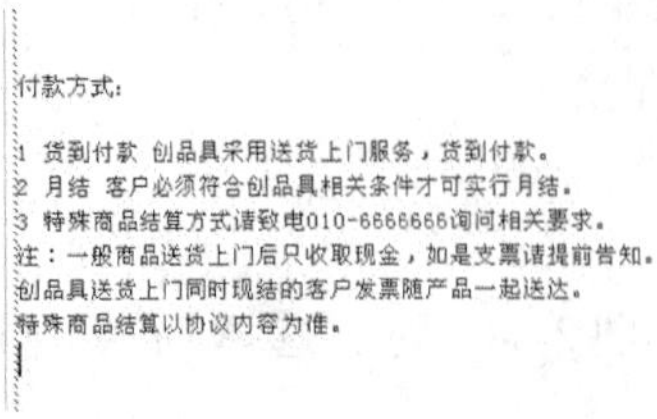

图 2-57

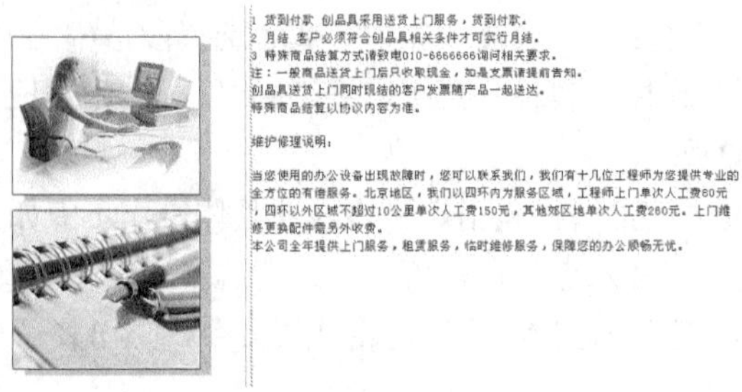

图 2-58

2.2.5 【实战演练】——美颜知识网页

使用“属性”面板改变文字的大小、颜色和字体，使用“居中对齐”按钮将文字居中对齐显示。（最终效果参看光盘中的“Ch02 > 效果 > 美颜知识网页> index.html”，如图 2-59 所示。）

图 2-59

2.3 儿童漫画网页

2.3.1 【案例分析】

时下，供孩子看的书很多，名著、童话、小说、故事、寓言、诗词、科幻、漫画等等，少儿图书已经成为一项重要的文化产业。本例是为儿童制作的漫画资讯网页，网页设计要活泼有趣、清新明快。

2.3.2 【设计理念】

在网页设计制作过程中，以孩子自由发挥创造力的绘画情景作为背景，体现出孩子的创新力和想象力。导航栏放置在页面的上方，方便访问者浏览信息。下方的白色图形和文字用于显示漫画的相关内容和信息。整个页面设计清新爽朗，颜色明快生动。（最终效果参看光盘中的“Ch02 > 效果 > 儿童漫画网页 > index.html”，如图 2-60 所示。）

图 2-60

2.3.3 【操作步骤】

1. 创建项目列表

步骤 1 选择"文件 > 打开"命令，在弹出的对话框中选择光盘中的"Ch02 > clip >儿童漫画网页> index.html"文件，单击"打开"按钮打开文件，如图 2-61 所示。

步骤 2 选中如图 2-62 所示的文字，单击"属性"面板中的"项目列表"按钮，列表前生成"符号"，效果如图 2-63 所示。

图 2-61

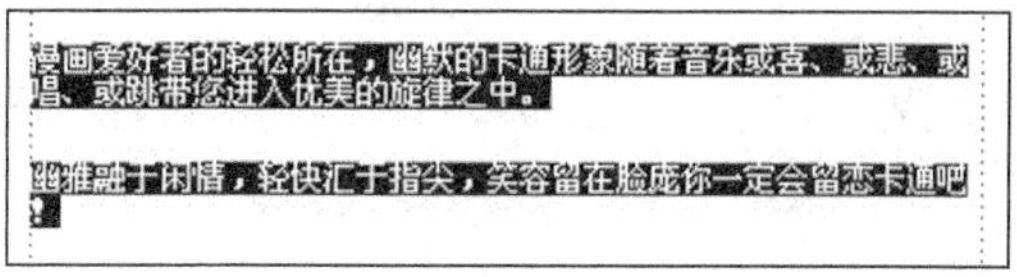

图 2-62

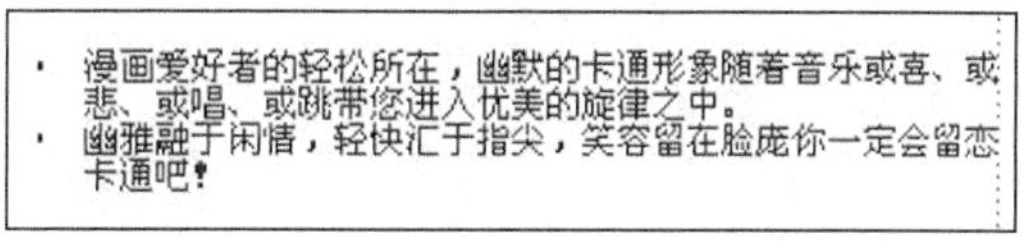

图 2-63

步骤 3 选择"文本 > 列表 > 属性"命令，弹出"列表属性"对话框，在"样式"选项的下拉列表中选择"正方形"，如图 2-64 所示，单击"确定"按钮，效果如图 2-65 所示。

图 2-64

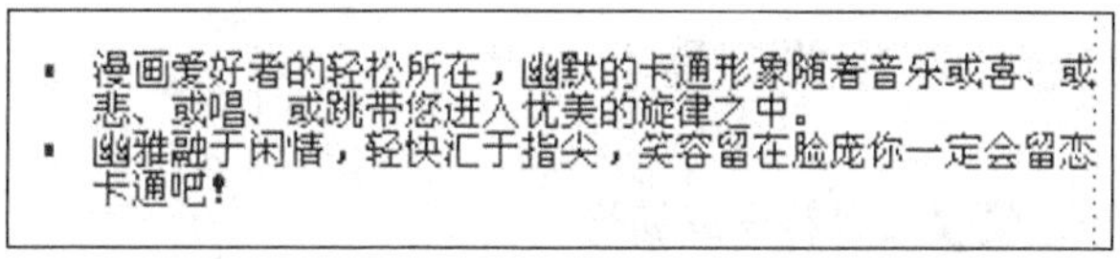

图 2-65

步骤 4 选中第 1 段文字，在"属性"面板中将"大小"选项设为"16"，设置适当的字体，效果如图 2-66 所示。选中第 2 段文字，在"样式"选项下拉列表中选择"STYLE5"，应用相同的样式，效果如图 2-67 所示。

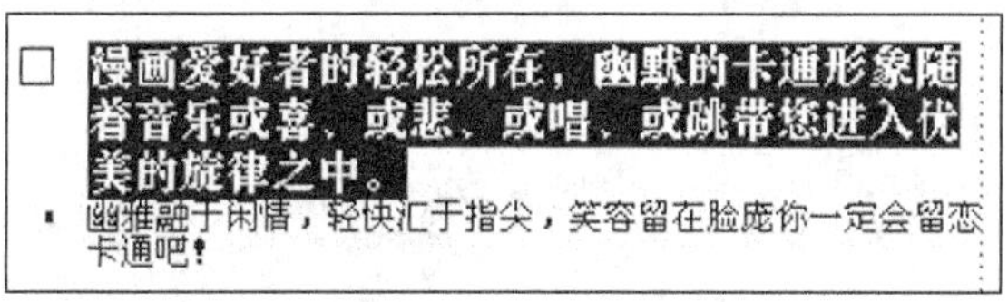

图 2-66

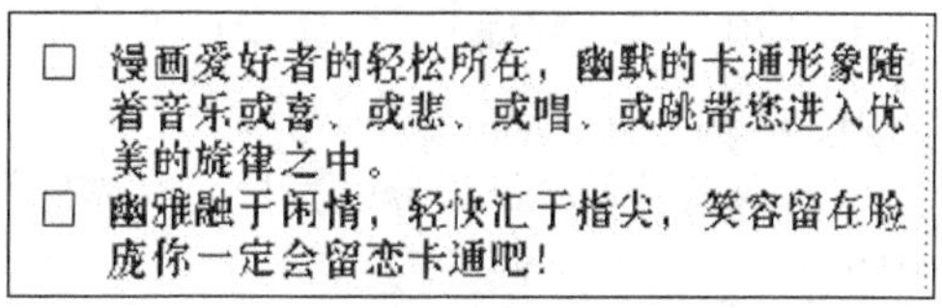

图 2-67

2. 插入版权符号

步骤 1 将光标移到页面右下方字母"Copyright"的左侧，如图 2-68 所示。选择"插入记录 > HTML > 行殊字符 > 其他字符"命令，弹出"插入其他字符"对话框，单击"版权"按钮 ©，如图 2-69 所示，单击"确定"按钮，完成插入版权符号。

图 2-68

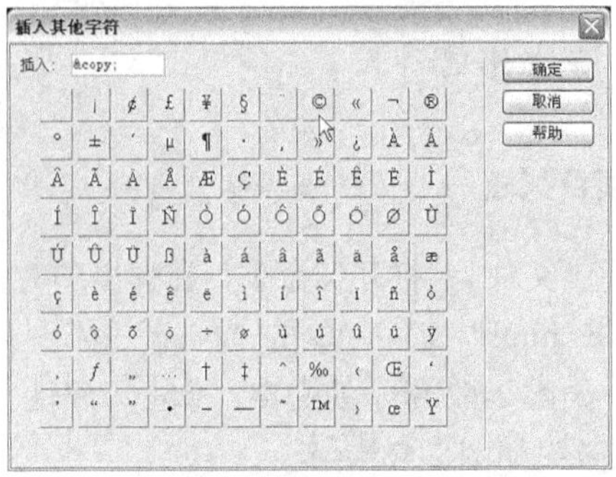

图 2-69

步骤 2 选中插入的版权符号，将“属性”面板中的“大小”选项设为“16”，效果如图 2-70 所示。保存文档，按<F12>键预览效果，如图 2-71 所示。

图 2-70

图 2-71

2.3.4 【相关工具】

1. 设置项目符号或编号

通过“项目列表”按钮或“编号列表”按钮设置项目符号或编号的具体操作步骤如下。

步骤 1 选择段落。

步骤 2 在“属性”面板中，单击“项目列表”按钮 或“编号列表”按钮 ，为文本添加项目符号或编号。设置了项目符号和编号后的段落效果如图 2-72 所示。

通过列表设置项目符号或编号的具体操作步骤如下。

步骤 1 选择段落。

步骤 2 选择“文本 > 列表”命令，弹出其子菜单如图 2-73 所示，选择“项目列表”或“编号列表”命令。

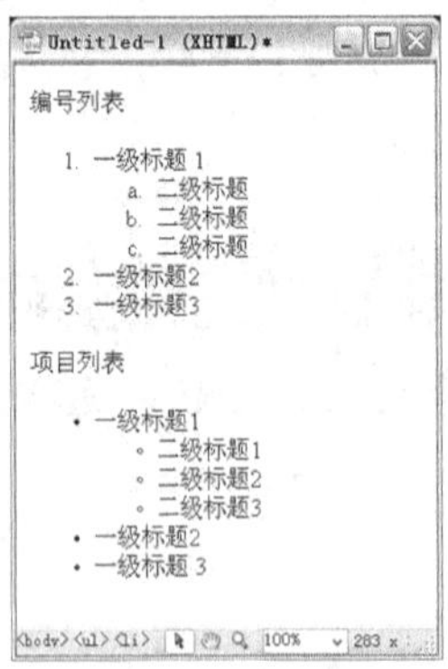

图 2-72

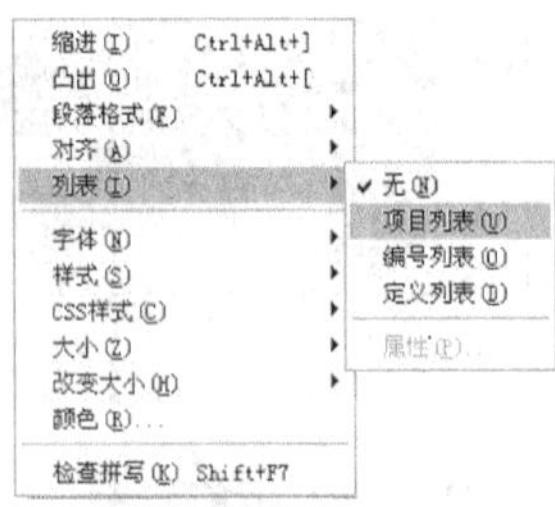

图 2-73

2. 修改项目符号或编号

步骤 1 将插入点放在设置项目符号或编号的文本中。

步骤 2 通过以下3种方法打开“列表属性”对话框。

① 单击“属性”面板中的“列表项目”按钮 列表项目... 。

② 选择“文本 > 列表 > 属性”命令。

③ 在对话框中，先选择“列表类型”选项，确认是要修改项目符号还是编号，如图2-74所示。然后在“样式”下拉列表中选择相应的列表或编号的样式，如图2-75所示。单击“确定”按钮完成设置。

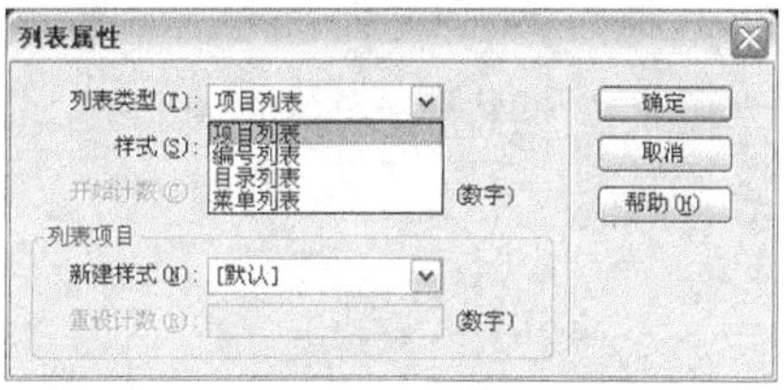

图2-74

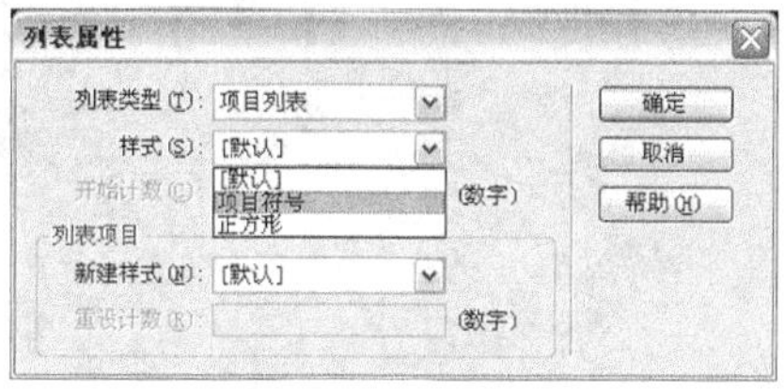

图2-75

3. 设置文本缩进格式

设置文本缩进格式有以下几种方法。

① 在“属性”面板中单击“文本缩进”按钮或“文本凸出”按钮，使段落向右移动或向左移动。

② 选择“文本 > 缩进”命令或“文本 > 凸出”命令，使段落向右移动或向左移动。

③ 按<Ctrl+Alt+]>组合键或按<Ctrl+Alt+ [>组合键，使段落向右移动或向左移动。

4. 插入日期

步骤 1 在文档窗口中，将插入点放在想要插入对象的位置。

步骤 2 通过以下两种方法打开“插入日期”对话框。

① 选择“插入”面板的“常用”选项卡，单击“日期”工具按钮。

② 选择“插入记录 > 日期”命令。

对话框中包含“星期格式”、“日期格式”、“时间格式”、“储存时自动更新”4个选项。前3个选项用于设置星期、日期和时间的显示格式，后一个选项表示是否按系统当前时间显示日期时间，若选择此复选框，则显示当前的日期时间，否则仅按创建网页时的设置显示。

步骤 3 选择相应的日期和时间的格式，单击“确定”按钮完成设置。

5. 特殊字符

在网页中插入特殊字符，有以下4种方法。

① 单击“字符”展开式工具按钮。

② 选择“插入”面板的“文本”选项卡，单击“字符”展开式工具按钮，弹出12个特殊字符按钮，如图2-76所示。在其中选择需要的特殊字符的工具按钮，即可插入特殊字符。

“换行符”按钮：用于在文档中强行换行。

“不换行空格”按钮：用于连续空格的输入。

“其他字符”按钮：使用此按钮，可在弹出的“插入其他字符”对话框中单击需要的字符，该字符的代码就会出现在“插入”选项的文本框中；也可以直接在该文本框中输入字符代码，单击“确定”按钮，即可将字符插入到文档中，如图 2-77 所示。

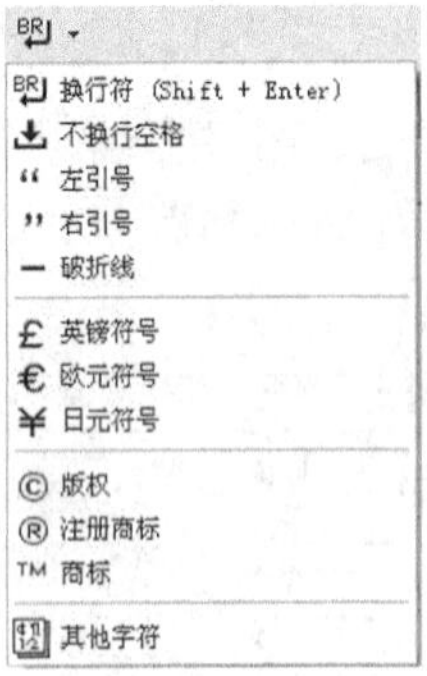

图 2-76

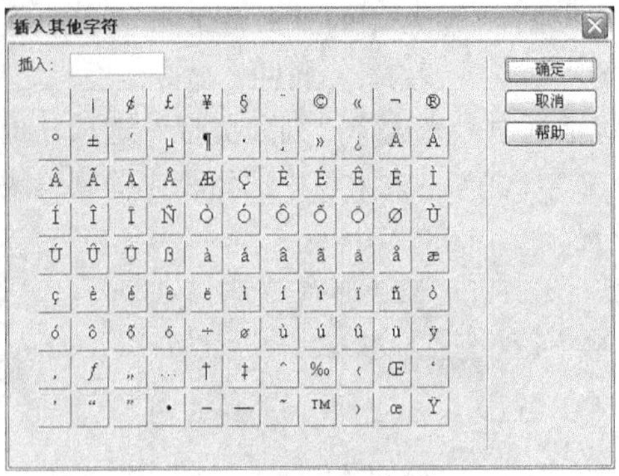

图 2-77

③ 选择“插入记录 > HTML > 特殊字符”命令。

④ 选择“插入记录 > HTML > 特殊字符”命令，在弹出的子菜单中选择需要的特殊字符，如图 2-77 所示。

2.3.5 【实战演练】——时尚咖啡网页

使用“项目列表”按钮将文字制作成项目列表，使用“属性”命令改变项目列表的样式。（最终效果参看光盘中的“Ch02 > 效果 > 时尚咖啡网页 > index.html”，如图 2-78 所示。）

图 2-78

2.4 绿色食品网页

2.4.1 【案例分析】

绿色食品是对无污染的安全、优质、营养类食品的总称。本例是为绿色食品公司制作的食品健康网页，在设计上要表现出健康、自然的氛围。

2.4.2 【设计理念】

在网页设计制作过程中，通过将嫩绿色的图案作为背景，表现出自然生长的气息。右上方的导航设计，为浏览者提供最新的、最全面的绿色食品方面的信息。下方是是产品的展示区，使浏览者了解最新推出的用绿色食品制作的各类菜品。（最终效果参看光盘中的“Ch02 > 效果 > 绿色食品网页 > index.html”，如图 2-79 所示。）

图 2-79

2.4.3 【操作步骤】

步骤 1 选择“文件 > 打开”命令，在弹出的对话框中选择光盘中的“Ch02 > clip >绿色食品网页> index.html”文件，单击“打开”按钮，效果如图 2-80 所示。将光标置入单元格中，如图 2-81 所示。

图 2-80

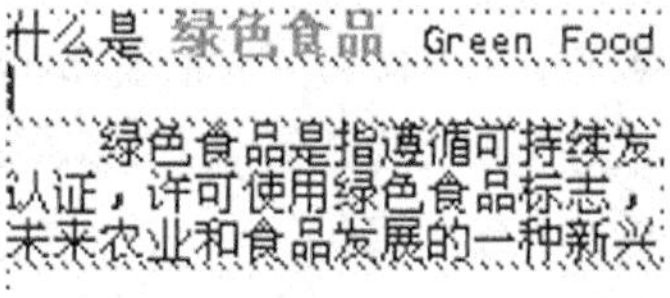

图 2-81

步骤 2 选择“插入记录 > HTML > 水平线”命令，插入水平线，效果如图 2-82 所示。选中水平线，在“属性”面板中将 “高”选项设为“1”，取消勾选“阴影”复选框，如图 2-83 所示，水平线效果如图 2-84 所示。

步骤 3 保存文档，按<F12>键预览效果，如图 2-85 所示。

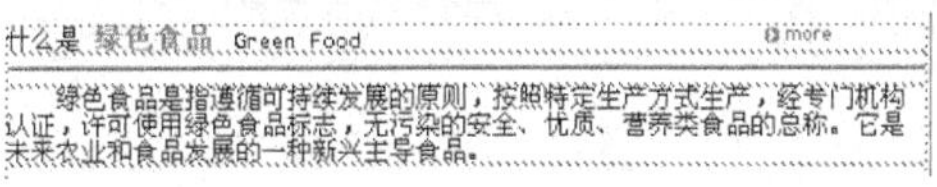

图 2-82

图 2-83

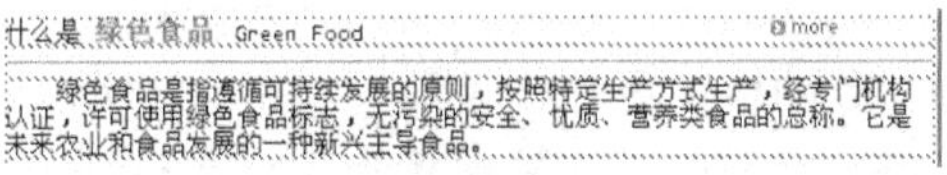

图 2-84

图 2-85

2.4.4 【相关工具】

1. 水平线

分割线又叫做水平线，可以将文字、图像、表格等对象在视觉上分割开。一篇内容繁杂的文档，如果合理地放置几条水平线，就会变得层次分明，便于阅读。

◎ **创建水平线**

选择“插入记录 > HTML > 水平线”命令。

◎ **修改水平线**

在文档窗口中选中水平线，选择“窗口 > 属性”命令，弹出“属性”面板，可以根据需要对属性进行修改，如图 2-86 所示。

图 2-86

在“水平线”选项下方的文本框中输入水平线的名称。

在“宽”选项的数值框中输入水平线的宽度值，其单位值可以是像素值，也可以是相对页面水平宽度的百分比值。

在“高”选项的数值框中输入水平线的高度值，这里只能是像素值。

在“对齐”选项的下拉列表中，可以选择水平线在水平位置上的对齐方式，可以是“左对齐”、“右对齐”或“居中对齐”，也可以选择“默认”选项使用默认的对齐方式，一般为“居中对齐”。

如果选择“阴影”复选框，水平线则被设置为阴影效果。

2. 显示和隐藏网格

使用网格可以更加方便地定位网页元素，在网页布局时网格也具有至关重要的作用。

◎ **显示和隐藏网格**

选择“查看 > 网格设置 > 显示网格”命令，此时处于显示网格的状态，网格在“设计”视图中可见，如图 2-87 所示。

◎ **设置网页元素与网格对齐**

选择“查看 > 网格设置 > 靠齐到网格”命令，此时，无论网格是否可见，都可以让网页元素自动与网格对齐。

◎ **修改网格的疏密**

选择“查看 > 网格设置 > 网格设置”命令，弹出“网格设置”对话框，如图 2-88 所示。在“间隔”选项的文本框中输入一个数字，并从下拉列表中选择间隔的单位，单击“确定”按钮关闭对话框，完成网格线间隔的修改。

◎ **修改网格线的形状和颜色**

选择“查看 > 网格设置 > 网格设置”命令，弹出“网格设置”对话框，如图 2-89 所示。在对话框中，先单击“颜色”按钮并从颜色拾取器中选择一种颜色，或者在文本框中输入一个十六进制的数字，然后单击“显示”选项组中的“线”或“点”单选项，最后单击“确定”按钮，完成网格线颜色和线型的修改。

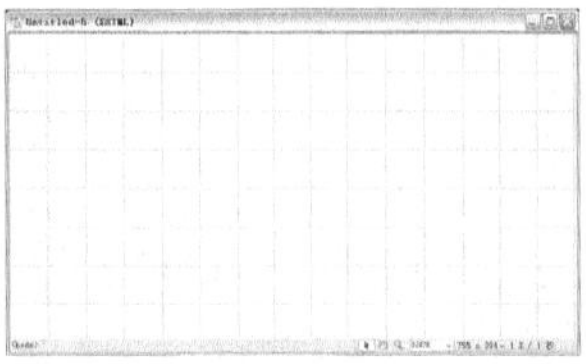

图 2-87

图 2-88

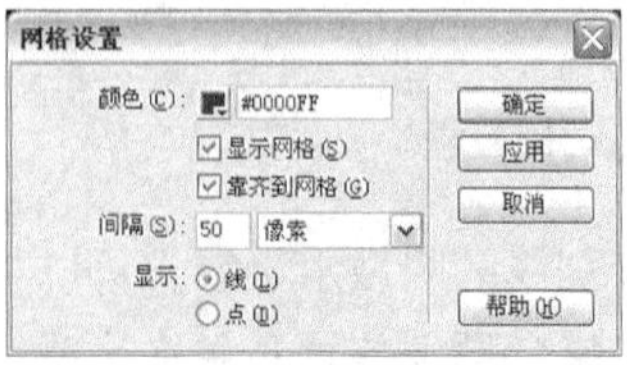

图 2-89

3. 标尺

标尺显示在文档窗口的页面上方和左侧，用以标志网页元素的位置。标尺的单位分为像素、英寸和厘米。

◎ **在文档窗口中显示标尺**

选择“查看 > 标尺 > 显示”命令，此时标尺处于显示的状态，如图 2-90 所示。

图 2-90

◎ **改变标尺的计量单位**

选择“查看 > 标尺”命令，在其子菜单中选择需要的计量单位，如图 2-91 所示。

◎ **改变坐标原点**

用鼠标单击文档窗口左上方的标尺交叉点，鼠标指针变为“+”形状，按住鼠标左键向右下拖曳，如图 2-92 所示，在要设置新的坐标原点的地方松开鼠标左键，坐标原点将随之改变，如图 2-93 所示。

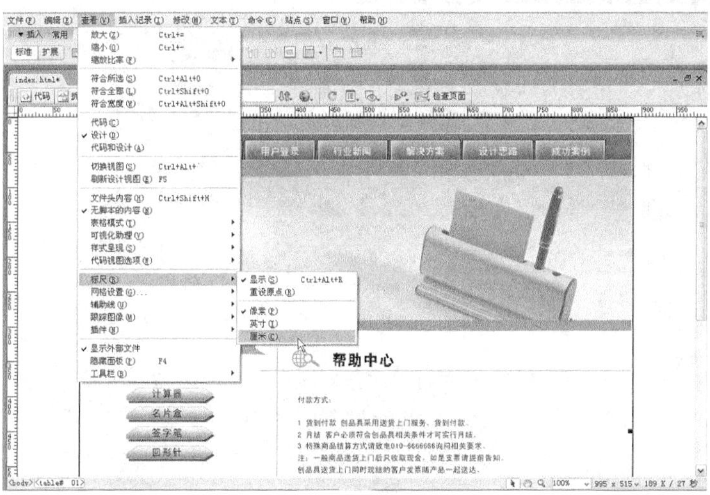

图 2-91

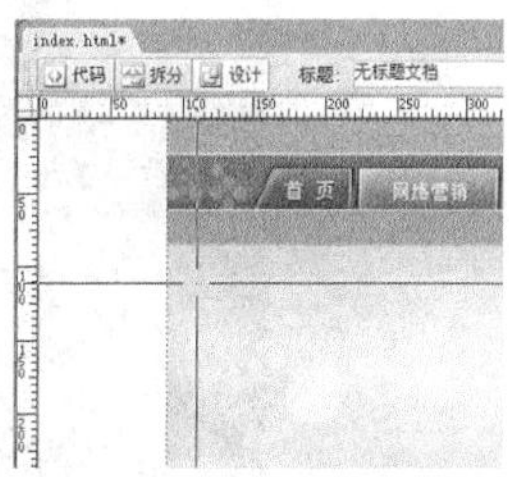

图 2-92

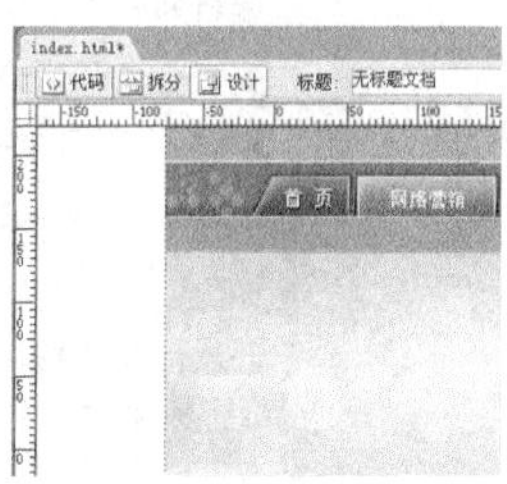

图 2-93

◎ **重置标尺的坐标原点**

选择“查看 > 标尺 > 重设原点”命令，将坐标原点还原成（0，0）点，如图 2-94 所示。

图 2-94

提　示　将坐标原点回到初始位置，还可以用鼠标双击文档窗口左上方的标尺交叉点。

2.4.5 【实战演练】——电子产品网页

使用水平线命令插入水平线，使用属性面板改变水平线的样式。（最终效果参看光盘中的“Ch02 > 效果 > 电子产品网页 > index.html”，如图 2-95 所示。）

图 2-95

2.5 综合演练——鲜花速递网页

输入文字，使用“插入其他字符”面板插入版权符号，使用“属性”面板改变文字的大小。（最终效果参看光盘中的“Ch02 > 效果 > 鲜花速递网页 > index.html”，如图 2-96 所示。）

图 2-96

2.6 综合演练——精品购物网页

使用“属性”面板改变文字的大小和颜色，使用“页面属性”命令设置网页的标题和页边距。（最终效果参看光盘中的“Ch02 > 效果 > 精品购物网页 > index.html”，如图 2-97 所示。）

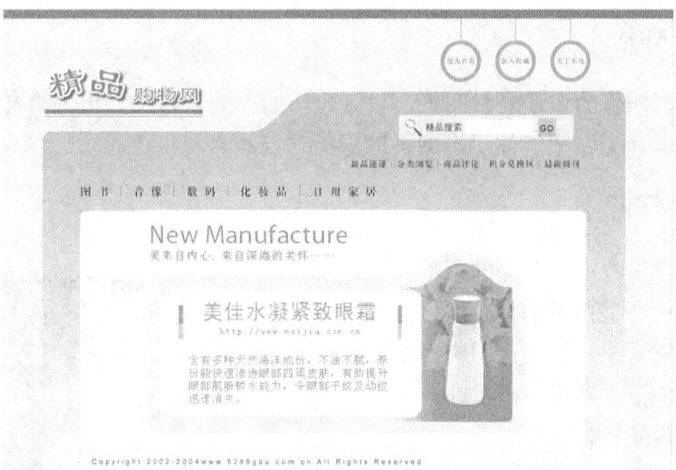

图 2-97

第3章 图像和多媒体

图像在网页中的作用是非常重要的，图像、按钮、标记可以使网页更加美观、形象生动，从而使网页中的内容更加丰富多彩。

所谓“媒体”是指信息的载体，包括文字、图形、动画、音频、视频等。在 Dreamweaver CS3 中，用户可以方便快捷地向 Web 站点添加声音和影片媒体，并可以导入和编辑多个媒体文件和对象。

课堂学习目标

- 插入图像
- 图文混排和创建网站相册
- 多媒体在网页中的应用

3.1 卡通素材网页

3.1.1 【案例分析】

本例是设计公司制作的卡通素材网页，设计公司的卡通素材主要提供给喜爱设计、热衷于设计的人群。在网页设计上希望能体现出网页的服务功能和素材特色。

3.1.2 【设计理念】

在网页设计制作过程中，左侧的菜单设计简洁清晰，为设计师提供了素材分类。右侧展示了真实的素材效果，让设计师们在查阅的同时，享受视觉上的冲击而产生非凡灵感。整个界面以不同颜色块进行划分，方便浏览者查看和下载。整体设计简洁流畅、活泼大方。（最终效果参看光盘中的“Ch03 > 效果 > 卡通素材网页 > index.html”，如图 3-1 所示。）

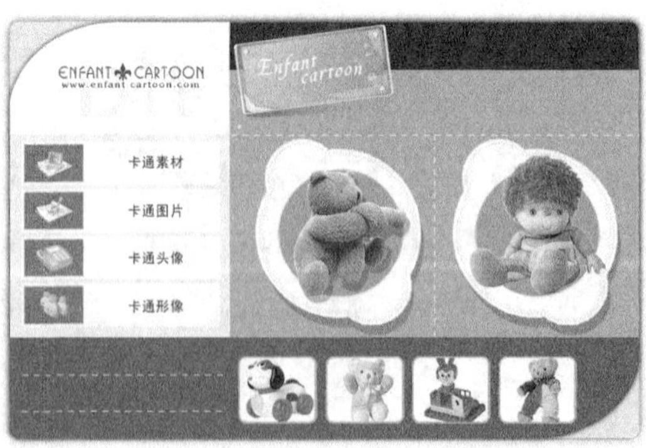

图 3-1

3.1.3 【操作步骤】

步骤 1 选择“文件 > 打开”命令，在弹出的对话框中选择光盘中的“Ch03 > clip >卡通素材网页> index.html”文件，单击“打开”按钮打开文件，如图 3-2 所示。将光标置入空白单元格中，如图 3-3 所示。

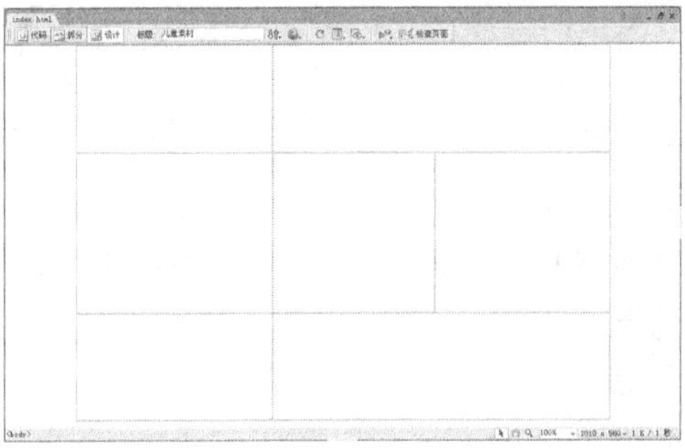

图 3-2

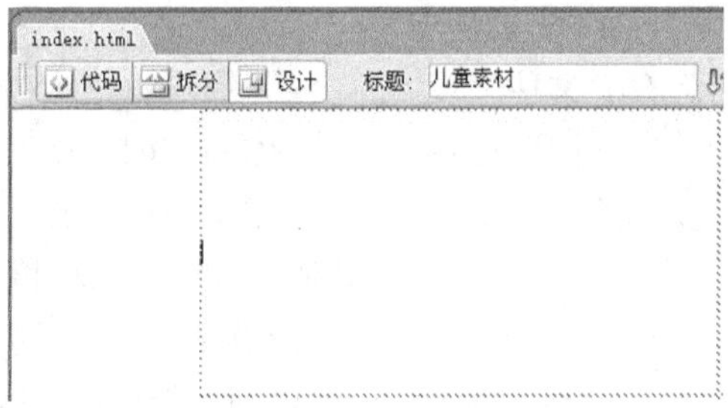

图 3-3

步骤 2 单击“插入”面板中“常用”选项卡的“图像”按钮，在弹出的“选择图像源文件”对话框中选择光盘中“Ch03 > clip >卡通素材网页> images”文件夹中的“img__01.jpg”文件，单击“确定”按钮完成图片的插入，效果如图 3-4 所示。将光标置入第 2 列第 1 个单元格中，将光盘中“Ch03 > clip >卡通素材网页> images”文件夹中的图片“img__02.jpg”插入到该单元格中，效果如图 3-5 所示。

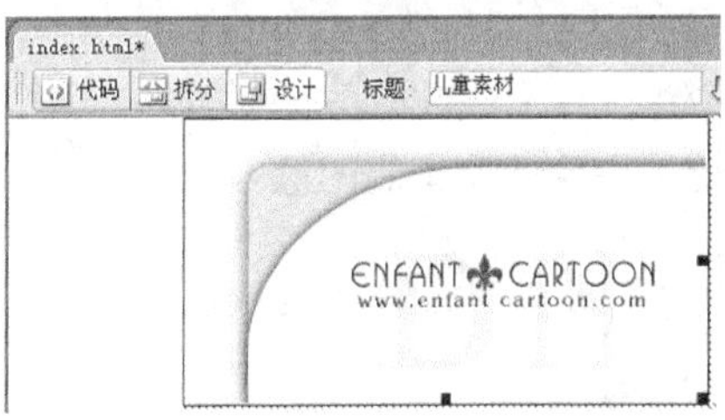

图 3-4

图 3-5

步骤 3 使用相同的方法，将 “img__03.jpg”、“img__04.jpg”、“img__05.jpg”、“img__06.jpg”和“img__07.jpg”插入到其他单元格中，效果如图 3-6 所示。

步骤 4 保存文档，按<F12>键预览效果，如图 3-7 所示。

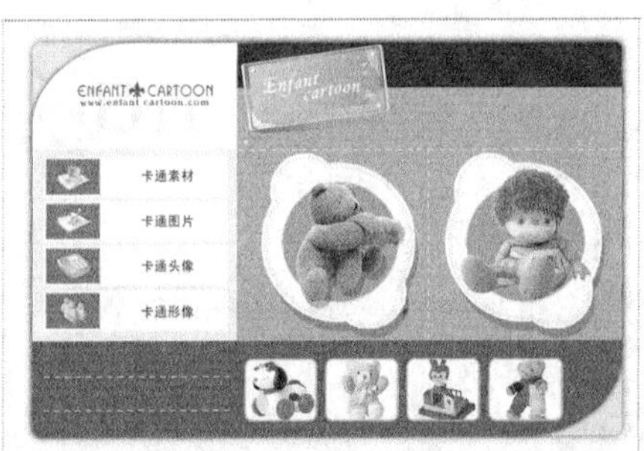

图 3-6

图 3-7

3.1.4 【相关工具】

1. 网页中的图像格式

Web 页中通常使用的图像文件有 JPEG、GIF、PNG 三种格式，但大多数浏览器只支持 JPEG、GIF 两种图像格式。因为要保证浏览者下载网页的速度，所以网站设计者也常使用 JPEG 和 GIF 这两种压缩格式的图像。

◎ **GIF 文件**

GIF 文件是在网络中最常见的图像格式，其具有如下特点。

① 最多可以显示 256 种颜色，最适合显示色调不连续或具有大面积单一颜色的图像，如导航条、按钮、图标、徽标或其他具有统一色彩和色调的图像。

② 使用无损压缩方案，图像在压缩后不会有细节的损失。

③ 支持透明的背景，可以创建带有透明区域的图像。

④ 是交织文件格式，在浏览器完成下载图像之前，浏览者即可看到该图像。

⑤ 图像格式的通用性好，几乎所有的浏览器都支持此图像格式，并且有许多免费软件支持 GIF 图像文件的编辑。

◎ **JPEG 文件**

JPEG 文件是用于为图像提供一种“有损耗”压缩的图像格式，其具有如下特点。

① 具有丰富的色彩，最多可以显示 1 670 万种颜色。

② 使用有损压缩方案，图像在压缩后会有细节的损失。

③ JPEG 格式的图像比 GIF 格式的图像小，下载速度更快。

④ 图像边缘的细节损失严重，所以不适合包含鲜明对比的图像或文本的图像。

◎ **PNG 文件**

PNG 文件是专门为网络而准备的图像格式，其具有如下特点。

① 使用新型的无损压缩方案，图像在压缩后不会有细节的损失。

② 具有丰富的色彩，最多可以显示 1 670 万种颜色。

③ 图像格式的通用性差。IE 4.0 或更高版本和 Netscape 4.04 或更高版本的浏览器都只能部分支持 PNG 图像的显示。因此，只有在为特定的目标用户进行设计时，才使用 PNG 格式的图像。

2. 插入图像

要在 Dreamweaver CS3 文档中插入的图像必须位于当前站点文件夹内或远程站点文件夹内，否则图像不能正确显示。因此在建立站点时，要先创建一个名叫“image”的文件夹，并将需要的图像复制到其中。

在网页中插入图像的具体操作步骤如下。

步骤 1 在文档窗口中，将插入点放置在要插入图像的位置。

步骤 2 通过以下两种方法选择“图像”命令，打开“选择图像源文件”对话框，如图 3-8

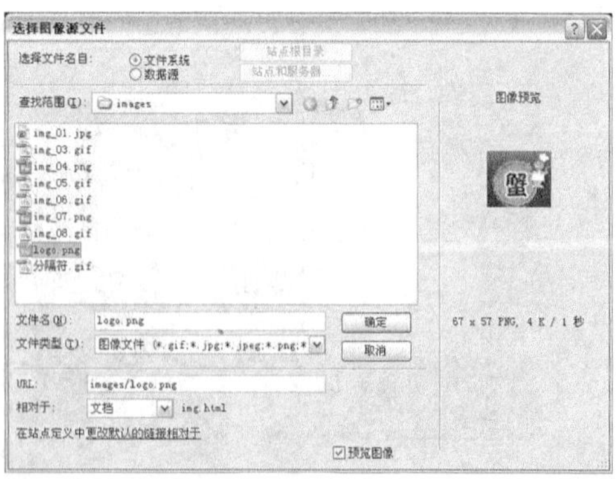

图 3-8

所示。

① 选择“插入”面板“常用”选项卡，单击“图像”展开式工具按钮上的黑色三角形，在下拉菜单中选择“图像”选项。

② 选择“插入记录 > 图像”命令。

步骤 3 在对话框中选择图像文件，单击“确定”按钮完成设置。

3. 设置图像属性

插入图像后，在“属性”面板中显示该图像的属性，如图 3-9 所示。下面介绍各选项的含义。

“宽”和“高”选项：以像素为单位指定图像的宽度和高度。这样做虽然可以缩放图像的显示大小，但不会缩短下载时间，因为浏览器在缩放图像前会下载所有图像数据。

图 3-9

源文件：指定图像的源文件。

链接：指定单击图像时要显示的网页文件。

替换：指定文本，在浏览设置为手动下载图像前，用它来替换图像的显示。在某些浏览器中，当鼠标指针滑过图像时也会显示替代文本。

“编辑”按钮：启动 Fireworks CS3 软件，并在其中弹出选定的图像。

“优化”按钮：启动指定的图像编辑器如 Fireworks CS3，并在其中弹出选定的图像。

“裁剪”按钮：修剪图像的大小。

“重新取样”按钮：对已调整过大小的图像进行重新取样，以提高图片在新的大小和形状下的品质。

“亮度和对比度”按钮：调整图像的亮度和对比度。

“锐化”按钮：调整图像的清晰度。

地图和指针热点工具：用于设置图像的热点链接。

垂直边距和水平边距：指定沿图像边缘添加的边距。

目标：指定链接页面应该在其中载入的框架或窗口。

低解析度源：为了节省浏览者浏览网页的时间，可通过此选项指定在载入主图像之前可快速载入的低品质图像。

边框：指定图像边框的宽度，默认无边框。

对齐：指定同一行上的图像和文本的对齐方式。

4. 插入图像占位符

在网页布局时，网站设计者需要先设计图像在网页中的位置，等设计方案通过后，再将这个位置变成具体图像。Dreamweaver CS3 提供的“图像占位符”功能，可满足上述需求。

在网页中插入图像占位符的具体操作步骤如下。

步骤 1 在文档窗口中，将插入点放置在要插入占位符图形的位置。

步骤 2 通过以下两种方法选择“图像占位符”命令，打开“图像占位符”对话框，效果如图

3-10 所示。

① 选择“插入”面板中的“常用”选项卡，单击“图像”展开式工具按钮，选择“图像占位符”选项。

② 选择“插入记录 > 图像对象 > 图像占位符”命令。

步骤 3 在“图像占位符”对话框中，按需要设置图像占位符的大小和颜色，并为图像占位符提供文本标签，单击“确定”按钮完成设置，效果如图 3-11 所示。

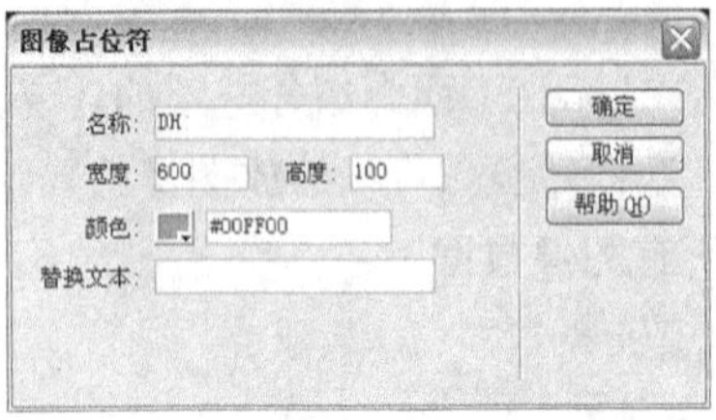

图 3-10

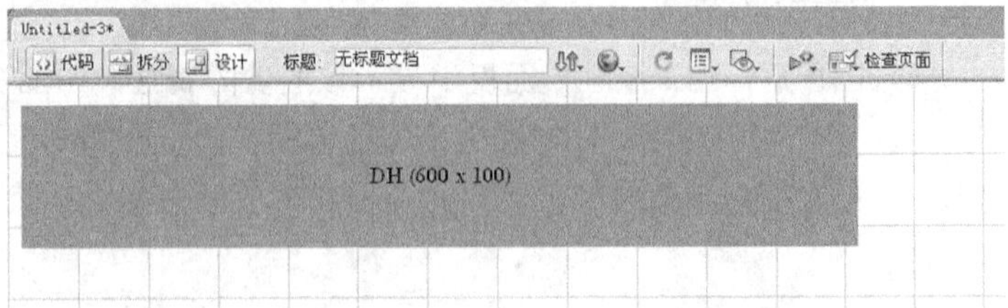

图 3-11

5. 跟踪图像

在工程设计过程中，一般先在图像处理软件中勾画出工程蓝图，然后在此基础上反复修改，最终得到一幅完美的设计图。制作网页时也应采用工程设计的方法，先在图像处理软件中绘制网页的蓝图，将其添加到网页的背景中，按设计方案对号入座，等网页制作完毕后，再将蓝图删除。Dreamweaver CS3 利用“跟踪图像”功能来实现上述网页设计的方式。

设置网页蓝图的具体操作步骤如下。

步骤 1 在图像处理软件中绘制网页的设计蓝图，如图 3-12 所示。

步骤 2 选择“文件 > 新建”命令，新建文档。

步骤 3 选择“修改 > 页面属性”命令，弹出“页面属性”对话框，在“分类”列表框中选择“跟踪图像”选项，如图 3-13 所示。单击“浏览”按钮，在弹出的“选择图像源文件”对话框中找到步骤 1 中设计蓝图的保存路径，如图 3-14 所示。

步骤 4 在“页面属性”对话框中调节“透明度”选项的滑块，使图像呈半透明状态，效果如图 3-15 所示，单击“确定”按钮完成设置。

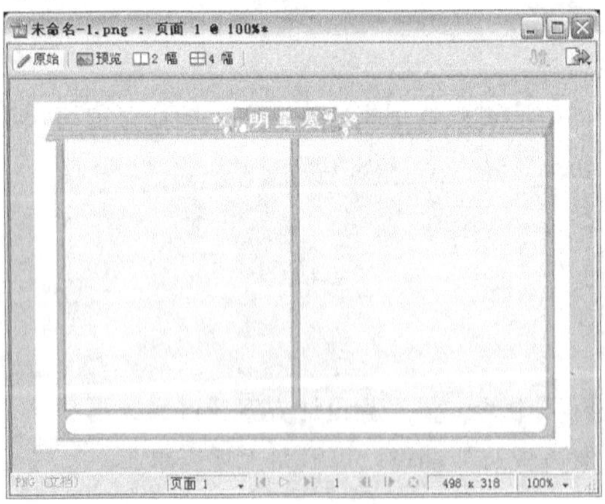

图 3-12

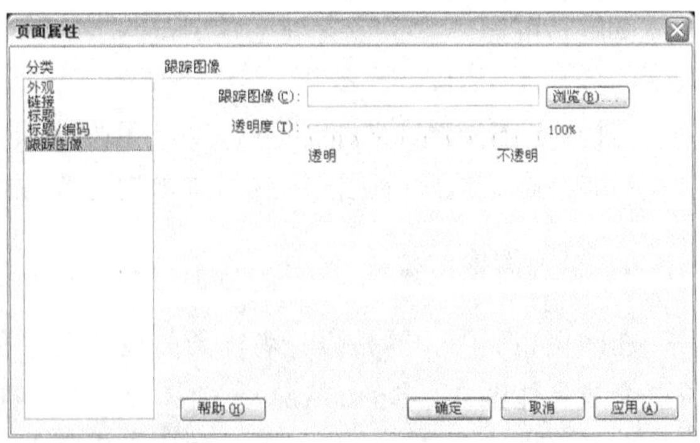

图 3-13

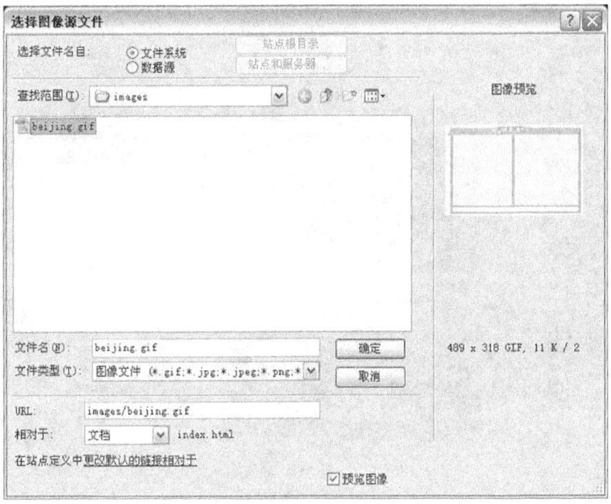

图 3-14

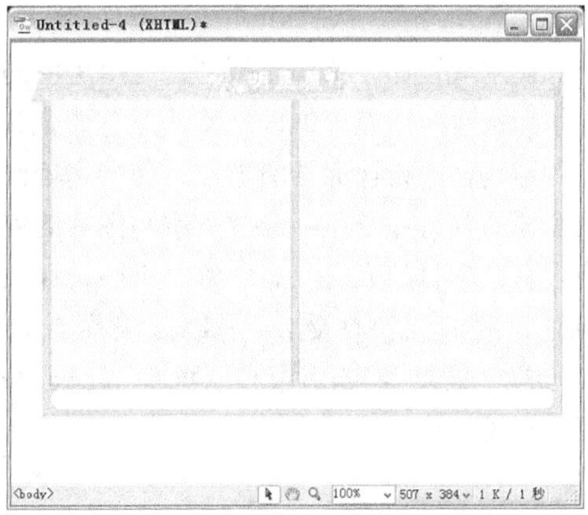

图 3-15

3.1.5 【实战演练】——家居时尚网页

使用“图像”按钮插入图像布局页面，使用“属性”面板改变图像的大小。（最终效果参看光盘中的“Ch03 > 效果 > 家居时尚网页 > index.html”，如图 3-16 所示。）

图 3-16

3.2 购房中心网页

3.2.1 【案例分析】

购房中心网页最大的特色即在于“足不出户，选天下房”，用户不需要从一地赶到另一地选房看房，仅在家里利用因特网，就可了解房地产楼盘项目的规模和环境，查询和观看各种房屋户型。因此，在网页的设计上要根据功能需求，合理进行布局和制作。

3.2.2 【设计理念】

在网页设计、制作过程中，使用房屋的写实照片作为背景，能充分体现独特的建筑形式和自然风光。导航栏的设计简洁清晰，方便购房者浏览、查找需要的项目和户型。通过文字与图片的编排，体现出房产项目的人文气息。整个页面设计表现出休闲时光的惬意和享受。（最终效果参看光盘中的“Ch03 > 效果 > 购房中心网页 > index.html”，如图 3-17 所示。）

图 3-17

3.2.3 【操作步骤】

步骤 1 选择“文件 > 打开”命令，在弹出的对话框中选择光盘中的“Ch03 > clip >购房中心网页> index.html”文件，单击“打开”按钮打开文件，如图 3-18 所示。

步骤 2 将光标置入文字“沉淀着醇厚的人文意蕴，”的右面，如图 3-19 所示。

图 3-18

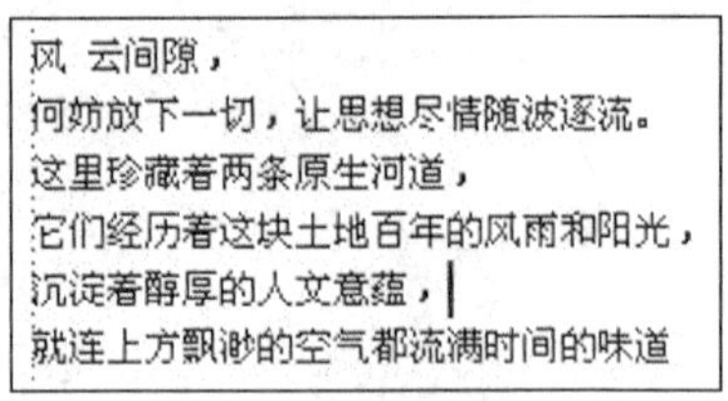

图 3-19

步骤 3 单击“插入”面板中“常用”选项卡中的“图像”按钮，在弹出的“选择图像源文件”对话框中选择光盘中“Ch03 > clip >购房中心网页> images”文件夹中的“img.jpg”文件，单击“确定”按钮完成图片的插入，效果如图 3-20 所示。

步骤 4 保持图像的选取状态，在“属性”面板的“对齐”选项列表中选择“右对齐”选项，如图 3-21 所示，图像排列到说明文字的右侧，将“水平边距”选项设为 19，效果如图 3-22 所示。

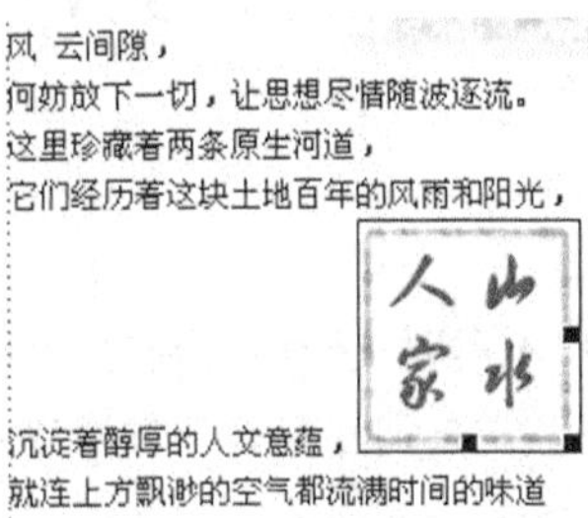

图 3-20

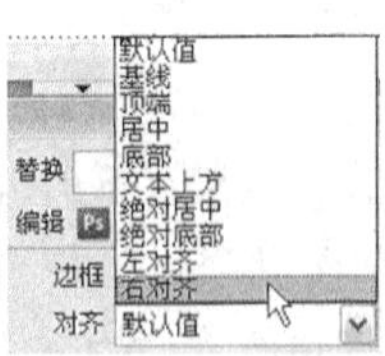

图 3-21

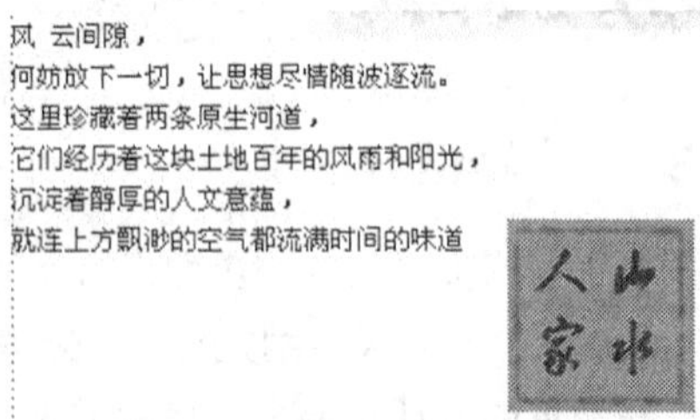

图 3-22

步骤 5 保存文档，按<F12>键预览效果，如图 3-23 所示。

图 3-23

3.2.4 【相关工具】

1. 调整图像与文本的相对位置

网页中既有文字，又有图像，如何调整同一行文字和图像的摆放位置达到表现良好的视觉效果，这就涉及图像与文字的相对位置问题。

调整同一行图像与文字相对位置的具体操作步骤如下。

步骤 1 在“设计”视图中选择图像。

步骤 2 在图像“属性”面板中展开“对齐”选项的下拉列表，选择一种调整图像与文字相对位置的方式。“对齐”选项中提供了 9 种图像与文字的对齐方式，如图 3-24 所示。

各种对齐方式的含义如下。

默认值：通常指定基线对齐，但因为站点访问者的浏览器不同，默认值也会有所不同。

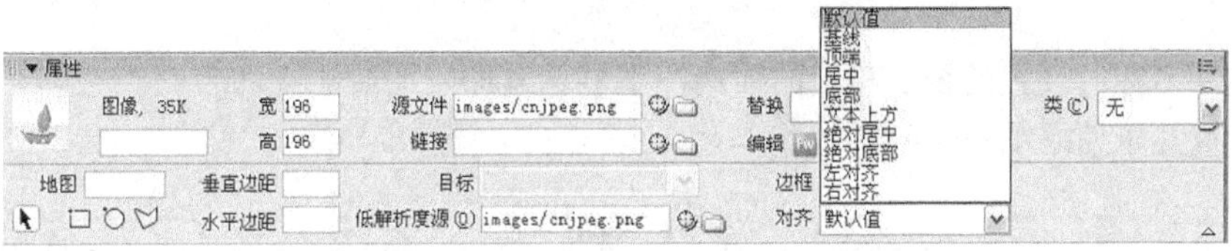

图 3-24

基线和底部：将文本（或同一段落中的其他元素）的基线与选定对象的底部对齐。

顶端：将当前行中最高文本的顶端与图像的顶端对齐。

居中：将当前行的基线与图像的中部对齐。

文本上方：将文本行中最高字符的顶端与图像的顶端对齐。

绝对居中：将当前行中文本的中部与图像的中部对齐。

绝对底部：将文本行字母的底部与图像的底部对齐。

左对齐：将所选择的图像放置在左边，文本在图像的右侧换行。如果左对齐文本在行上处于对象之前，它通常强制左对齐对象换到一个新行。

右对齐：将所选择的图像放置在右边，文本在图像的左侧换行。如果右对齐文本在行上处于对象之前，它通常强制右对齐对象换到一个新行。

2. 创建网站相册

在开始创建网站相册之前，将相册的所有图像放置在一个文件夹中（该文件夹不必位于站点中），并确保图像文件名的扩展名为“.Gif”、“.Jpg”、“.Jpeg”、“.Png”、“.Psd”、“.Tif” 或“.Tiff”。首先，使用 Fireworks CS3 来为该文件夹中的每个图像创建一个缩略图和一个较大尺寸的图像。然后，应用 Dreamweaver CS3 创建一个 Web 页，它包含所有缩略图以及指向大图像所在网页的链接（带有无法识别的文件扩展名的图像不会包含在相册中）。

创建网站相册的具体操作步骤如下。

步骤 1 建立一个文件夹，将所有图像文件放置在文件夹中。

步骤 2 在 Dreamweaver CS3 中，选择“命令 > 创建网站相册”命令（只有在计算机中装有 Fireworks CS3 软件时，此命令才为可用），弹出“创建网站相册”对话框，如图 3-25 所示。

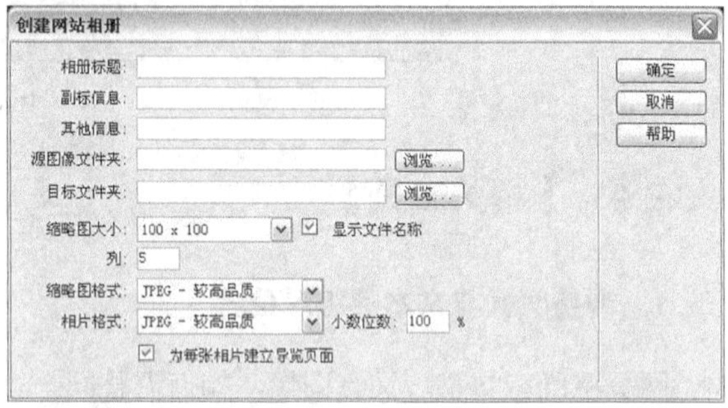

图 3-25

对话框中各选项的含义如下。

相册标题：缩略图所在页面顶部显示的标题。

副标信息：在标题下部显示的副标题信息。

其他信息：在标题下部显示的其他信息。

源图像文件夹：存放网站相册中所有图像的文件夹，此文件夹不一定在站点内。

目标文件夹：放置所有导出的图像和 HTML 文件。目标文件夹不应该已包含相册， 如果已包含相册，那么任何新图像与先前使用的图像同名，则可能会覆盖现有的缩略图和图像文件。

缩略图大小：选择缩略图的大小。图像将按比例缩放，以创建适合具有指定像素尺寸的方框的缩略图。

显示文件名称：设置是否在相应的缩略图下显示其原始图像的文件名。

列：设置显示缩略图的表的列数。

提 示 “缩略图大小”选项、“显示文件名称”选项和“列”选项为指定缩略图图像的显示选项。

缩略图格式：设置缩略图图像的格式。Dreamweaver CS3 提供的模式有以下 4 种。

- GIF 接近网页 128 色：创建 GIF 缩略图，这些缩略图使用包含 128 色的 Web 适应性调色板。
- GIF 接近网页 256 色：创建 GIF 缩略图，这些缩略图使用包含 256 色的 Web 适应性调色板。
- JPEG – 较高品质：创建品质较高且文件较大的 JPEG 缩略图。
- JPEG – 较小文件：创建品质较低且文件较小的 JPEG 缩略图。

相片格式：对于每个原始图像，将创建一个具有指定格式的大尺寸图像，它可以不同于缩略图格式。它和“小数位数”选项都是设置大尺寸图像显示的选项。

提 示 由于 GIF 和 JPEG 之外的原始文件格式可能无法在所有浏览器中正确显示，所以“创建网站相册”命令不允许将原始图像文件用做大尺寸图像。如果原始图像是 JPEG 文件，则生成的大尺寸图像文件可能比原始文件大（或者其品质比原始文件低）。

小数位数：设置大尺寸图像的缩放百分比。缩放百分比将应用于所有图像，如果原始图像的大小不一样，那么按同一百分比缩放就可能不会产生所需的效果。

为每张相片建立导览页面：勾选该复选框，为每个源图像创建一个 Web 页，该 Web 页包含标为“后退”、“主页”、“前进”的导航链接，并且缩略图会链接到导航页。如果不勾选该复选框，缩略图将直接链接到大尺寸图像。

步骤 3 在“创建网站相册”对话框中，设置相册标题、源图像文件夹、目标文件夹，并指定缩略图图像的显示、大尺寸图像的显示，以及是否为每张相片建立导览页面。

步骤 4 单击“确定”按钮即可创建网站相册的 HTML 和大尺寸图像文件。

提 示 如果在处理开始后单击 Dreamweaver CS3 对话框中的“取消”按钮，创建相册的进程并不会停止，这只会防止 Dreamweaver CS3 显示主相册页。

3.2.5 【实战演练】——健康水果网页

使用“图像”按钮插入图像布局页面，使用“属性”面板改变图像的对齐方式和边距。（最终效果参看光盘中的“Ch03 > 效果 >健康水果网页 > index.html”，如图 3-26 所示。）

图 3-26

3.3 营养美食网页

3.3.1 【案例分析】

本例是为美食家园餐饮公司制作的网页。美食家园餐饮公司的菜品主要针对的是关注健康、注意营养膳食结构的人群，在网页设计、制作上要表现出餐饮公司的特色和风味。

3.3.2 【设计理念】

在网页设计、制作过程中，清晰明确的导航设计，方便用户查看公司的最新菜系和相关信息。左侧的菜单按钮设计成透明水晶质感，体现出美食家园餐饮公司的现代气息。右侧各种菜品的摆放，突出了餐饮公司的最新产品。中间的美食展示图以动画的形式播出，体现了餐饮公司最优质的产品和最全面的服务。（最终效果参看光盘中的“Ch03 > 效果 > 营养美食网页 > index.html”，如图 3-27 所示。）

图 3-27

3.3.3 【操作步骤】

步骤 1 选择“文件 > 打开”命令，在弹出的对话框中选择光盘中的“Ch03 > clip >营养美食网页> index.html”文件，单击“打开”按钮打开文件，如图 3-28 所示。

步骤 2 将光标置入中间的空白单元格中，在“插入”面板的“常用”选项卡中单击“Flash”按钮，在弹出的“选择文件”对话框中选择光盘中“Ch03 > clip >营养美食网页> images”文件夹中的“01.swf”文件，单击“确定”按钮完成 Flash 影片的插入，效果如图 3-29 所示。

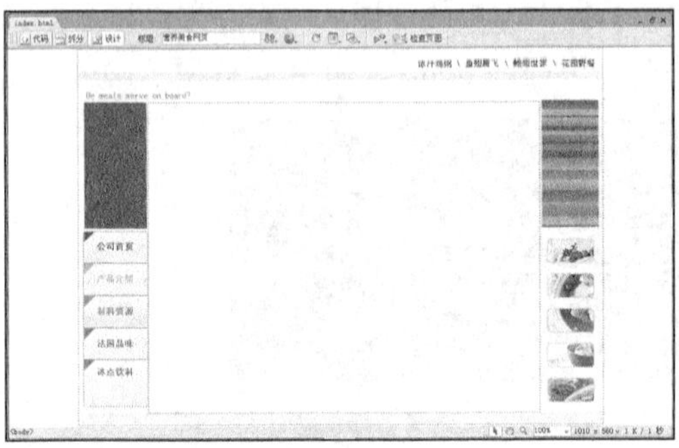

图 3-28

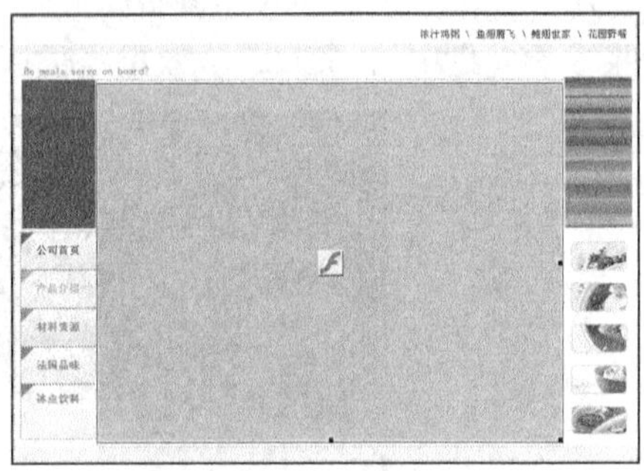

图 3-29

步骤 3 选中插入的 Flash 动画，单击“属性”面板中的“播放”按钮 播放 ，在文档窗口中预览效果，如图 3-30 所示。单击“属性”面板中的 停止 按钮，可以停止放映。

步骤 4 保存文档，按<F12>键预览效果，如图 3-31 所示。

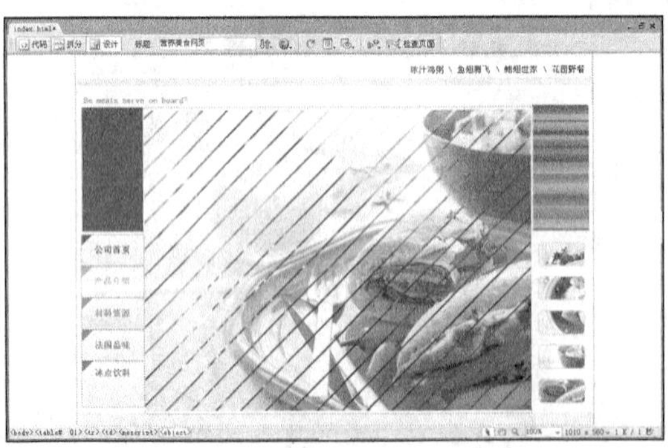

图 3-30

图 3-31

3.3.4 【相关工具】

1. 插入 Flash 动画

Dreamweaver CS3 提供了使用 Flash 对象的功能，虽然 Flash 中使用的文件类型有 Flash 源文件（.fla）、Flash SWF 文件（.swf）和 Flash 模板文件（.swt），但 Dreamweaver CS3 只支持 Flash SWF 文件，因为它是 Flash 文件的压缩版本，已进行了优化，便于在 Web 上查看。

在网页中插入 Flash 动画的具体操作步骤如下。

步骤 1 在文档窗口的“设计”视图中，将插入点放置在想要插入影片的位置。

步骤 2 通过以下两种方法启用“Flash”命令。

① 在“插入”面板的“常用”选项卡中，单击“媒体”展开式工具按钮，选择“Flash”选项。

② 选择“插入记录 > 媒体 > Flash”命令。

步骤 3 弹出“选择文件”对话框，选择一个后缀为“.swf”的文件，如图 3-32 所示，单击“确定”按钮完成设置。此时，Flash 占位符出现在文档窗口中，如图 3-33 所示。

图 3-32

图 3-33

步骤 4 选中文档窗口中的 Flash 对象，在“属性”面板中单击“播放”按钮 播放，测试效果。

提 示 当网页中包含两个以上 Flash 动画时，要预览所有的 Flash 内容，可以按<Ctrl+Alt+Shift+P>快捷键。

2. 插入 Flash 文本

Flash 文本是指只包含文本的 Flash 影片。Flash 文本可使用户利用自己选择的设计字体创建较小的矢量图形影片。

插入 Flash 文本对象的具体操作步骤如下。

步骤 1 在文档窗口的“设计”视图中，将插入点放置在想要插入 Flash 文本的位置。

步骤 2 通过以下两种方法启用“Flash 文本”命令，弹出“插入 Flash 文本”对话框，如图 3-34 所示。

① 在“插入 > 常用”面板中，单击“媒体”展开式工具按钮，选择“Flash 文本”选项。

② 选择“插入记录 > 媒体 > Flash 文本”命令。

对话框中各选项的作用如下。

字体：设置具有悬停效果的文本的字体。

大小：在数值框中输入 Flash 文本的大小。

B I 按钮：设置文本的对齐方式和效果。

颜色：设置 Flash 文本的初始颜色。

链接：在文本框中输入该 Flash 文本要链接文档的相对路径或绝对路径。

目标：在下拉列表中指定链接网页的弹出位置。

背景：设置 Flash 文本的背景颜色。

另存为：在文本框中输入新 SWF 文件的文件名，但要注意，如果该文件包含文档相对链接，则用户必须将该文件保存到与当前网页相同的目录中，以保持文档相对链接的有效性。

步骤 3 在对话框中根据需要进行设置。单击“应用”按钮或“确定”按钮，将 Flash 文本插入到文档窗口中。

步骤 4 选中文档窗口中的 Flash 文本，在“属性”面板中单击“播放”按钮测试效果，如图 3-35 所示。

图 3-34

图 3-35

3. 插入 Flash 按钮

如果用户想在网页中插入一个具有交互效果的按钮，可通过“插入 Flash 按钮”功能轻松实现。用户可以在文档中插入Flash按钮，但在插入Flash按钮前，必须先保存文档。

插入 Flash 按钮的具体操作步骤如下。

步骤 1 在文档窗口的“设计”视图中，将插入点放置在想要插入 Flash 按钮的位置。

步骤 2 通过以下两种方法启用“Flash 按钮”命令，弹出“插入 Flash 按钮”对话框，如图 3-36 所示。

图 3-36

① 在“插入”面板的“常用”选项卡中，单击“媒体”展开式工具按钮，选择“Flash按钮”选项。

② 选择“插入记录 > 媒体 > Flash 按钮”命令。

对话框中各选项的作用如下。

样式：列表中提供了多种按钮样式。当用户选择某个样式后，在“范例”效果框中会显示此按钮的效果。

按钮文本：在文本框中输入要在按钮上显示的文本。

字体：选择按钮上显示文本的字体。

大小：在数值框中输入按钮上显示文本的大小。

链接：在文本框中输入该按钮要链接文档的相对路径或绝对路径。

目标：在下拉列表中指定链接网页的弹出位置。

背景色：设置 Flash SWF 的背景颜色。

另存为：在文本框中输入新 SWF 文件的文件名。可使用默认文件名（如 button1.swf）或输入新文件名，但要注意，如果该文件包含文档相对链接，则用户必须将该文件保存到与当前 HTML 文档相同的目录中，以保持文档相对链接的有效性。

步骤 3 在对话框中根据需要进行设置。先在“样式”列表中选择按钮的样式，在“按钮文本”文本框中输入按钮上的文字，然后在“链接”文本框中选择链接网页，以便浏览者单击此按钮时能浏览该网页，最后在“另存为”文本框中输入此新 SWF 文件的文件名，如图 3-37 所示。

步骤 4 单击“应用”按钮或“确定”按钮，将“Flash”按钮插入到文档窗口中。

步骤 5 选中文档窗口中的“Flash”按钮，在“属性”面板中单击“播放”按钮测试效果，如图 3-38 所示。

图 3-37

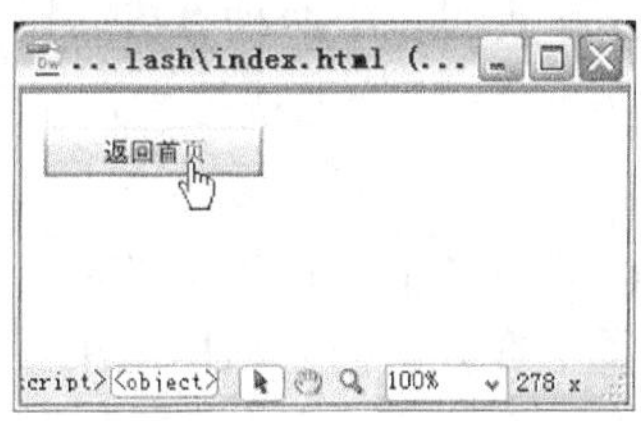

图 3-38

4. 插入 Shockwave 影片

Shockwave 是 Web 上用于交互式多媒体的 Macromedia 标准，是一种经压缩的格式，它使得在 Macromedia Director 中创建的多媒体文件能够被快速下载，而且可以在大多数常用浏览器中进行播放。

在网页中插入 Shockwave 影片的具体操作步骤如下。

步骤 1 在文档窗口的“设计”视图中，将插入点放置在想要插入 Shockwave 影片的位置。

步骤 2 通过以下两种方法选择“Shockwave”命令。

① 在“插入”面板的“常用”选项卡中，单击“媒体”展开式工具按钮，选择“Shockwave”选项。

② 选择“插入 > 媒体 > Shockwave”命令。

步骤 3 在弹出的“选择文件”对话框中选择一个影片文件，如图 3-39 所示，单击“确定”按钮完成设置。此时，Shockwave 影片的占位符出现在文档窗口中，选择文档窗口中的 Shockwave 影片占位符，在“属性”面板中修改“宽”和“高”的值，来设置影片的宽度和高度。单击“播放”按钮 播放 ，测试效果如图 3-40 所示。

图 3-39

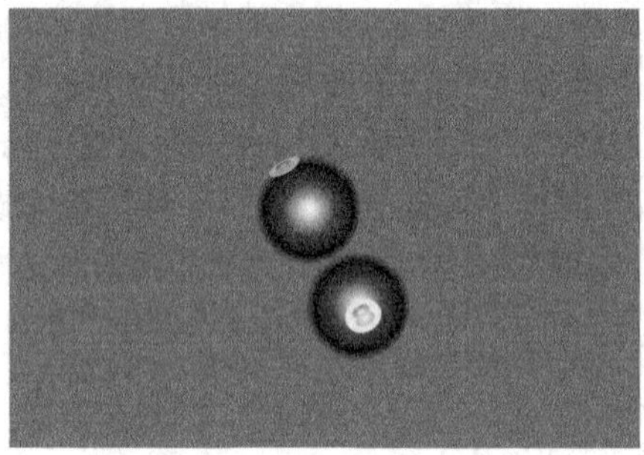

图 3-40

5. 影片插入 Applet 程序

Applet 是用 Java 编程语言开发的、可嵌入 Web 页中的小型应用程序。Dreamweaver CS3 提供了将 Java Applet 插入 HTML 文档中的功能。

在网页中插入 Java Applet 程序的具体操作步骤如下。

步骤 1 在文档窗口的“设计”视图中，将插入点放置在想要插入 Applet 程序的位置。

步骤 2 通过以下两种方法选择“Applet”命令。

① 在“插入”面板的“常用”选项卡中，单击“媒体”展开式工具按钮，选择“APPLET”选项。

② 选择“插入记录 > 媒体 > Applet”命令。

步骤 3 在弹出的“选择文件”对话框中选择一个 Java Applet 程序文件，单击“确定”按钮完成设置。

6. 插入 ActiveX 控件

ActiveX 控件也称 OLE 控件。它是可以充当浏览器插件的可重复使用的组件，有些像微型的应用程序。ActiveX 控件只在 Windows 系统上的 Internet Explorer 中运行。Dreamweaver CS3 中的 ActiveX 对象可为用户的浏览器中的 ActiveX 控件提供属性和参数。

在网页中插入 ActiveX 控件的具体操作步骤如下。

步骤 1 在文档窗口的“设计”视图中，将插入点放置在想要插入 ActiveX 控件的位置。

步骤 2 通过以下两种方法选择“ActiveX”命令，插入 ActiveX 控件。

① 在“插入”面板的“常用”选项卡中，单击“媒体”展开式工具按钮，选择“ActiveX”选项。

② 选择“插入记录 > 媒体 >ActiveX”命令。

步骤 3 选中文档窗口中的 ActiveX 控件，在“属性”面板中单击“播放”按钮 播放 测试效果。

3.3.5 【实战演练】——动感音乐网页

使用 Flash 文本按钮制作导航条效果。使用 Flash 动画命令插入动画，使页面变得生动有趣。（最终效果参看光盘中的“Ch03 > 效果 > Dynamic > index.html”，如图 3-41 所示。）

图 3-41

3.4 综合演练——商务在线网页

使用“图像”按钮插入图像，使用“属性”面板改变图像的大小和边距。（最终效果参看光盘中的“Ch03 > 效果 > 商务在线网页 > index.html”，如图 3-42 所示。）

图 3-42

3.5 综合演练——化妆品网页

使用 Flash 按钮命令制作导航条效果。使用 Flash 动画命令插入动画，使页面变得更加美观。最终效果参看光盘中的“Ch03 > 效果 > Comsmetics > index.html”，如图 3-43 所示。）

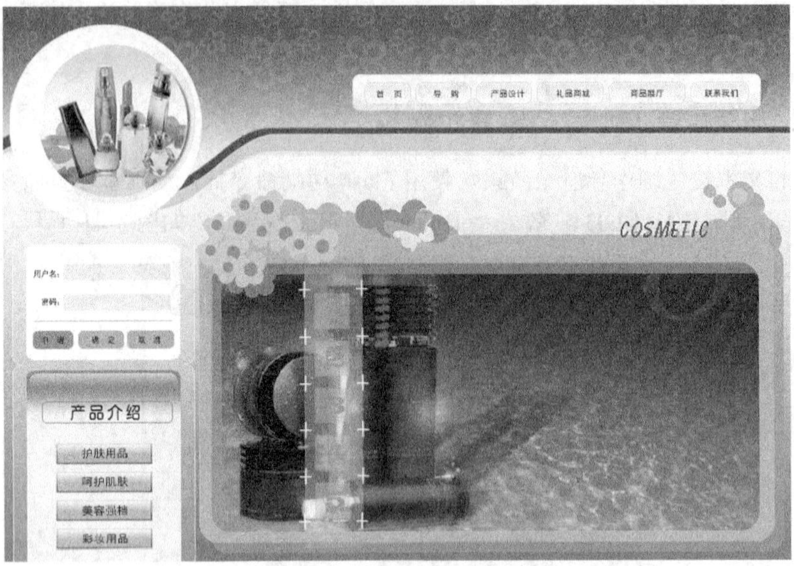

图 3-43

第4章 超链接

网络中的每个网页都是通过超链接的形式关联在一起的，超链接是网页中最重要、最根本的元素之一。浏览者可以通过鼠标单击网页中的某个元素，轻松地实现网页之间的转换或下载文件、收发邮件等。要实现超链接，还要了解链接路径的知识。

课堂学习目标

- 超链接的概念与路径知识
- 文本超链接
- 图像超链接
- 命名锚记超链接
- 热点链接

4.1 创业在线网页

4.1.1 【案例分析】

本例是网络公司制作的创业在线网，该网站汇聚了大量创业项目，打造专业性创业类互动行业平台。在网页设计布局上要清晰合理，设计风格上要体现出创业的信息和国际化氛围。

4.1.2 【设计理念】

在网页设计、制作过程中，通过蓝色地图的效果营造出国际创业平台的氛围。右上角的导航设计简单清晰，使浏览者一目了然。下方橙色条的点缀让整个界面充满时代感。整体设计在视觉上相对集中、醒目，画面清晰雅致。（最终效果参看光盘中的“Ch04> 效果 > 创业在线网页 > index.html”，如图 4-1 所示。）

图 4-1

4.1.3 【操作步骤】

1. 制作特殊的文字超级链接

步骤 1 选择“文件 > 打开”命令，在弹出的对话框中选择光盘中的“Ch04 > clip >创业在线网页> index.html”文件，单击“打开”按钮打开文件，如图 4-2 所示。

步骤 2 选中页面右下方的文字“联系我们”，如图 4-3 所示。在“插入”面板的“常用”选项卡中单击“电子邮件链接”按钮，在弹出的对话框中进行设置，如图 4-4 所示。单击“确定”按钮，文字的下方出现下划线，如图 4-5 所示。

图 4-2

图 4-3

图 4-4

图 4-5

步骤 3 按<Ctrl+J>组合键，弹出“页面属性”对话框，在“分类”列表框中选择“链接”选项，将“链接颜色”选项设为白色，“交换图像链接”选项设为蓝色（#3F96A9），“已访问链接”选项设为灰色（#626262），“活动链接”选项设为黑色，在“下划线样式”选项的下拉列表中选择“始终无下划线”，如图 4-6 所示。单击“确定”按钮，文字效果如图 4-7 所示。

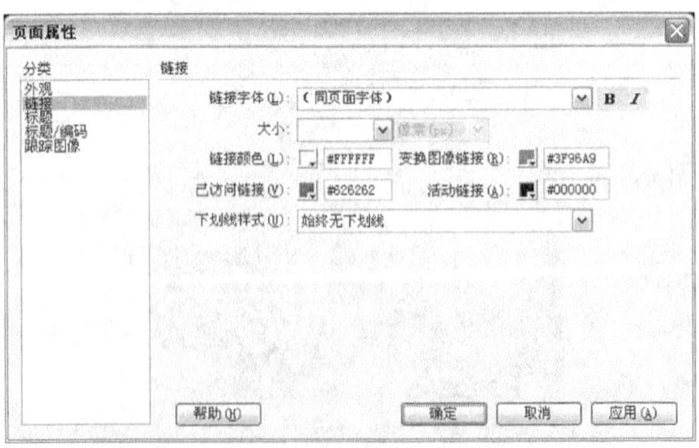

图 4-6

图 4-7

2. 制作下载文件链接

步骤 1 选中网页文档下方的文字“职场物语”，如图 4-8 所示。在“属性”面板中单击“链接”选项右侧的“浏览文件”按钮，弹出“选择文件”对话框，选择光盘中“Ch04 > clip >创业在线网页> images”文件夹中的“职场物语.rar”文件，如图 4-9 所示。单击“确定”按钮，将文件链接到文本框中，在“目标”选项的下拉列表中选择“_blank”，如图 4-10 所示。

图 4-8

图 4-9

图 4-10

步骤 2 保存文档，按<F12>键预览效果，如图 4-11 所示。单击插入的 E-mail 链接“联系我们”，弹出邮件窗口，如图 4-12 所示。

图 4-11

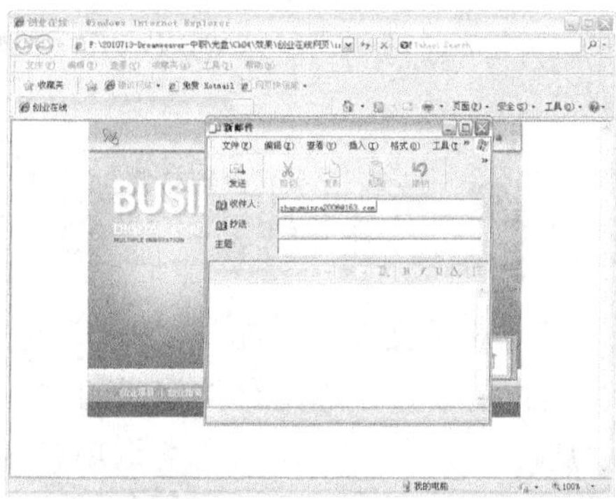

图 4-12

步骤 3 单击“职场物语”，如图 4-13 所示，将弹出“文件下载”对话框，提示打开或保存文件，如图 4-14 所示。

图 4-13

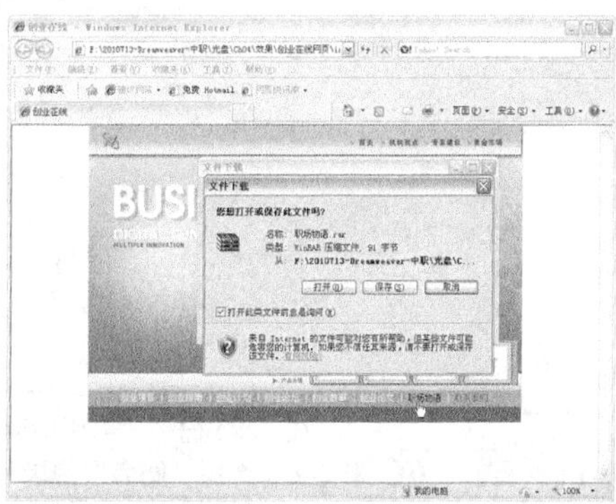

图 4-14

4.1.4 【相关工具】

1. 超链接的概念与路径知识

超链接的主要作用是将物理上无序的内容组成一个有机的统一体。超链接对象上存放某个网页文件的地址，以便用户打开相应的网页文件。在浏览网页时，当用户将鼠标指针移到文字或图像上时，鼠标指针会改变形状或颜色，这就是在提示用户：此对象为链接对象。单击这些链接对象，就可完成打开链接的网页下载文件、打开邮件工具收发邮件等操作。

2. 创建文本链接

创建文本链接的方法非常简单，主要是在链接文本的“属性”面板中指定链接文件。指定链接文件的方法有 3 种。

◎ 直接输入要链接文件的路径和文件名

在文档窗口中选中作为链接对象的文本，选择 “窗口 > 属性” 命令，调出“属性”面板。在“链接”选项的文本框中直接输入要链接文件的路径和文件名，如图 4-15 所示。

图 4-15

提 示 要链接到本地站点中的一个文件，直接输入文档相对路径或站点根目录相对路径；要链接到本地站点以外的文件，直接输入绝对路径。

◎ 使用“浏览文件”按钮

在文档窗口中选中作为链接对象的文本，在“属性”面板中单击“链接”选项右侧的“浏览文件”按钮，弹出“选择文件”对话框。选择要链接的文件，在“相对于”下拉列表中选择“文档”选项，如图 4-16 所示，单击“确定”按钮。

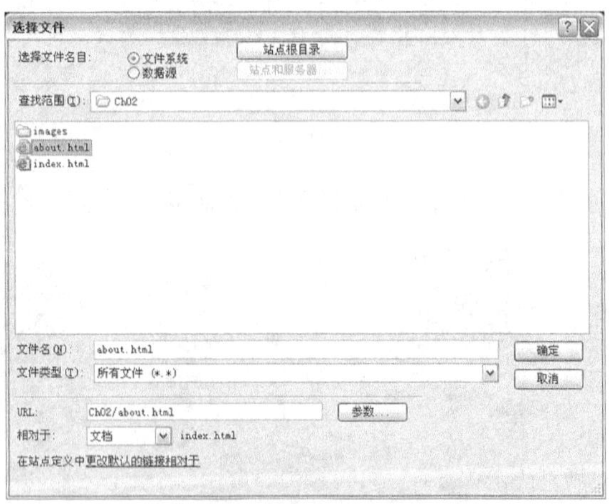

图 4-16

提 示 在“相对于”下拉列表中有两个选项。选择“文档”选项，表示使用文档相对路径来链接；选择“站点根目录”选项，表示使用站点根目录相对路径来链接。在“URL”选项的文本框中，可以直接输入网页的绝对路径。

技 巧 一般要链接本地站点中的一个文件时，最好不要使用绝对路径，因为如果移动文件，文件内所有的绝对路径都将被打断，会造成链接错误。

◎ 使用指向文件图标

使用“指向文件”图标，可以快捷地指定站点窗口内的链接文件，或指定另一个打开文件中命名锚点的链接。

在文档窗口中选中作为链接对象的文本，在“属性”面板中，拖曳“指向文件”图标指向右侧站点窗口内的文件，如图 4-17 所示。松开鼠标左键，“链接”选项被更新并显示出所建立的链接。

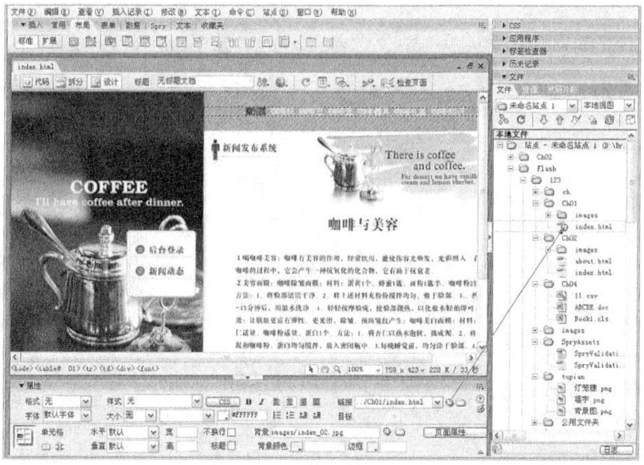

图 4-17

当完成链接文件后，“属性”面板中的“目标”选项变为可用，其下拉列表中各选项的作用如下。

“_blank”选项：将链接文件加载到未命名的新浏览器窗口中。

“_parent”选项：将链接文件加载到包含该链接的父框架集或窗口中。如果包含链接的框架不是嵌套的，则链接文件加载到整个浏览器窗口中。

“_self”选项：将链接文件加载到链接所在的同一框架或窗口中。此目标是默认的，通常不需要指定它。

“_top”选项：将链接文件加载到整个浏览器窗口中，并由此删除所有框架。

3. 文本链接的状态

一个未被访问过的链接文字与一个被访问过的链接文字在形式上是有所区别的，以提示用户链接文字所指示的网页是否被看过。设置文本链接状态的具体操作步骤如下。

步骤 1 选择“修改 > 页面属性”命令，弹出“页面属性”对话框，如图 4-18 所示。

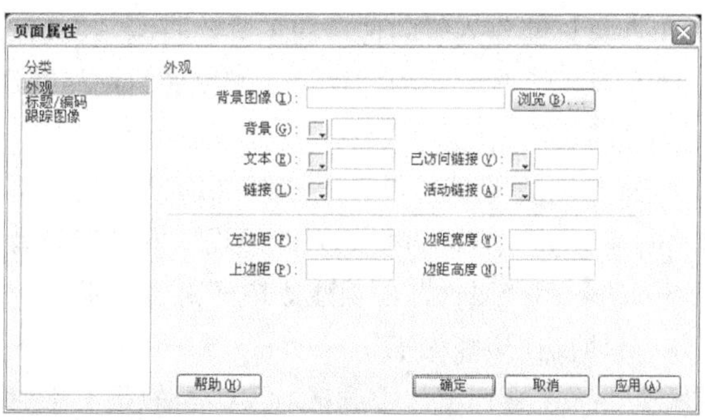

图 4-18

提 示 当在“编辑 > 首选参数”对话框中选择“使用 CSS 而不是 HTML 标签”复选框时，则“页面属性”对话框所提供的界面将会发生改变，如图 4-19 所示。

步骤 2 在对话框中设置文本的链接状态。选择“分类”列表框中的“链接”选项，单击“链接颜色”选项右侧的图标，打开调色板，选择一种颜色来设置链接文字的颜色。

单击“已访问链接”选项右侧的图标，打开调色板，选择一种颜色来设置访问过的链接文字的颜色。

单击“活动链接”选项右侧的图标，打开调色板，选择一种颜色来设置活动的链接文字的颜色。

在“下划线样式”选项的下拉列表中设置链接文字是否加下划线，如图 4-20 所示。

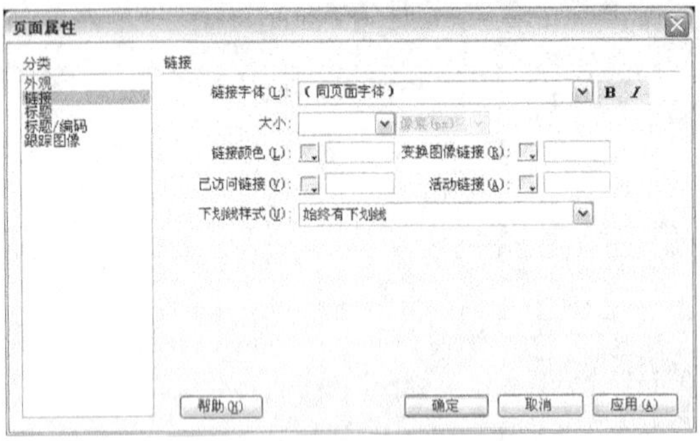

图 4-19

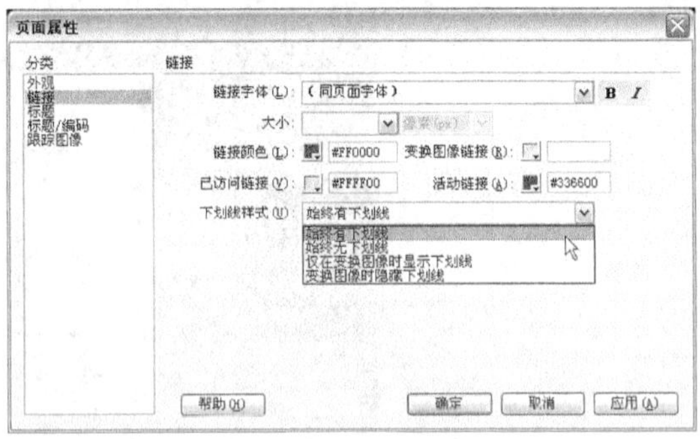

图 4-20

4. 下载文件链接

浏览网站的目的往往是查找并下载文件，下载文件可利用下载文件链接来实现。建立下载文件链接的步骤如同创建文字链接，区别在于所链接的文件不是网页文件而是其他文件，如.exe、.zip 等文件。

建立下载文件链接的具体操作步骤如下。

步骤 1 在文档窗口中选择需添加下载文件链接的网页对象。

步骤 2 在“链接”选项的文本框中指定链接文件。

步骤 3 按<F12>快捷键预览网页。

5. 电子邮件链接

网页只能作为单向传播的工具，将网站的信息传给浏览者，但网站建立者需要接收使用者的反馈信息，一种有效的方式是让浏览者给网站发送 E-mail。在网页制作中使用电子邮件超链接就可以实现。

每当浏览者单击包含电子邮件超链接的网页对象时，就会打开邮件处理工具（如 Outlook Express），并且自动将收信人地址设为网站建设者的邮箱地址，方便浏览者给网站发送反馈信息。

◎ 利用“属性”面板建立电子邮件超链接

具体操作步骤如下。

步骤 1 在文档窗口中选择对象，一般是文字对象，如“请联系我们”。

步骤 2 在“链接”选项的文本框中输入“mailto”和地址。例如，网站管理者的 E-mail 地址是

wmaster@taste.net，则在“链接”选项的文本框中输入“mailto:wmaster@taste.net”，如图 4-21 所示。

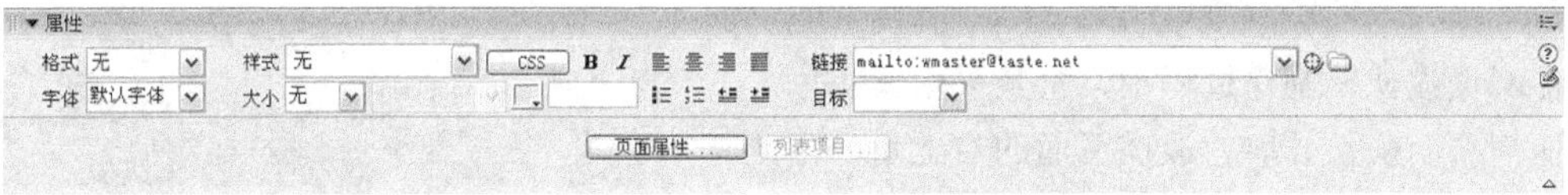

图 4-21

◎ **利用“电子邮件链接”对话框建立电子邮件超链接**

具体操作步骤如下。

步骤 1 在文档窗口中选择需要添加电子邮件链接的网页对象。

步骤 2 通过以下两种方法打开“电子邮件链接”对话框。

① 选择“插入记录 > 电子邮件链接”命令 。

② 在“插入”面板的“常用”选项卡中单击“电子邮件链接”工具。

步骤 3 在“文本”文本框中输入要在网页中显示的链接文字，并在“E-Mail”文本框中输入完整的邮箱地址，如图 4-22 所示。

步骤 4 单击“确定”按钮，完成电子邮件链接的创建。

图 4-22

4.1.5 【实战演练】——精品家具网页

使用“属性”面板为文字制作空链接效果，使用“电子邮件链接”按钮制作电子邮件链效果。（最终效果参看光盘中的“Ch04> 效果 > 精品家具网页 > index.html”，如图 4-23 所示。）

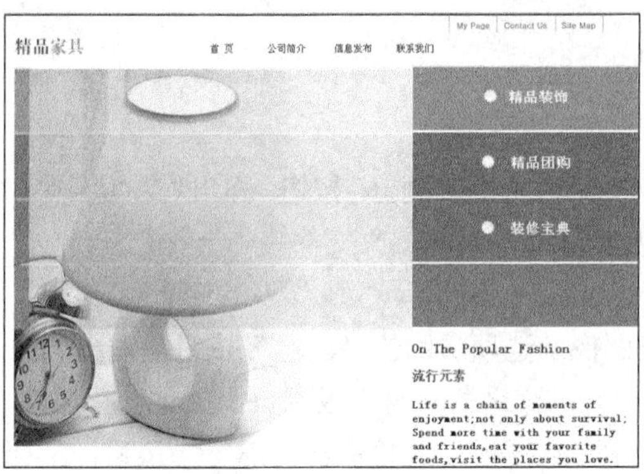

图 4-23

4.2 恋之语素材模板网页

4.2.1 【案例分析】

素材模板网页可以帮助用户设计出精美的照片或电子相册。本例是为影楼公司制作的模板下载网页，主要提供婚纱模板、写真模板、儿童模板、样片相册、亲子相册、影视教学等内容。在设计模板素材网页时要注意界面的时尚美观，布局的合理搭配，并体现出现代感和流行元素。

4.2.2 【设计理念】

在网页设计、制作过程中，背景采用天蓝色，使页面清新明快，导航栏放在页面的右上角，方便用户浏览。左下方是包含图层的模板下载区域，方便用户使用和下载。右下方是儿童模板区域，设计新颖独特。（最终效果参看光盘中的“Ch04 > 效果 > 恋之语素材模板网页 > index.html”，如图 4-24 所示。）

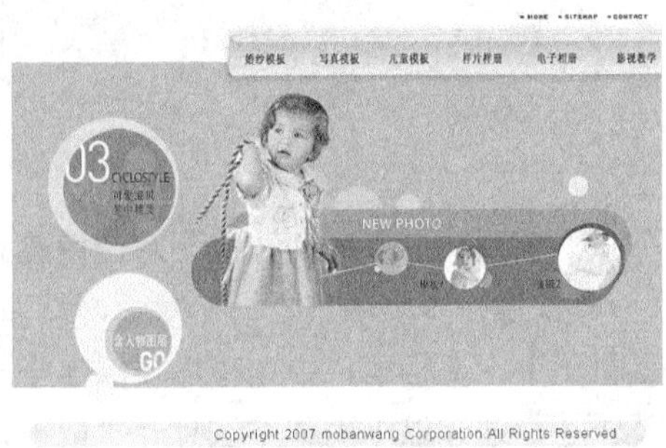

图 4-24

4.2.3 【操作步骤】

1. 制作鼠标经过

步骤 1 选择“文件 > 打开”命令，在弹出的对话框中选择光盘中的“Ch04 > clip > 恋之语素材模板网页 > index.html”文件，单击“打开”按钮打开文件，如图 4-25 所示。

步骤 2 将光标置入单元格中，如图 4-26 所示。在“插入”面板的“常用”选项卡中单击“鼠标经过图像”按钮，弹出“插入鼠标经过图像”对话框。

图 4-25

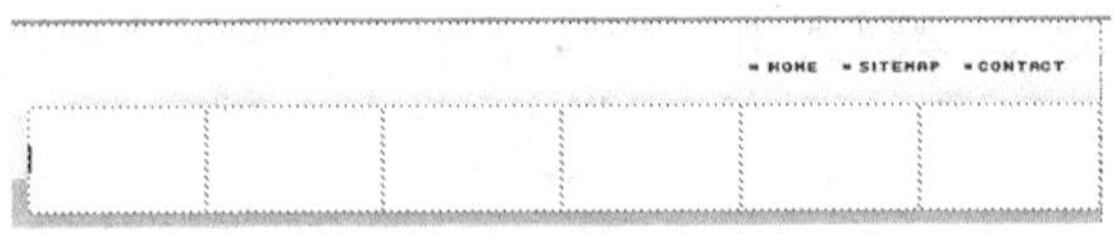

图 4-26

步骤 3 单击“原始图像”选项右侧的“浏览”按钮，弹出“原始图像”对话框，在光盘中的“Ch04 > clip > 恋之语素材模板网页 > images”文件夹中选择“1-a.jpg”文件，单击“确定”按钮，如图 4-27 所示。

步骤 4 单击“鼠标经过图像”选项右侧的“浏览”按钮，弹出“输入鼠标经过图像”对话框，在光盘中的“Ch04 > clip > 恋之语素材模板网页 > images”文件夹中选择“1-b.jpg”文件，单击“确定”按钮，如图 4-28 所示，再单击“确定”按钮，文档效果如图 4-29 所示。

步骤 5 用相同的方法为其他单元格插入图像，制作出如图 4-30 所示的效果。

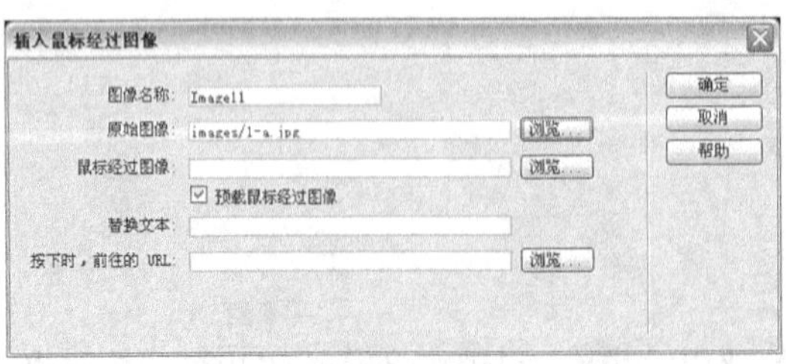

图 4-27

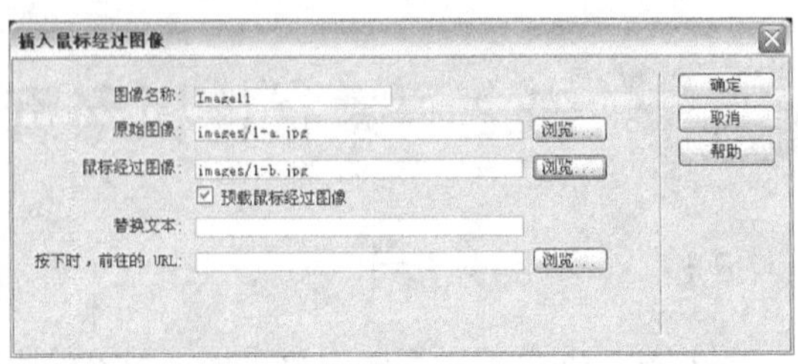

图 4-28

图 4-29

图 4-30

2. 创建热点链接

步骤 1 选中网页下方的图像，如图 4-31 所示，调出“属性”面板，选中“椭圆形热点工具”按钮，如图 4-32 所示。

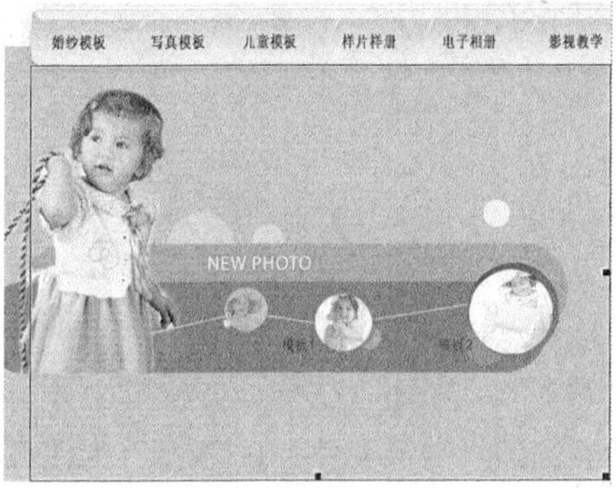

图 4-31

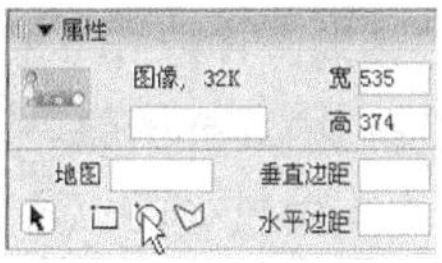

图 4-32

步骤 2 将光标放置在文字“模板 1”右侧的文字上绘制圆形热点，如图 4-33 所示。在“属性”面板“链接”选项右侧的文本框中输入链接地址，在“替换”选项右侧的文本框中输入“儿童模板（2～4 岁）”，如图 4-34 所示。

图 4-33

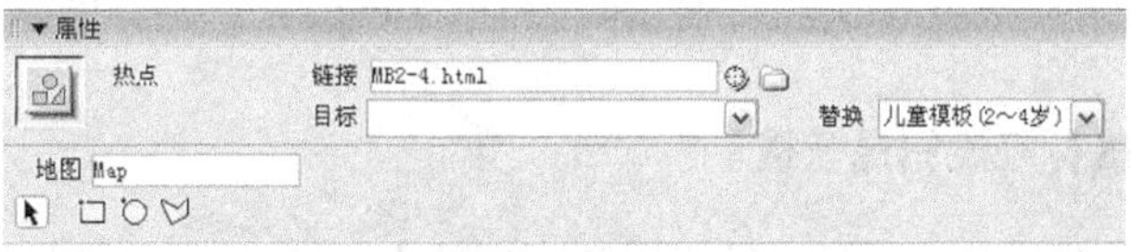

图 4-34

步骤 3 在文字“模板 2”右侧的图片上绘制圆形热点，如图 4-35 所示。在“属性”面板“链接”选项右侧的文本框中输入链接地址，在“替换”选项右侧的文本框中输入“儿童模板（5～7 岁）”，如图 4-36 所示。

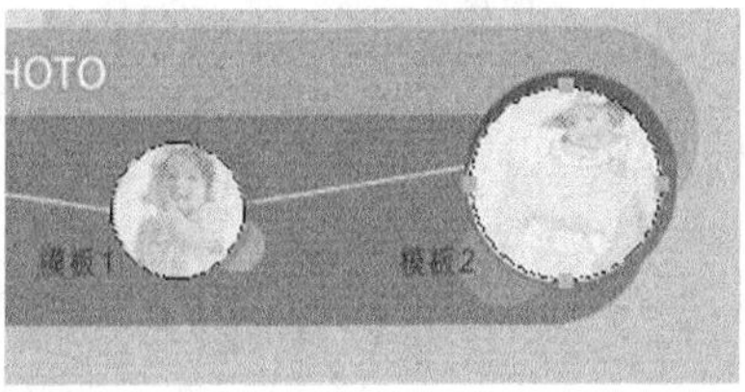

图 4-35

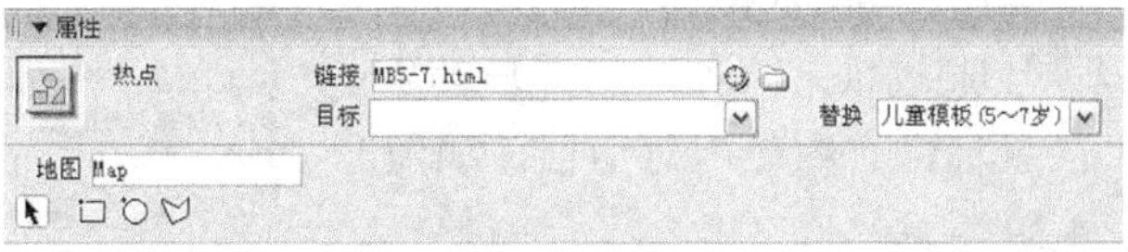

图 4-36

步骤 4 保存文档，按<F12>键预览效果，当鼠标移动到导航条上时，图像发生变化，效果如图 4-37 所示。将光标放置在热点链接上，会提示说明文字，效果如图 4-38 所示。

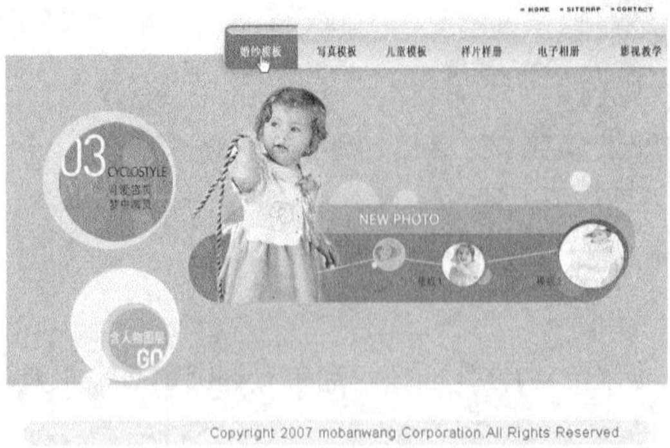

图 4-37

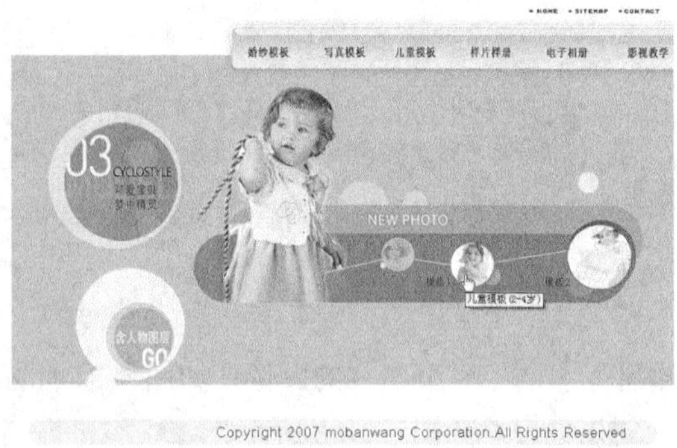

图 4-38

4.2.4 【相关工具】

1. 图像超链接

建立图像超链接的具体操作步骤如下。

步骤 1 在文档窗口中选择图像。

步骤 2 在“属性”面板中，单击“链接”选项右侧的“浏览文件”按钮，为图像添加文档相对路径的链接。

步骤 3 在“替代”文本框中可输入替代文字。设置替代文字后，当图片不能下载时，会在图片的位置上显示替代文字；当浏览者将鼠标指针指向图像时也会显示替代文字。

步骤 4 按<F12>键预览网页的效果。

提 示 图像链接不像文本超级链接那样，会发生许多提示性的变化，只有当鼠标指针经过图像时指针才呈现手形。

2. 鼠标经过图像链接

“鼠标经过图像”是一种常用的互动技术，当鼠标指针经过图像时，图像会随之发生变化。一般，“鼠标经过图像”效果由两张大小相等的图像组成，一张称为主图像，另一张称为次图像。主图像是首次载入网页时显示的图像，次图像是当鼠标指针经过时更换的另一张图像。“鼠标经过图像”经常应用于网页中的按钮上。

建立“鼠标经过图像”的具体操作步骤如下。

步骤 1 在文档窗口中将光标放置在需要添加图像的位置。

步骤 2 通过以下两种方法打开“插入鼠标经过图像”对话框，如图 4-39 所示。

① 选择“插入记录 > 图像对象 > 鼠标经过图像”命令。

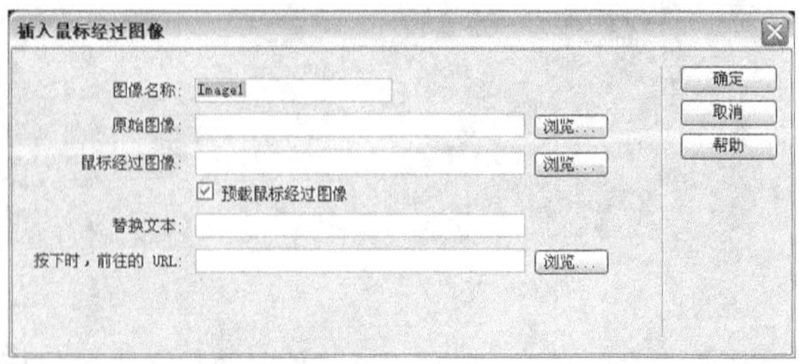

图 4-39

② 在“插入”面板的“常用”选

项卡中，单击“图像”展开式工具按钮，选择“鼠标经过图像”选项。

“插入鼠标经过图像”对话框中各选项的作用如下。

图像名称：设置鼠标指针经过图像对象时的名称。

原始图像：设置载入网页时显示的图像文件的路径。

鼠标经过图像：设置在鼠标指针滑过原始图像时显示的图像文件的路径。

预载鼠标经过图像：若希望图像预先载入浏览器的缓存中，以便用户将鼠标指针滑过图像时不发生延迟，则选择此复选框。

替换文本：设置替换文本的内容。设置后，在浏览器中当图片不能下载时，会在图片位置上显示替代文字；当用户将鼠标指针指向图像时会显示替代文字。

按下时，前往的 URL：设置跳转网页文件的路径，当用户单击图像时打开此网页。

步骤 3 在对话框中按照需要设置选项，然后单击“确定”按钮完成设置。按<F12>键预览网页。

3. 命名锚记链接

若网页的内容很长，为了寻找一个主题，用户往往需要拖曳滚动条进行查看，非常不方便。Dreamweaver CS3 提供了锚点链接功能可快速定位到网页的不同位置。

◎ **创建锚点**

具体操作步骤如下。

步骤 1 打开要加入锚点的网页。

步骤 2 将光标移到某一个主题内容处。

步骤 3 通过以下 3 种方法打开“命名锚记”对话框如图 4-40 所示。

① 按<Ctrl＋Alt＋A>组合键。

② 选择“插入记录 > 命名锚记”命令。

③ 在“插入”面板的“常用”选项卡中单击“命名锚记”按钮。

步骤 4 在“锚记名称”文本框中输入锚记名称，如“ZJ1”，然后单击“确定”按钮建立锚点标记。

步骤 5 根据需要重复步骤 1～4，在不同的主题内容处建立不同的锚点标记，如图 4-41 所示。

图 4-40

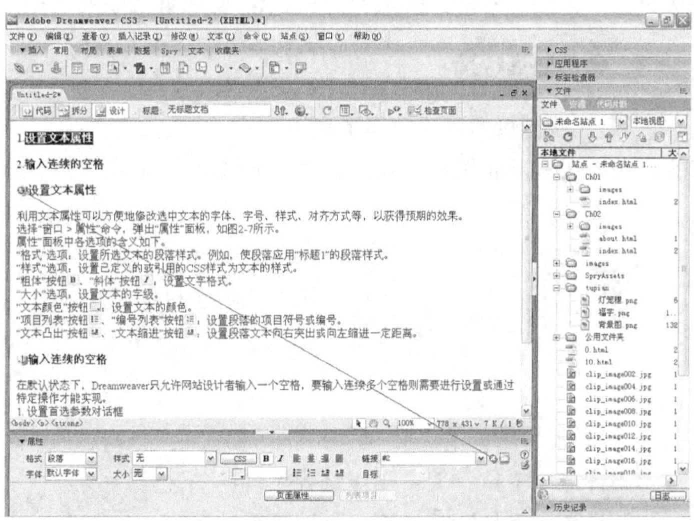

图 4-41

提　示　选择“查看 > 可视化助理 > 不可见元素”命令，在文档窗口可显示出锚点标记。

◎　**建立锚点链接**

具体操作步骤如下。

步骤 1　在网页的开始处，选择链接对象，如某主题文字。

步骤 2　通过以下 3 种方法建立锚点链接。

① 在“属性”面板的“链接”文本框中直接输入“#锚点名”，如“#ZJ2”。

② 在“属性”面板中，用鼠标拖曳“链接”选项右侧的“指向文件”图标，指向需要链接的锚点，如“ZJ2”锚点，如图 4-42 所示。

③ 在“文档”窗口中，选中链接对象，按住<Shift>键的同时将鼠标从链接对象拖向锚记。

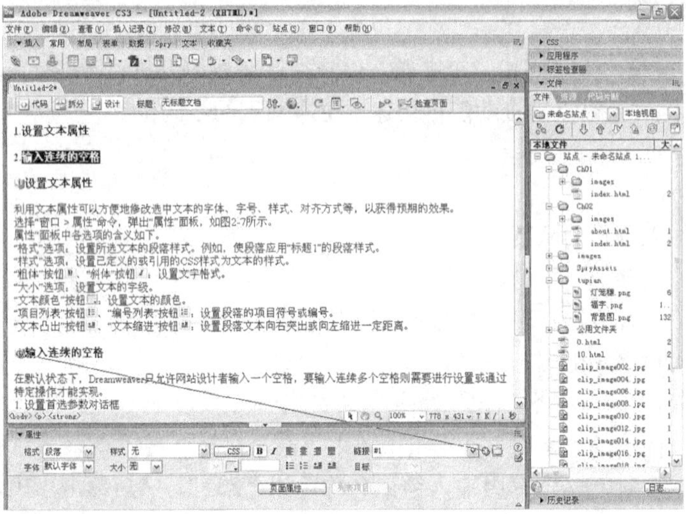

图 4-42

步骤 3　根据需要重复步骤 1～步骤 2，在网页开始处为不同的主题建立相应的锚点链接。

4. 创建热区链接

创建热区链接的具体操作步骤如下。

步骤 1　选取一张图片，在“属性”面板的“地图”选项下方选择热区创建工具，如图 4-43 所示。

图 4-43

各工具的作用如下。

“指针热点工具”：用于选择不同的热区。

“矩形热点工具”：用于创建矩形热区。

“圆形热点工具”：用于创建圆形热区。

“多边形热点工具”：用于创建多边形热区。

步骤 2 利用“矩形热点工具”、“圆形热点工具”、“多边形热点工具”和“指针热点工具”在图片上建立或选择相应形状的热区。

将鼠标指针放在图片上，当鼠标指针变为“+”形状时，在图片上拖曳出相应形状的蓝色热区。如果图片上有多个热区，可通过“指针热点工具”选择不同的热区，并通过热区的控制点调整热区的大小。例如，利用“矩形热点工具”，在图4-44上建立多个矩形链接热区。

步骤 3 此时，对应的“属性”面板如图4-45所示。在“链接”选项的文本框中输入要链接的网页地址，在“替换”选项的文本框中输入当鼠标指针指向热区时所显示的替换文字。通过热区，用户可以在图片的任何地方做链接。反复操作，就可以在一张图片上划分很多热区，并为每一个热区设置一个链接，从而实现在一张图片上单击鼠标左键链接到不同页面的效果。

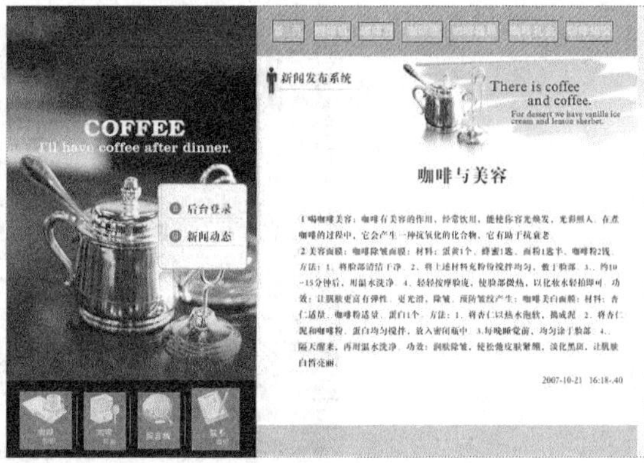

图 4-44

步骤 4 按<F12>键预览网页，效果如图4-46所示。

图 4-45

图 4-46

4.2.5 【实战演练】——旅游资讯网页

使用鼠标经过制作导航条效果，使用热点链接制作下载文件效果。（最终效果参看光盘中的“Ch04> 效果 > 旅游资讯网页 > index.html”，如图4-47所示。）

图 4-47

4.3 综合演练——流行音乐网页

使用“命名锚记”链接制作锚记链接效果，使用“属性”面板为图片制作空链接效果。（最终效果参看光盘中的“Ch04> 效果 > 流行音乐网页 > index.html”，如图 4-48 所示。）

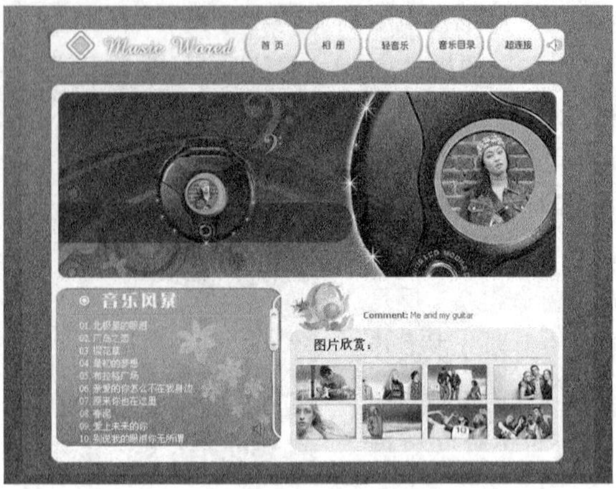

图 4-48

4.4 综合演练——数码相机网页

使用图像按钮插入图像，使用“属性”面板改变图像的对齐方式。（最终效果参看光盘中的“Ch04> 效果 > 数码相机网页 > index.html”，如图 4-49 所示。）

图 4-49

第5章 使用表格

表格是网页设计中一个非常有用的工具，它不仅可以将相关数据有序地排列在一起，还可以精确地定位文字、图像等网页元素在页面中的位置，使得页面在形式上既丰富多彩又条理清楚，在组织上井然有序而不显单调。使用表格进行页面布局的最大好处是，即使浏览者改变计算机的分辨率也不会影响网页的浏览效果。因此，表格是网站设计人员必须掌握的工具。表格运用得是否熟练，是划分专业制作人士和业余爱好者的一个重要标准。

课堂学习目标

- 表格的简单操作
- 网页中的数据表格
- 利用表格进行页面布局

5.1 咖啡机专卖网页

5.1.1 【案例分析】

酿制一杯完美的咖啡，需要借助专门的咖啡机来完成。利用因特网可以足不出户地在网上了解咖啡机的种类和价格。因此，在咖啡机销售网页设计上要根据功能需求，合理进行布局和制作，体现出咖啡的口感和文化特色。

5.1.2 【设计理念】

在网页设计、制作过程中，将淡雅的浅咖啡色和咖啡机设计为背景图案，表现出咖啡机的品质和咖啡的香浓美味。咖啡色的导航条更为网页的主题增色不少。右下方的图片是咖啡机专卖产品的展示效果，整体设计浪漫温馨，使浏览者能沉浸在咖啡的香气中。（最终效果参看光盘中的“Ch05> 效果 > 咖啡机专卖网页 > index.html”，如图 5-1 所示。）

图 5-1

5.1.3 【操作步骤】

步骤 1 启动 Dreamweaver CS3，新建一个空白文档。新建页面的初始名称是“Untitled-1.html”。选择“文件 > 保存”命令，弹出“另存为”对话框，在“保存在”选项的下拉列表中选择站点目录保存路径，在“文件名”选项的文本框中输入“index”，单击“保存”按钮，返回到编辑窗口。

步骤 2 选择“修改 > 页面属性”命令，弹出“页面属性”对话框，在“分类”列表框中选择“外观”选项，将“大小”选项设为 12，“文本颜色”选项设为白色，“左边距”、“右边距”、“上边距”和“下边距”选项均设为 0，如图 5-2 所示，单击“确定”按钮。

步骤 3 在“插入”面板的“常用”选项卡中单击“表格”按钮，在弹出的“表格”对话框中进行设置，如图 5-3 所示，单击“确定”按钮。保持表格的选取状态，在“属性”面板的“对齐”下拉列表中选择“居中对齐”选项。

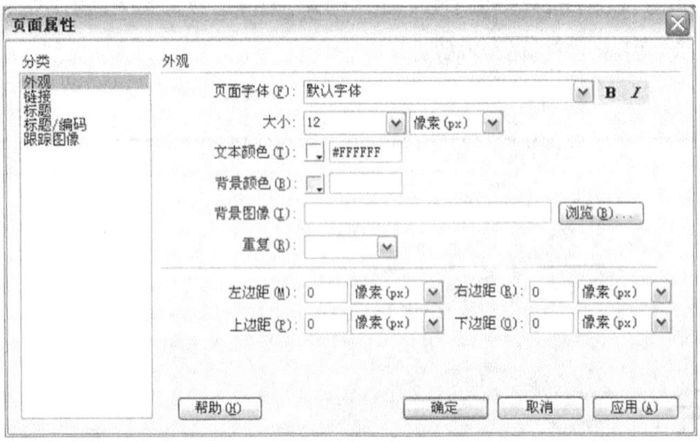

图 5-2

图 5-3

步骤 4 单击“属性”面板中“背景图像”选项右侧的“浏览文件”按钮，弹出“选择图像源文件”对话框，选择光盘中“Ch05 > clip >咖啡机专卖网页> images”文件夹中的“bg.jpg”文件，单击“确定”按钮。将光标置入表格中，在“属性”面板中“高”选项的数值框中输入“550”，如图 5-4 所示，效果如图 5-5 所示。

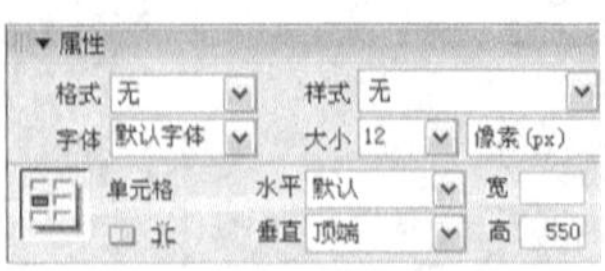

图 5-4

图 5-5

步骤 5 在“插入”面板的“常用”选项卡中单击“表格”按钮，在弹出的“表格”对话框中进行设置，如图 5-6 所示。单击“确定”按钮，保持表格的选取状态，在“属性”面板的“对齐”下拉列表中选择“右对齐”选项，表格效果如图 5-7 所示。

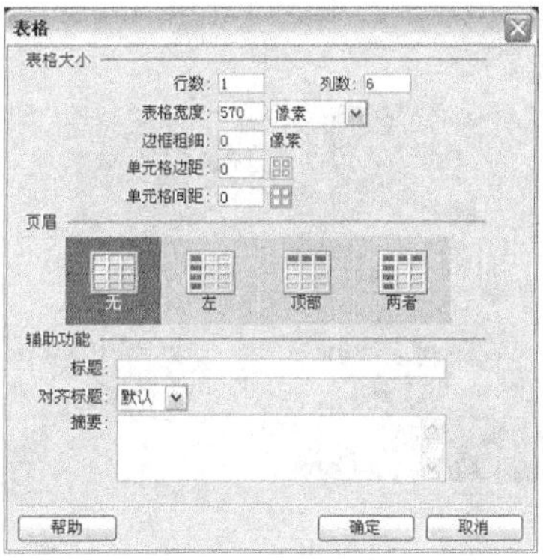

图 5-6

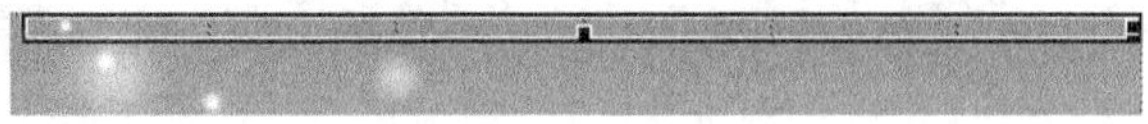

图 5-7

步骤 6 单击表格的第 1 列单元格，按住<Shift>键的同时，单击表格的最后 1 列单元格，将表格的单元格全部选中，在“属性”面板中进行设置如图 5-8 所示。单击“属性”面板中“背景图像”选项右侧的“浏览文件”按钮，弹出“选择图像源文件”对话框，选择光盘中“Ch05 > clip >咖啡机专卖网页> images”文件夹中的“img_1.jpg”文件，单击“确定”按钮，表格效果如图 5-9 所示。

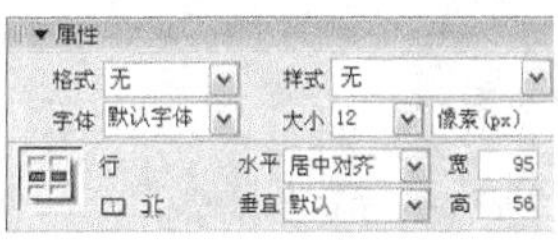

图 5-8

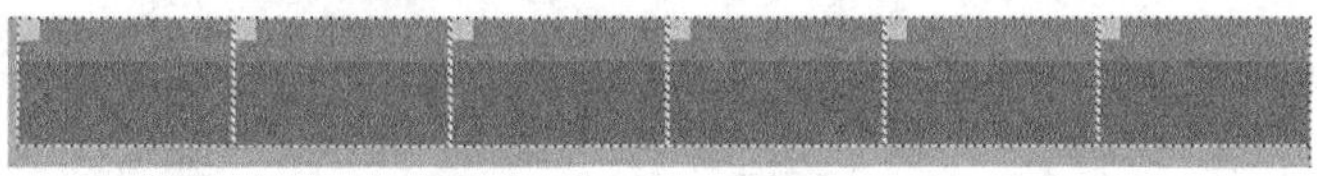

图 5-9

步骤 7 分别在各单元格中输入文字，制作导航条效果，如图 5-10 所示。将光标置入文字“网站首页”的前面，按<Shift+Enter>组合键，将文字置于下一段落，效果如图 5-11 所示。用相同的方法对其他文字进行操作，效果如图 5-12 所示。

图 5-10

图 5-11

图 5-12

步骤 8 选中导航条表格，如图 5-13 所示。按方向键中的向左键，将光标置于表格的左侧，按两次<Enter>键，改变表格的位置，效果如图 5-14 所示。

步骤 9 保存文档，按<F12>键预览效果，如图 5-15 所示。

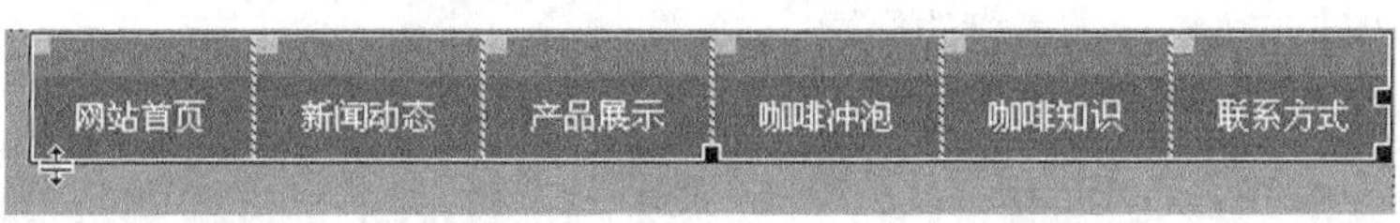

图 5-13

图 5-14

图 5-15

5.1.4 【相关工具】

1. 表格的组成

表格中包含行、列、单元格、表格标题等元素，如图 5-16 所示。

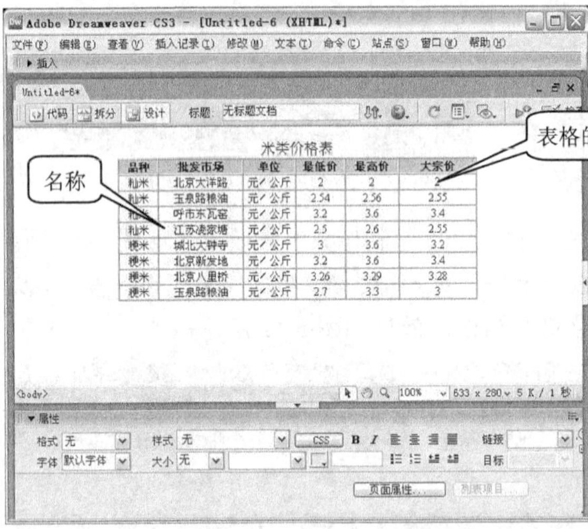

图 5-16

表格元素所对应的 HTML 标签如下。

<table> </table>：标志表格的开始和结束。通过设置它的常用参数，可以指定表格的高度和宽度、框线的宽度、背景图像、背景颜色、单元格间距、单元格边界和内容的距离，以及表格相对页面的对齐方式。

<tr> </tr>：标志表格的行。通过设置它的常用参数，可以指定行的背景图像、行的背景颜色和行的对齐方式。

<td> </td>：标志单元格内的数据。通过设置它的常用参数，可以指定列的对齐方式、列的背景图像、列的背景颜色、列的宽度、单元格垂直对齐方式等。

<caption> </caption>：标志表格的标题。

<th> </th>：标志表格的列名。

虽然 Dreamweaver CS3 允许用户在“设计”视图中直接操作行、列和单元格，但对于复杂的表格，则无法通过鼠标选择用户所需要的对象，所以对于网站设计者来说，必须了解表格元素的

HTML 标签的基本内容。

当选定了表格或表格中有插入点时，Dreamweaver CS3 会显示表格的宽度和每列的列宽。宽度旁边是表格标题菜单与列标题菜单的箭头，如图 5-17 所示。用户可以根据需要打开或关闭表格和列的宽度显示。

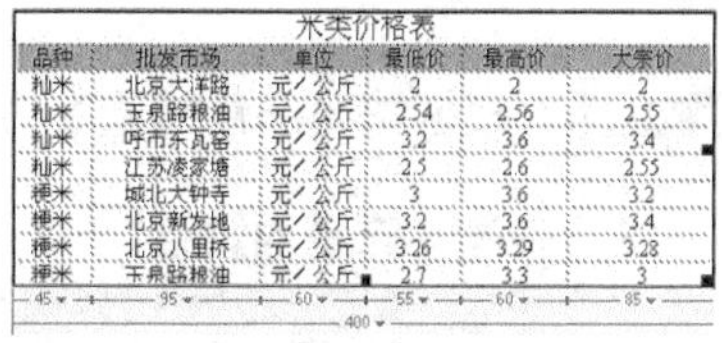

米类价格表

品种	批发市场	单位	最低价	最高价	大宗价
籼米	北京大洋路	元／公斤	2	2	2
籼米	玉泉路粮油	元／公斤	2.54	2.56	2.55
籼米	呼市东瓦窑	元／公斤	3.2	3.6	3.4
籼米	江苏凌家塘	元／公斤	2.5	2.6	2.55
粳米	城北大钟寺	元／公斤	3	3.6	3.2
粳米	北京新发地	元／公斤	3.2	3.6	3.4
粳米	北京八里桥	元／公斤	3.26	3.29	3.28
粳米	玉泉路粮油	元／公斤	2.7	3.3	3

图 5-17

打开或关闭表格和列的宽度显示有以下两种方法。

① 选定表格或在表格中设置插入点，然后选择“查看 > 可视化助理 > 表格宽度”命令。

② 用鼠标右键单击表格，在弹出的快捷菜单中选择“表格 > 表格宽度”命令。

2. 插入表格

要将相关数据有序地组织在一起，必须先插入表格，然后才能有效地组织数据。

插入表格的具体操作步骤如下：

步骤 1 在“文档”窗口中，将插入点放到合适的位置。

步骤 2 通过以下 3 种方法启用“表格”对话框，如图 5-18 所示。

① 选择“插入记录 > 表格”命令。

② 单击“插入”面板中“常用”选项卡上的“表格”按钮。

③ 单击“插入”布局中“布局”选项卡面板上的“表格”按钮。

图 5-18

对话框中各选项的作用如下。

行数：设置表格的行数。

列数：设置表格的列数。

表格宽度：以像素为单位或以浏览器窗口宽度的百分比设置表格的宽度。

边框粗细：以像素为单位设置表格边框的宽度。对于大多数浏览器来说，此选项值设置为 1。如果用表格进行页面布局时将此选项值设置为 0，浏览网页时就不显示表格的边框。

单元格边距：设置单元格边框与单元格内容之间的像素数。对于大多数浏览器来说，此选项的值设置为 1。如果用表格进行页面布局时将此选项值设置为 0，浏览网页时单元格边框与内容之间没有间距。

单元格间距：设置相邻的单元格之间的像素数。对于大多数浏览器来说，此选项的值设置为 2。如果用表格进行页面布局时将此选项值设置为 0，浏览网页时单元格之间没有间距。

标题：设置表格标题，它显示在表格的外面。

对齐标题：在其下拉列表中选择表格标题相对于表格的显示位置。

摘要：对表格的说明，但是该文本不会显示在用户的浏览器中，仅在源代码中显示，可提高源代码的可读性。

用户可以通过如图 5-19 所示的表来了解上述对话框选项的具体内容。

米类价格表

品种	批发市场	单位	最低价	最高价	大宗价
籼米	北京大洋路	元／公斤	2	2	2
籼米	玉泉路粮油	元／公斤	2.54	2.56	2.55
籼米	呼市东瓦窑	元／公斤	3.2	3.6	3.4
籼米	江苏凌家塘	元／公斤	2.5	2.6	2.55
粳米	城北大钟寺	元／公斤	3	3.6	3.2
粳米	北京新发地	元／公斤	3.2	3.6	3.4
粳米	北京八里桥	元／公斤	3.26	3.29	3.28
粳米	玉泉路粮油	元／公斤	2.7	3.3	3

图 5-19

提　示　在“表格”对话框中，当“边框粗细”选项设置为 0 时，在窗口中不显示表格的边框，若要查看单元格和表格边框，选择“查看 > 可视化助理 > 表格边框”命令。

步骤 3　根据需要选择新建表格的大小、行列数值等，单击“确定”按钮完成新建表格的设置。

3. 表格各元素的属性

插入表格后，通过选择不同的表格对象，可以在“属性”面板中看到它们的各项参数，修改这些参数可以得到不同风格的表格。

◎ **表格的属性**

表格的“属性”面板如图 5-20 所示，其各选项的作用如下。

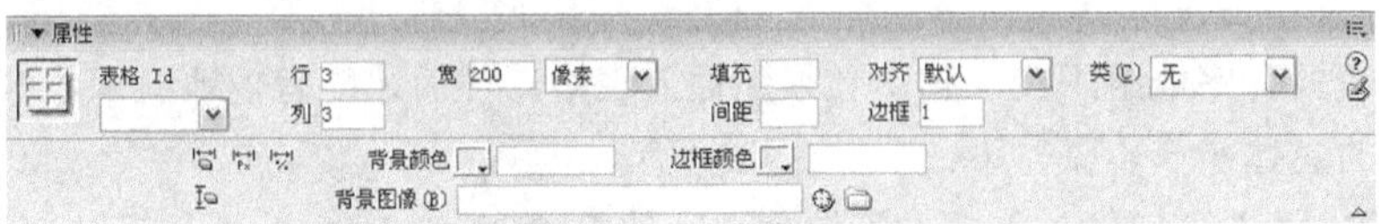

图 5-20

表格 Id：用于标志表格。

行和列：用于设置表格中行和列的数目。

宽：以像素为单位或以浏览器窗口宽度的百分比来设置表格的宽度和高度。

填充：也称单元格边距，是单元格内容和单元格边框之间的像素数。对于大多数浏览器来说，此选项的值设为 1。如果用表格进行页面布局时将此参数设置为 0，浏览网页时单元格边框与内容之间没有间距。

间距：也称单元格间距，是相邻的单元格之间的像素数。对于大多数浏览器来说，此选项的值设为 2。如果用表格进行页面布局时将此参数设置为 0，浏览网页时单元格之间没有间距。

对齐：表格在页面中相对于同一段落其他元素的显示位置。

边框：以像素为单位设置表格边框的宽度。

“清除列宽”按钮和“清除行高”按钮：从表格中删除所有明确指定的列宽或行高的数值。

“将表格宽度转换成像素”按钮：将表格每列宽度的单位转换成像素，还可将表格宽度的单位转换成像素。

“将表格宽度转换成百分比”按钮：将表格每列宽度的单位转换成百分比，还可将表格宽度的单位转换成百分比。

背景颜色：设置表格的背景颜色。

边框颜色：设置表格边框的颜色。

背景图像：设置表格的背景图像。

提　示　如果没有明确指定单元格间距和单元格边距的值，则大多数浏览器按单元格边距设置为 1，单元格间距设置为 2 显示表格。

◎ **单元格和行或列的属性**

单元格和行或列的“属性”面板如图 5-21 所示，其各选项的作用如下。

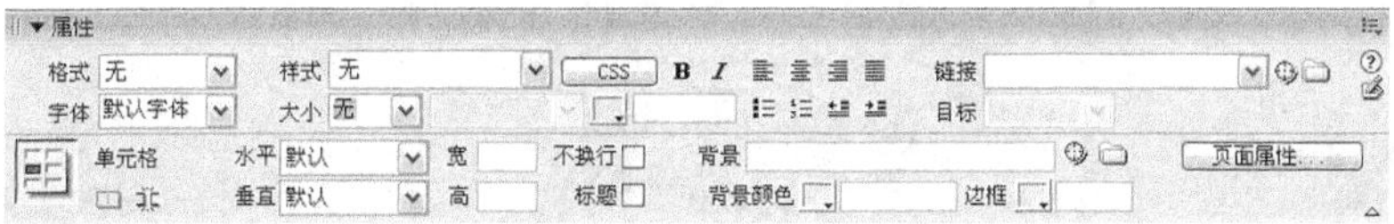

图 5-21

“合并所选单元格，使用跨度”按钮：将选定的多个单元格、选定的行或列的单元格合并成一个单元格。

“拆分单元格为行或列”按钮：将选定的一个单元格拆分成多个单元格。一次只能对一个单元格进行拆分，若选择多个单元格，此按钮禁用。

水平：设置行或列中内容的水平对齐方式。在其下拉列表中包括“默认”、“左对齐”、“居中对齐”和“右对齐”4 个选项。一般标题行的所有单元格设置为“居中对齐”方式。

垂直：设置行或列中内容的垂直对齐方式。在其下拉列表中包括“默认”、“顶端”、“居中”、“底部”和“基线”5 个选项，一般采用“居中”对齐方式。

宽和高：以像素为单位或以浏览器窗口宽度的百分比来设置表格的宽度和高度。

不换行：设置单元格文本是否换行。如果勾选“不换行”复选框，当输入的数据超出单元格的宽度时，会自动增加单元格的宽度来容纳数据。

标题：勾选该复选框，则将行或列的每个单元格的格式设置为表格标题单元格的格式。

背景：也称背景图像，用于设置单元格的背景图像。

背景颜色：设置单元格的背景颜色。

边框：也称边框颜色，用于设置单元格边框的颜色。

4. 在表格中插入内容

建立表格后，可以在表格中添加各种网页元素，如文本、图像、表格等。在表格中添加元素的操作非常简单，只需根据设计要求选定单元格，然后插入网页元素即可。一般当表格中插入内容后，表格的尺寸会随内容的尺寸自动调整。当然，还可以利用单元格的属性来调整其内部元素的对齐方式、单元格的大小等。

◎ **输入文字**

在单元格中输入文字，有以下两种方法。

① 单击任意一个单元格并直接输入文本，此时单元格会随文本的输入自动扩展。

② 粘贴来自其他文字编辑软件中复制的带有格式的文本。

◎ **插入其他网页元素**

步骤 1 嵌套表格。

将插入点放到一个单元格内并插入表格，即可实现嵌套表格。

步骤 2 插入图像。

在表格中插入图像有以下 4 种方法。

① 将插入点放到一个单元格中，单击“插入”面板“常用”选项卡中的“图像”按钮。

② 将插入点放到一个单元格中，选择“插入记录 > 图像”命令。

③ 将插入点放到一个单元格中，将“插入”面板“常用”选项卡中的“图像”按钮拖曳到单元格内。

④ 从资源管理器、站点资源管理器或桌面上直接将图像文件拖曳到一个需要插入图像的单元

格内。

5. 选择表格元素

先选择表格元素，然后对其进行操作。用户一次可以选择整个表格、多行或多列，也可以选择一个或多个单元格。

◎ **选择整个表格**

选择整个表格有以下 4 种方法。

① 将鼠标指针放到表格的四周边缘，鼠标指针右下角出现田图标，如图 5-22 所示，单击鼠标左键即可选中整个表格，如图 5-23 所示。

图 5-22

图 5-23

② 将插入点放到表格中的任意单元格中，然后在文档窗口左下角的标签栏中单击<table>标签，如图 5-24 所示。

③ 将插入点放到表格中，然后选择“修改 > 表格 > 选择表格”命令。

④ 在任意单元格中单击鼠标右键，在弹出的快捷菜单中选择“表格 > 选择表格”命令，如图 5-25 所示。

◎ **选择行或列**

① 选择单行或单列：定位鼠标指针，使其指向行的左边缘或列的上边缘。当鼠标指针出现向右或向下的箭头时单击，如图 5-26 所示。

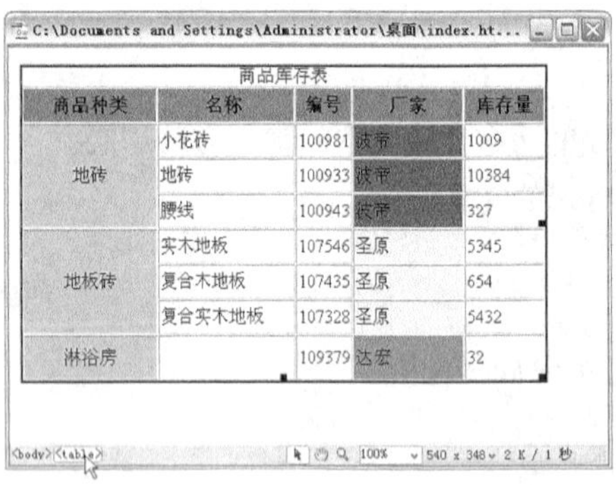

图 5-24

图 5-25

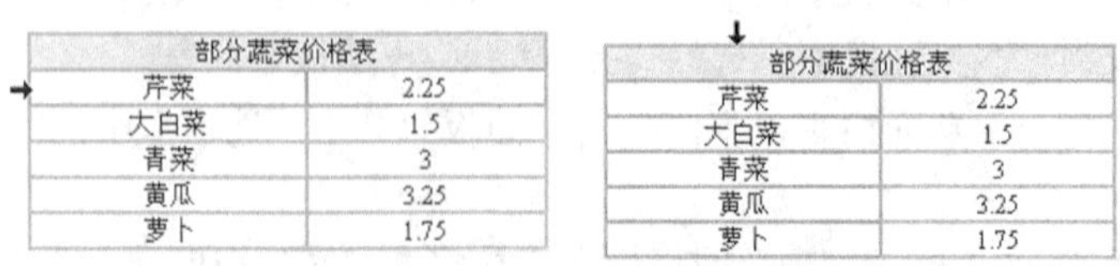

图 5-26

② 选择多行或多列：定位鼠标指针，使其指向行的左边缘或列的上边缘。当鼠标指针变为方向箭头时，直接拖曳鼠标或按住<Ctrl>键的同时单击行或列，选择多行或多列，如图 5-27 所示。

◎ **选择单元格**

选择单元格有以下 3 种方法。

① 将插入点放到表格中，然后在文档窗口左下角的标签栏中单击<td>标签，如图 5-28 所示。

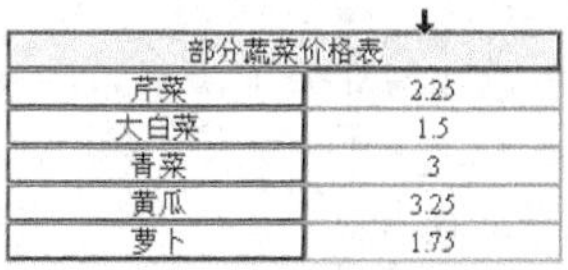

图 5-27

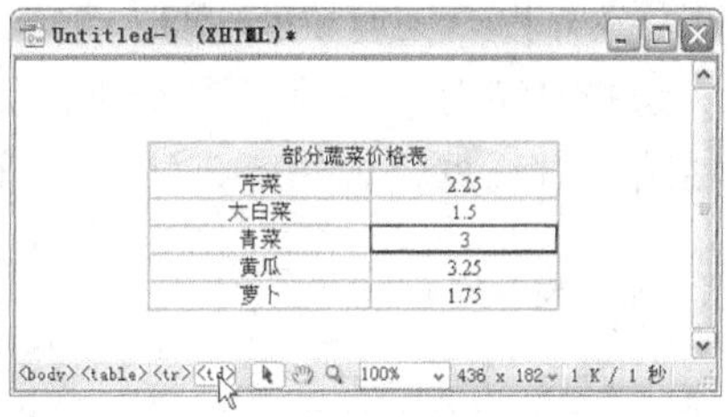

图 5-28

② 单击任意单元格后，按住鼠标左键不放，直接拖曳鼠标选择单元格。

③ 将插入点放到单元格中，然后选择“编辑 > 全选”命令，选中鼠标指针所在的单元格。

◎ **选择一个矩形块区域**

将鼠标指针从一个单元格向右下方拖曳到另一个单元格即可。例如，将鼠标指针从“芹菜”单元格向右下方拖曳到“1.75”单元格，得到如图 5-29 所示的结果。

◎ **选择不相邻的单元格**

按住<Ctrl>键的同时单击某个单元格即选中该单元格，当再次单击这个单元格时则取消对它的选择，如图 5-30 所示。

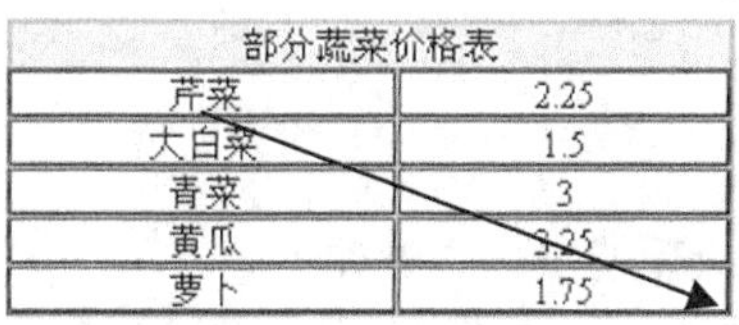

图 5-29

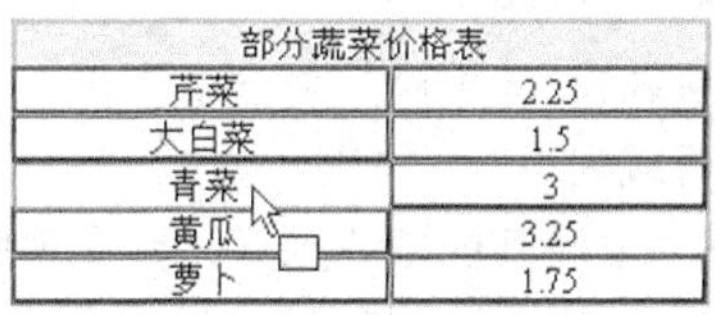

图 5-30

6. 复制、粘贴表格

在 Dreamweaver CS3 中复制表格的操作如同在 Word 中一样，可以对表格中的多个单元格进行复制、剪切、粘贴操作，并保留原单元格的格式，也可以仅对单元格的内容进行操作。

◎ **复制单元格**

选定表格的一个或多个单元格后，选择“编辑 > 拷贝”命令或按<Ctrl+C>快捷键，将选择的内容复制到剪贴板中。剪贴板是一块由系统分配的暂时存放剪贴和复制内容的特殊的内存区域。

◎ **剪切单元格**

选定表格的一个或多个单元格后，选择“编辑 > 剪切”命令或按<Ctrl+X>快捷键，将选择的内容剪切到剪贴板中。

提　示 必须选择连续的矩形区域，否则不能进行复制和剪切操作。

◎ **粘贴单元格**

将光标放到网页的适当位置，选择“编辑 > 粘贴”命令或按<Ctrl+V>组合键，将当前剪贴板中包含格式的表格内容粘贴到光标所在位置。

◎ **粘贴操作的几点说明**

① 只要剪贴板的内容和选定单元格的内容兼容，选定单元格的内容就将被替换。

② 如果在表格外粘贴，则剪贴板中的内容将作为一个新表格出现，如图 5-31 所示。

③ 还可以先选择“编辑 > 拷贝”命令进行复制，然后选择“编辑 > 选择性粘贴”命令，调出“选择性粘贴”对话框，如图 5-32 所示，设置完成后单击“确定”按钮进行粘贴。

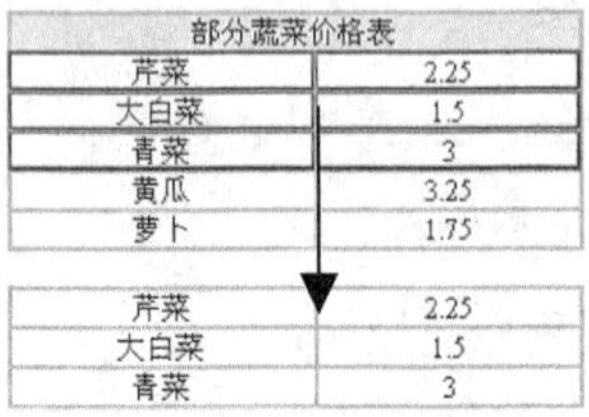

图 5-31

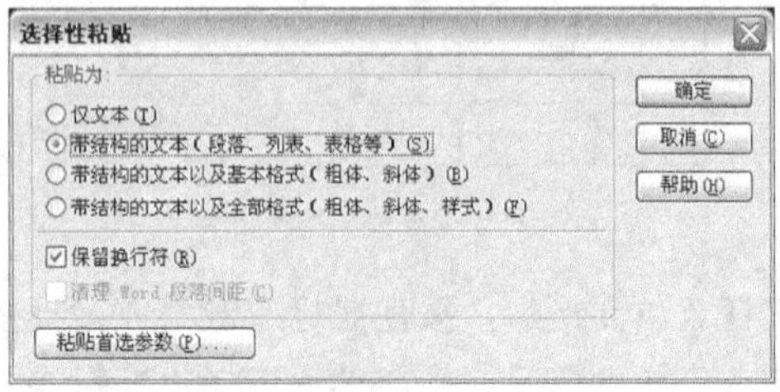

图 5-32

7. 删除表格和表格内容

删除表格的操作包括删除行或列，清除表格内容。

◎ **清除表格内容**

选定表格中要清除内容的区域后，要实现清除表格内容的操作有以下两种方法。

① 按<Delete>键即可清除所选区域的内容。

② 选择“编辑 > 清除”命令。

◎ **删除行或列**

选定表格中要删除的行或列后，要实现删除行或列的操作方法如下。

选择“修改 > 表格 > 删除行”命令或按<Ctrl+Shift+M>组合键，删除选择区域所在的行。

选择“修改 > 表格 > 删除列”命令或按<Ctrl+Shift+－>组合键，删除选择区域所在的列。

8. 缩放表格

创建表格后，可根据需要调整表格、行和列的大小。

◎ **缩放表格**

缩放表格有以下两种方法。

① 将鼠标指针放在选定表格的边框上，当鼠标指针变为⫷⫸形状时，左右拖曳边框，可以实现表格的缩放，如图 5-33 所示。

② 选中表格，直接修改“属性”面板中的“宽”和“高”选项。

◎ **修改行或列的大小**

修改行或列的大小有以下两种方法。

① 直接拖曳鼠标。改变行高，可上下拖曳行的底边线；改变列宽，可左右拖曳列的右边线，如图 5-34 所示。

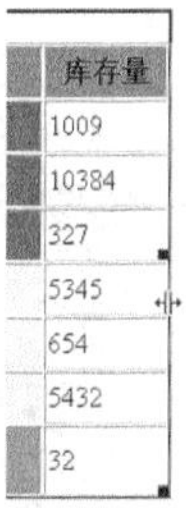

图 5-33

图 5-34

② 输入行高或列宽的值。在“属性”面板中直接输入选定单元格所在行或列的行高或列宽的数值。

9. 合并和拆分单元格

有的表格项需要几行或几列来说明，这时需要将多个单元格合并，生成一个跨多个列或行的单元格。

◎ **合并单元格**

选择连续的单元格，如图 5-35 所示，就可将它们合并成一个单元格。合并单元格有以下 3 种方法。

① 按<Ctrl+Alt+M>组合键。

② 选择“修改 > 表格 > 合并单元格”命令。

③ 在“属性”面板中，单击“合并所选单元格”按钮。

图 5-35

提 示 合并前的多个单元格的内容将合并到一个单元格中。不相邻的单元格不能合并，并应保证其为矩形的单元格区域。

◎ **拆分单元格**

有时为了满足用户的需要，要将一个表格项分成多个单元格以详细显示不同的内容，这时就必须将单元格进行拆分。

拆分单元格的具体操作步骤如下。

步骤 1 选择一个要拆分的单元格。

步骤 2 通过以下 3 种方法打开“拆分单元格”对话框，如图 5-36 所示。

① 按<Ctrl+Alt+S>组合键。

② 选择“修改 > 表格 > 拆分单元格”命令。

③ 在“属性”面板中，单击“拆分单元格为行或列”按钮。

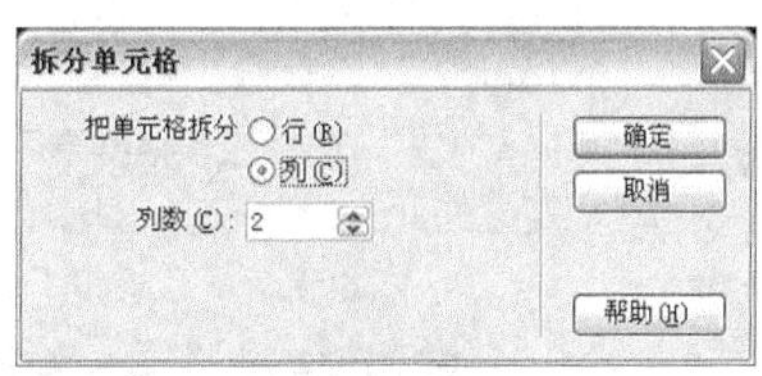

图 5-36

“拆分单元格”对话框中各选项的作用如下。

把单元格拆分：设置是按行还是按列拆分单元格，包括“行”和“列”两个选项。

行数或列数：设置将指定单元格拆分成的行数或列数。

步骤 3 根据需要进行设置，单击“确定”按钮完成单元格的拆分。

10. 增加和删除表格的行和列

在实际工作中，随着客观环境的变化，表格中的项目也需要做相应的调整，通过选择“修改 > 表格”中的相应子菜单命令，可添加、删除行或列。

◎ **插入单行或单列**

选择一个单元格后，就可以在该单元格的上下或左右插入一行或一列。

插入单行有以下 4 种方法。

① 选择“修改 > 表格 > 插入行”命令，在插入点的上面插入一行。

② 按<Ctrl+M>组合键，在插入点的下面插入一行。

③ 选择“插入记录 > 表格对象 > 在上面插入行”命令，在插入点的上面插入一行。

④ 选择“插入记录 > 表格对象 > 在下面插入行”命令，在插入点的下面插入一行。

插入单列有以下 4 种方法。

① 选择“修改记录 > 表格 > 插入列”命令，在插入点的左侧插入一列。

② 按<Ctrl+Shift+A>组合键，在插入点的右侧插入一列。

③ 选择“插入记录 > 表格对象 > 在左边插入列”命令，在插入点的左侧插入一列。

④ 选择“插入记录 > 表格对象 > 在右边插入列”命令，在插入点的右侧插入一列。

◎ **插入多行或多列**

选中一个单元格，选择“修改 > 表格 > 插入行或列”命令，弹出“插入行或列”对话框。根据需要设置对话框中的选项，可实现在当前行的上面或下面插入多行，如图 5-37 所示，或在当前列之前或之后插入多列，如图 5-38 所示。

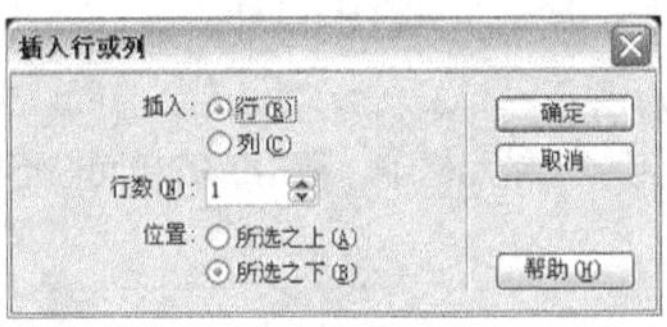

图 5-37

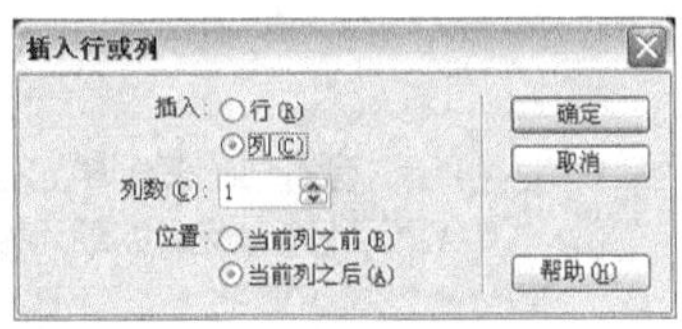

图 5-38

“插入行或列”对话框中各选项的作用如下。

插入：设置是插入行还是列，它包括“行”和“列”两个选项。

行数或列数：设置要插入行或列的数目。

位置：设置新行或新列相对于所选单元格所在行或列的位置。

提　示 在表格的最后一个单元格中按<Tab>键会自动在表格的下方新添一行。

5.1.5 【实战演练】——音乐世界网页

使用“表格”按钮插入表格，使用“属性”面板改变单元格的大小，使用“图像”按钮插入图像布局网页。（最终效果参看光盘中的“Ch05> 效果 > 音乐世界网页 > index.html”，如图 5-39 所示。）

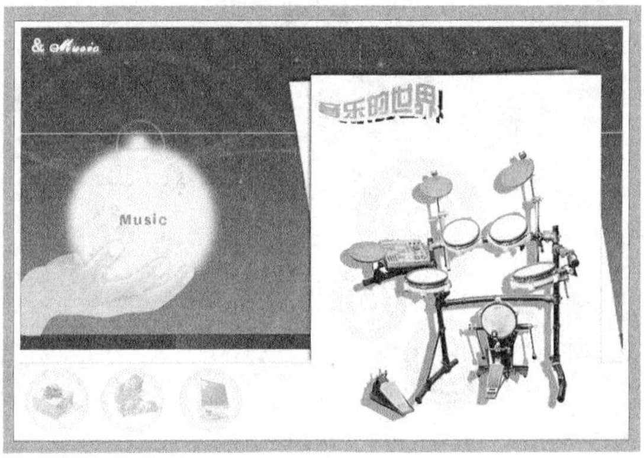

图 5-39

5.2 设计师家园网页

5.2.1 【案例分析】

设计师家园网是在因特网上专门为设计行业的设计师开设的服务网站，是为设计师提供学习、互相交流和设计参考的网站。本例是为网站中的设计师制作信息表格，重点介绍设计师的相关信息，包话姓名、年龄、工龄、电话等。

5.2.2 【设计理念】

在网页设计、制作过程中，整个页面采用灰色到黄色的色彩渐变作为背景，表现出艺术性和设计感。导航栏的设计清晰明快，方便用户浏览和查找需要的设计资源。下方是设计师的资料，以不同的颜色块方式显示，体现设计师的年龄和工作经验。（最终效果参看光盘中的“Ch05> 效果 > 设计师家园网页 > index.html”，如图 5-40 所示。）

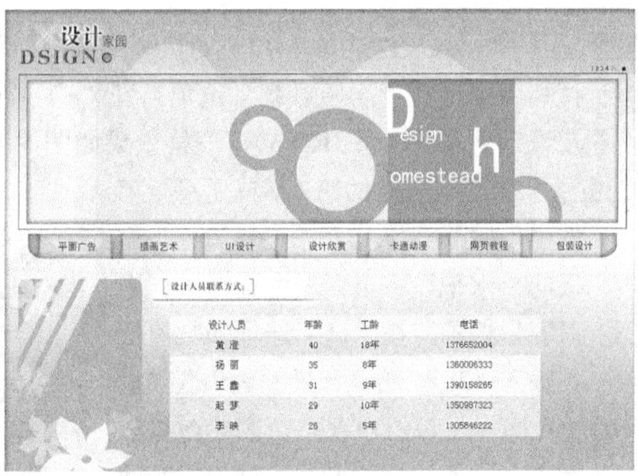

图 5-40

5.2.3 【操作步骤】

1. 导入表格式数据

步骤 1 选择“文件 > 打开”命令，在弹出的对话框中选择光盘中的“Ch05 > clip >设计师家园网页> index.html”文件，单击“打开”按钮打开文件，如图 5-41 所示。

步骤 2 将光标放置在要导入表格数据的位置，如图 5-42 所示。单击“插入记录 > 表格对象 > 导入表格式数据”命令，弹出“导入表格式数据”对话框。

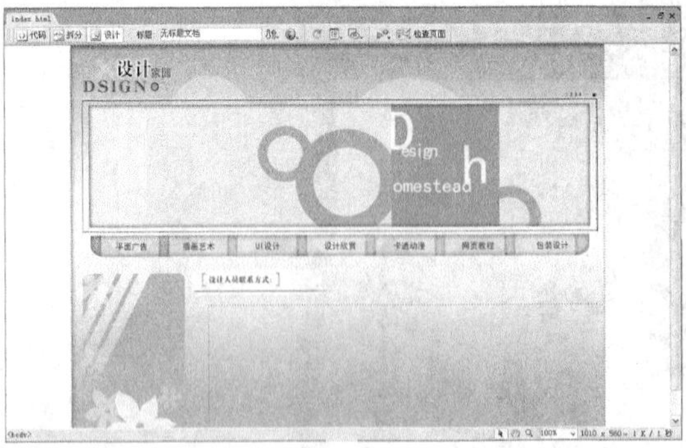

图 5-41

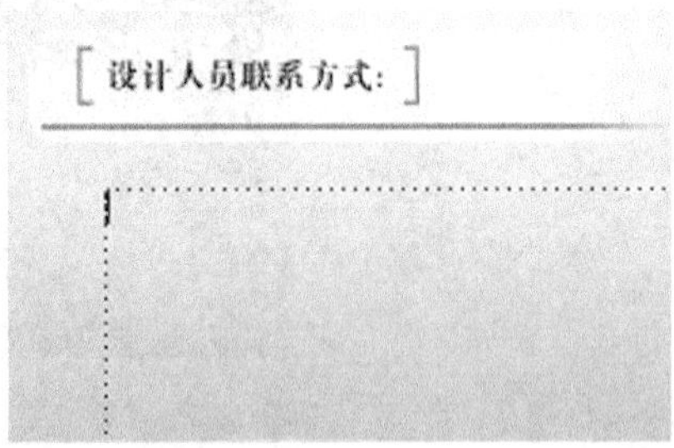

图 5-42

步骤 3 在对话框中单击“数据文件”选项右侧的“浏览”按钮，弹出“打开”对话框，选择光盘中“Ch05 > clip >设计师家园网页”文件夹中的“jianjie.txt”文件，单击“确定”按钮，返回到对话框中，其他选项设置如图 5-43 所示。单击“确定”按钮，导入表格式数据，效果如图 5-44 所示。

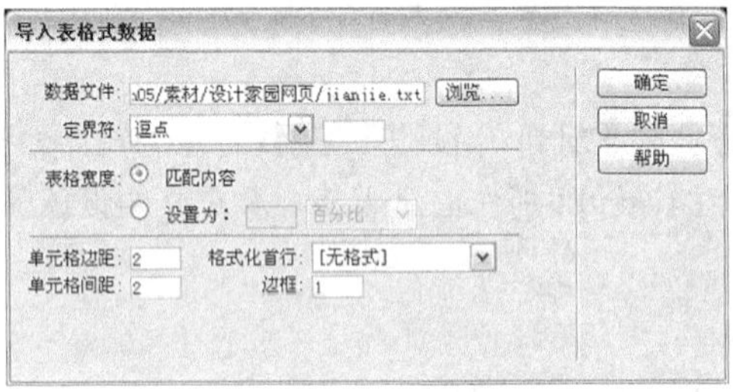

图 5-43

设计人员联系方式：

设计人员	年龄	工龄	电话
黄 澄	40	18年	1376652004
杨 丽	35	8年	1360006333
李 映	26	5年	1305846222
王 蠢	31	9年	1390158265
赵 梦	29	10年	1350987323

图 5-44

步骤 4 将导入表格的第 1 行单元格全部选中，如图 5-45 所示。在“属性”面板的“水平”下拉列表中选择“居中对齐”选项，在“高”选项的数值框中输入“25”，将“背景颜色”选项设为乳白色（#F3F3F3），表格效果如图 5-46 所示。

步骤 5 将导入表格的第2行单元格全部选中，如图 5-47 所示。在“属性”面板的“水平”下拉列表中选择“居中对齐”选项，在“高”选项的数值框中输入“25”，将“背景颜色”选项设为土黄色（#F4DAAA），表格效果如图 5-48 所示。用相同的方法设置其他行的单元格，效果如图 5-49 所示。

设计人员	年龄	工龄	电话
黄 澄	40	18年	1376652004
杨 丽	35	8年	1360006333
李 映	26	5年	1305846222
王 蠢	31	9年	1390158265
赵 梦	29	10年	1350987323

图 5-45

设计人员	年龄	工龄	电话
黄 澄	40	18年	1376652004
杨 丽	35	8年	1360006333
李 映	26	5年	1305846222
王 蠢	31	9年	1390158265
赵 梦	29	10年	1350987323

图 5-46

设计人员	年龄	工龄	电话
黄 澄	40	18年	1376652004
杨 丽	35	8年	1360006333
李 映	26	5年	1305846222
王 蠢	31	9年	1390158265
赵 梦	29	10年	1350987323

图 5-47

设计人员	年龄	工龄	电话
黄 澄	40	18年	1376652004
杨 丽	35	8年	1360006333
李 映	26	5年	1305846222
王 蠢	31	9年	1390158265
赵 梦	29	10年	1350987323

图 5-48

设计人员	年龄	工龄	电话
黄 澄	40	18年	1376652004
杨 丽	35	8年	1360006333
李 映	26	5年	1305846222
王 蠢	31	9年	1390158265
赵 梦	29	10年	1350987323

图 5-49

步骤 6 选择导入的表格，如图 5-50 所示。在“属性”面板中，将“宽”选项设为“470”，“填充”、“间距”、“边框”选项均设为“0”，如图 5-51 所示，表格效果如图 5-52 所示。

步骤 7 保存文档，按<F12>键预览效果，如图 5-53 所示。

设计人员	年龄	工龄	电话
黄 滢	40	18年	1376652004
杨 丽	35	8年	1360006333
李 映	26	5年	1305846222
王 鑫	31	9年	1390158265
赵 梦	29	10年	1350987323

图 5-50

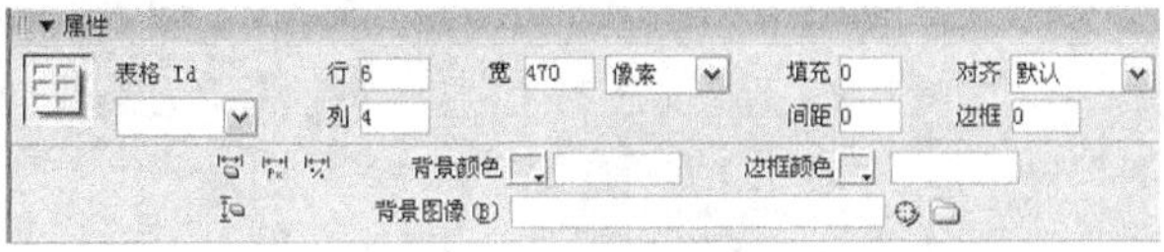

图 5-51

设计人员	年龄	工龄	电话
黄 滢	40	18年	1376652004
杨 丽	35	8年	1360006333
李 映	26	5年	1305846222
王 鑫	31	9年	1390158265
赵 梦	29	10年	1350987323

图 5-52

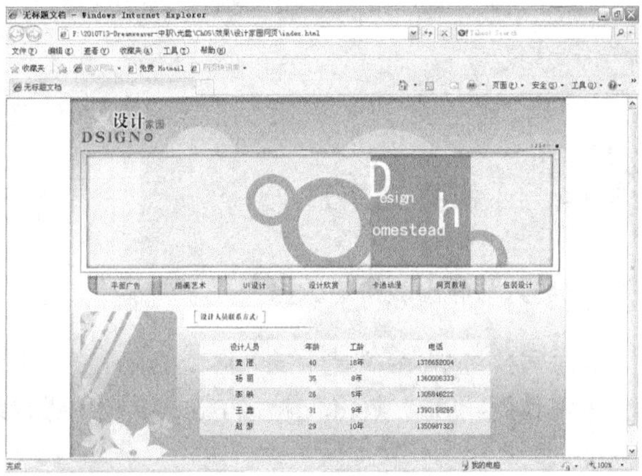

图 5-53

2. 排序表格

步骤 1 选中表格，如图 5-54 所示。选择“命令 > 排序表格”命令，弹出“排序表格”对话框。

步骤 2 在“排列按”下拉列表中选择“列 2”选项，在“顺序”下拉列表中选择“按字母顺序”选项，在后面的下拉列表中选择“降序”，如图 5-55 所示。单击“确定”按钮，表格进行排序，效果如图 5-56 所示。

设计人员	年龄	工龄	电话
黄 滢	40	18年	1376652004
杨 丽	35	8年	1360006333
李 映	26	5年	1305846222
王 鑫	31	9年	1390158265
赵 梦	29	10年	1350987323

图 5-54

步骤 3 保存文档，按<F12>键预览效果，如图 5-57 所示。

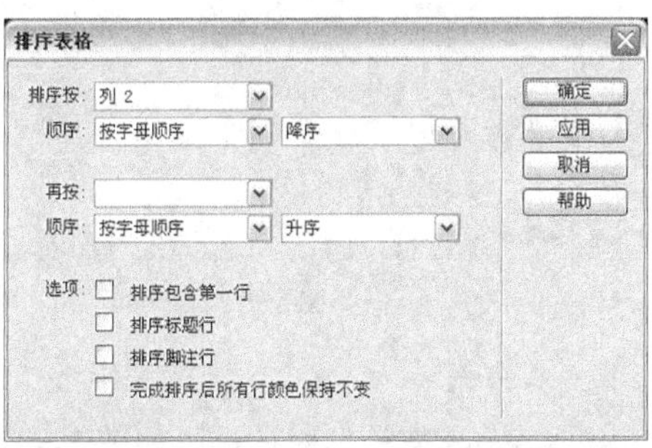

图 5-55

设计人员	年龄	工龄	电话
黄 滢	40	18年	1376652004
杨 丽	35	8年	1360006333
王 鑫	31	9年	1390158265
赵 梦	29	10年	1350987323
李 映	26	5年	1305846222

图 5-56

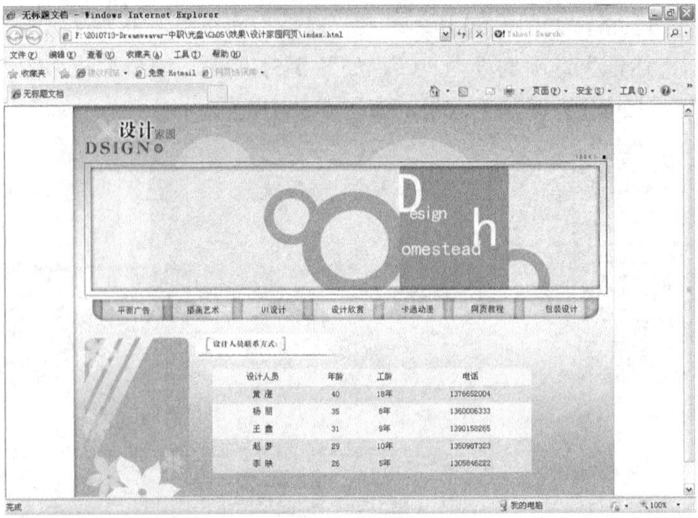

图 5-57

5.2.4 【相关工具】

1. 导入和导出表格的数据

有时需要将 Word 文档中的内容或 Excel 文档中的表格数据导入到网页中进行发布，或将网页中的表格数据导出到 Word 文档或 Excel 文档中进行编辑，Dreamweaver CS3 提供了实现这种操作的功能。

◎ **导入 Excel 文档中的表格数据**

选择“文件 > 导入 > Excel 文档”命令，弹出“导入 Excel 文档”对话框，如图 5-58 所示。选择包含导入数据的 Excel 文档，导入后的效果如图 5-59 所示。

图 5-58

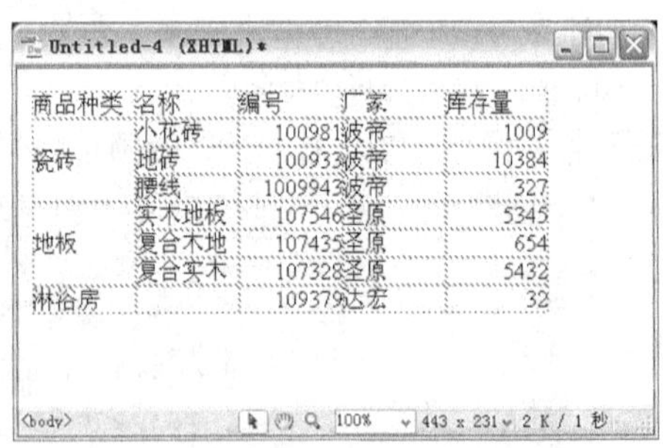

图 5-59

◎ **导入 Word 文档中的内容**

选择“文件 > 导入 > Word 文档”命令，弹出“导入 Word 文档”对话框，如图 5-60 所示。选择包含导入内容的 Word 文档，导入后的效果如图 5-61 所示。

图 5-60

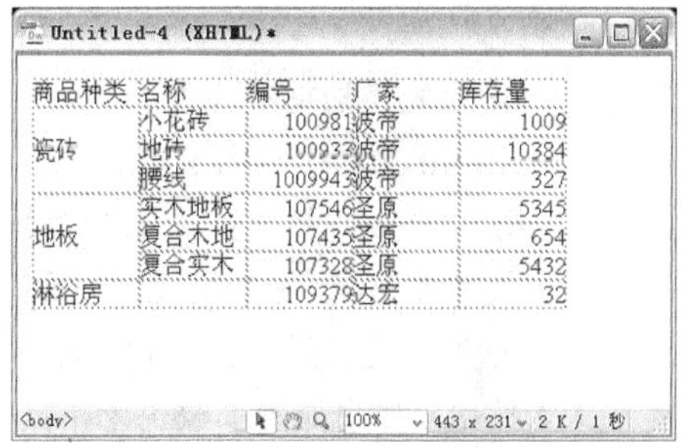

图 5-61

◎ **将网页中的表格导入到其他网页或 Word 文档中**

若将一个网页的表格导入到其他网页或 Word 文档中，需先将网页内的表格数据导出，然后将其导入其他网页或切换并导入到 Word 文档中。

（1）将网页内的表格数据导出

选择“文件 > 导出 > 表格”命令，弹出如图 5-62 所示的“导出表格”对话框，根据需要设置参数，单击“导出”按钮，弹出“表格导出为”对话框，输入保存导出数据的文件名称，单击“保存”按钮完成设置。

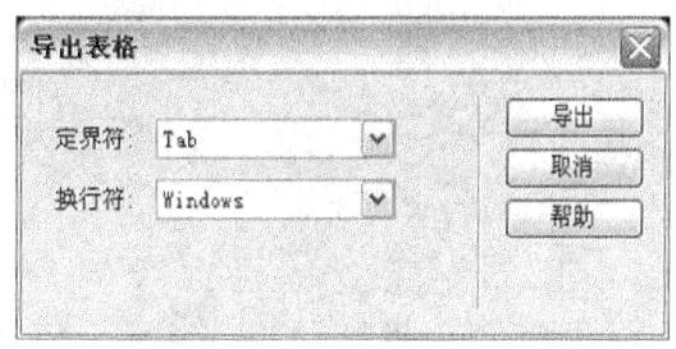

图 5-62

“导出表格”对话框中各选项的作用如下。

定界符：设置导出文件所使用的分隔符字符。

换行符：设置打开导出文件的操作系统。

（2）在其他网页中导入表格数据

首先打开“导入表格式数据”对话框，如图 5-63 所示。然后根据需要进行选项设置，最后单击“确定”按钮完成设置。

打开“导入表格式数据”对话框，有以下两种方法。

① 选择“文件 > 导入 > 表格式数据”命令。

② 选择“插入记录 > 表格对象 > 导入表格式数据”命令。

“导入表格式数据”对话框中各选项的作用如下。

数据文件：单击“浏览”按钮选择要导入的文件。

定界符：设置正在导入的表格文件所使用的分隔符。在其下拉列表中包括 Tab、逗点等选项值，如果选择“其他”选项，在选项右侧的文本框中输入导入文件使用的分隔符，如图 5-64 所示。

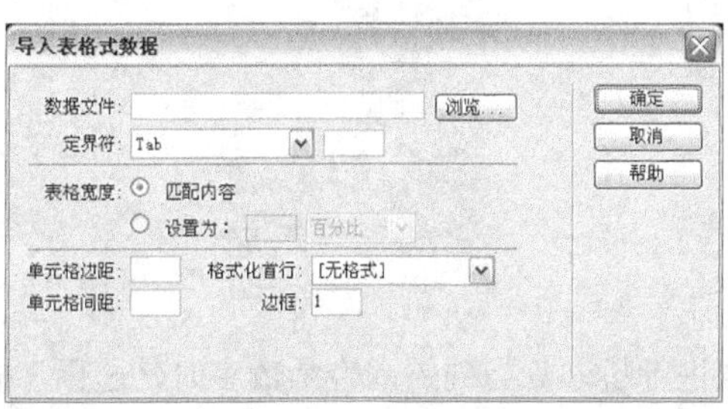

图 5-63

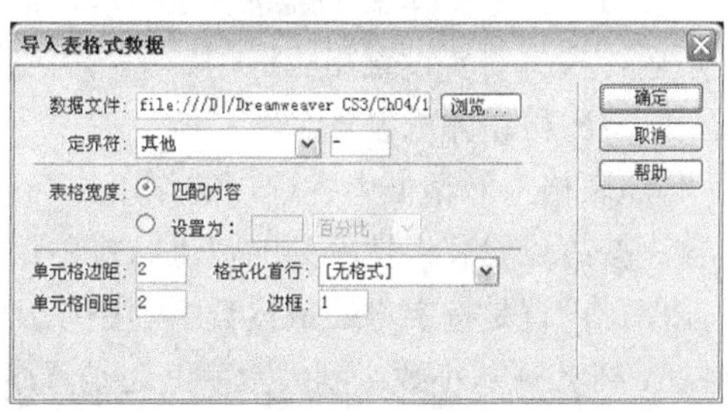

图 5-64

表格宽度：设置将要创建的表格宽度。

单元格边距：以像素为单位设置单元格内容与单元格边框之间的距离。

单元格间距：以像素为单位设置相邻单元格之间的距离。

格式化首行：设置应用于表格首行的格式。在其下拉列表中包括“无格式”、“粗体”、“斜体”和“加粗斜体”选项。

边框：设置表格边框的宽度。

（3）在 Word 文档中导入表格数据

在 Word 文档中选择“插入记录 > 文件”命令，弹出如图 5-65 所示的“插入文件”对话框。选择插入的文件，单击“插入”按钮，弹出如图 5-66 所示的“文件转换”对话框，单击“确定”按钮完成设置，效果如图 5-67 所示。

图 5-65

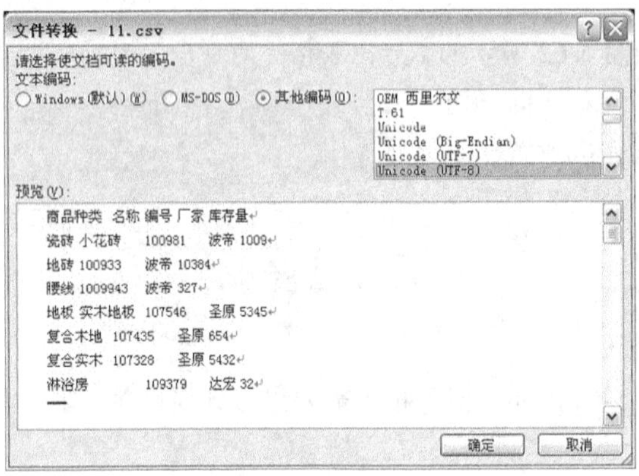

图 5-66

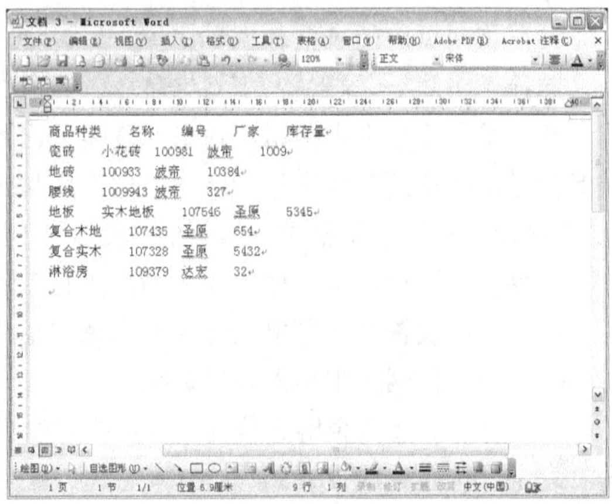

图 5-67

2. 排序表格

日常工作中，常常需要对无序的表格内容进行排序，以便浏览者可以快速找到所需的数据。

将插入点放到要排序的表格中，然后选择“命令 > 排序表格”命令，弹出“排序表格”对话框，如图 5-68 所示。根据需要设置相应选项，单击“应用”按钮或“确定”按钮完成设置。

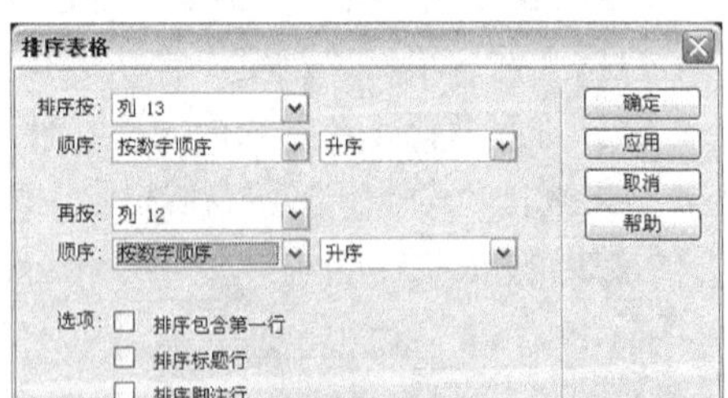

图 5-68

“排序表格”对话框中各选项的作用如下。

排序按：设置表格按哪列的值进行排序。

顺序：设置是按字母还是按数字顺序以及是以升序（从 A 到 Z 或从小数字到大数字）还是降序对列进行排序。当列的内容是数字时，选择“按数字顺序”。如果按字母顺序对一组由一位或两位字数组成的数进行排序，则会将这些数字作为单词按照从左到右的方式进行排序，而不是按数字大小进行排序。例如，1、2、3、10、20、30，若按字母排序，则结果为 1、10、2、20、3、30；若按数字排序，则结果为 1、2、3、10、20、30。

再按和顺序：按第 1 种排序方法排序后，当排序的列中出现相同的结果时按第 2 种排序方法排序。可以在这两个选项中设置第 2 种排序方法，设置方法与第 1 种排序方法相同。

在“选项”选项组中设置是否将标题行、脚注行等一起进行排序。

排序包含第一行：设置表格的第一行是否应该排序。如果第一行是不应移动的标题，则不选择此选项。

排序标题行：设置是否对标题行进行排序。

排序脚注行：设置是否对脚注行进行排序。

完成排序后所有行颜色保持不变：设置排序的结果是否保持原行的颜色值。如果表格行使用两种交替的颜色，则不要选择此选项以确保排序后的表格仍具有颜色交替的行。如果行属性特定于每行的内容，则选择此选项以确保这些属性保持与排序后表格中正确的行关联在一起。

提　示 有合并单元格的表格不能使用“排序表格”命令。

3. 利用表格的布局模式实现复杂的页面布局

布局模式是除表格和层以外的一种新的页面布局方式。页面布局通过布局表格和布局单元格来实现，它继承了表格和层的准确定位及可移动的优点，适用于对表格使用不熟悉的用户。

◎ **标准模式和布局模式的切换**

（1）切换到布局模式

选择“查看 > 设计”命令进入“设计”视图，切换到布局模式有以下两种方法。

① 选择“查看 > 表格模式 > 布局模式”命令。

② 单击“插入”面板中“布局”选项卡中的“布局”按钮 布局 。

（2）退出“布局”模式

在“布局模式”中，单击“布局模式”右侧的“退出”按钮，退出“布局模式”进入“标准模式”，如图 5-69 所示。

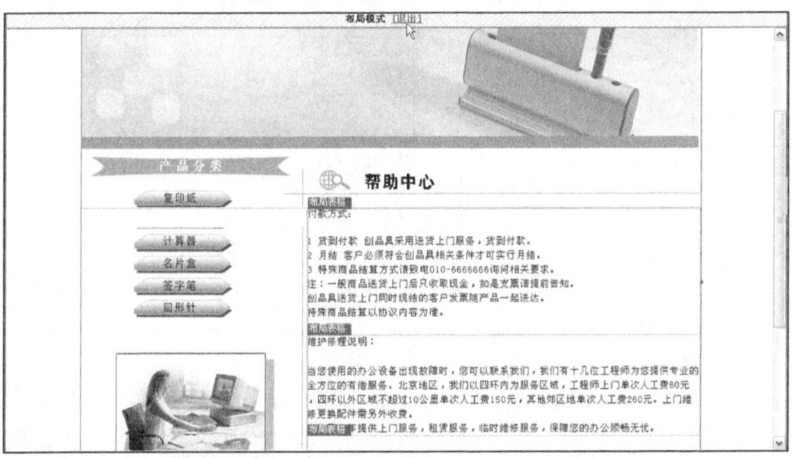

图 5-69

◎ 利用布局表格和布局单元格进行页面布局

在“布局”视图中利用布局表格和布局单元格可简化复杂的页面布局操作，具体操作步骤如下。

步骤 1 切换到“布局模式”。

步骤 2 绘制布局表格。在“插入”面板的“布局”选项卡中选择“布局表格”工具按钮，在文档窗口中鼠标指针呈“+”形状时，拖曳鼠标画出表格的大小，如图 5-70 所示。表格的表面呈灰色时，不能向布局表格内输入文本或插入图像，必须绘制布局单元格后才可输入内容。

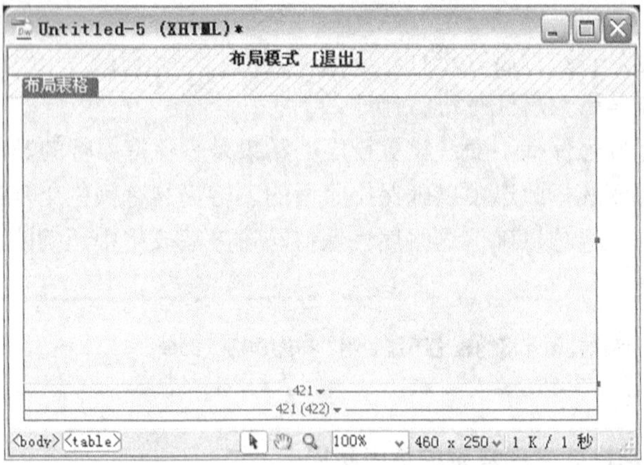

图 5-70

步骤 3 绘制布局单元格。布局单元格的作用是放置和定位网页元素。在“插入”面板的“布局”选项卡中选择“绘制布局单元格”工具按钮，在表格中鼠标指针呈“+”形状时，拖曳鼠标画出单元格的大小。此时，可以向布局单元格内添加网页元素，如图 5-71 所示。

提 示 布局单元格只能在布局表格或空白的文档内才能绘制。如果在布局表格内绘制布局单元格，则布局单元格的高度和宽度不能超出其布局表格的高度和宽度。如果在空白的文档内绘制布局单元格，则布局单元格的外面会自动添加一个布局表格。

步骤 4 若选择的布局单元格或布局表格的大小不合适，可在布局单元格或布局表格被选择的状态下用鼠标拖曳控制点，改变布局单元格或布局表格的大小，如图 5-72 所示。

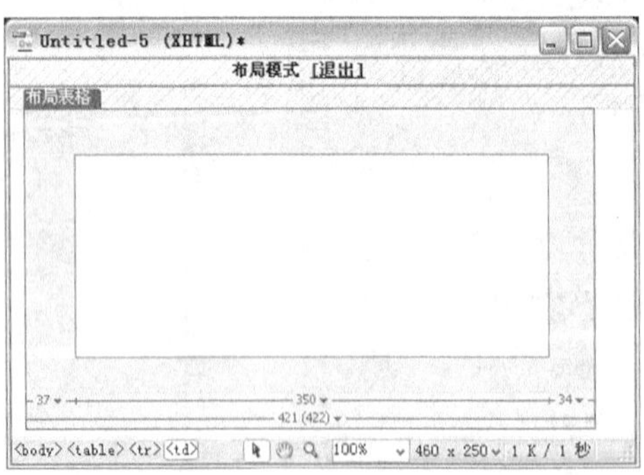

图 5-71

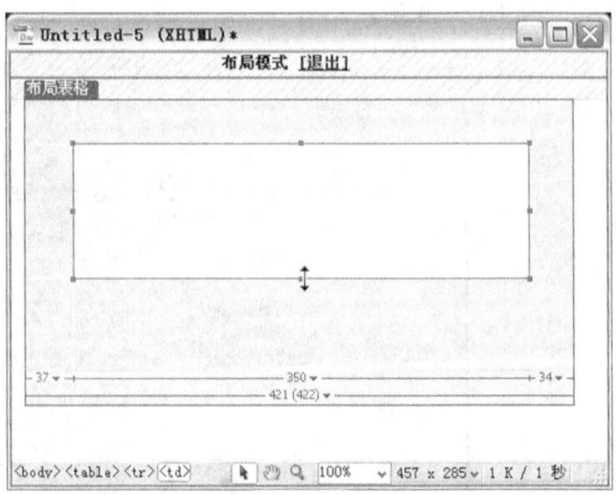

图 5-72

5.2.5 【实战演练】——旅游渡假网页

使用“导入表格式数据”命令导入表格数据，使用“属性”面板改变单元格的颜色和大小。（最终效果参看光盘中的“Ch05 > 效果 > 旅游渡假网页 > index.html”，如图 5-73 所示。）

图 5-73

5.3 综合演练——时尚戒指网页

使用“表格”按钮插入表格，布局页面。使用“图像”按钮插入图像。使用“属性”面板改变表格的对齐方式和大小。（最终效果参看光盘中的“Ch05 > 效果 > 时尚戒指网页 > index.html”，如图 5-74 所示。）

图 5-74

5.4 综合演练——家具天地网页

使用“表格”按钮插入表格，布局页面。使用“属性”面板改变表格的对齐方式和大小。使用“导入表格式数据”命令导入表格数据。（最终效果参看光盘中的“Ch05 > 效果 > 家具天地网页 > index.html”，如图 5-75 所示。）

图 5-75

第6章 使用框架

框架的出现大大地丰富了网页的布局手段以及页面之间的组织形式。浏览者通过框架可以很方便地在不同的页面之间跳转及操作，BBS 论坛页面以及网站中邮箱的操作页面等都是通过框架来实现的。

课堂学习目标

- 框架与框架集
- 框架的属性设置

6.1 办公用品网页

6.1.1 【案例分析】

办公用品网页的功能是展示办公用品，发布产品的促销信息，为客户提供在线帮助。在设计网页时要注意办公用品的特色和客户端的真实需求，处理好页面布局及素材之间的比例关系，进行合理的配色和编排。

6.1.2 【设计理念】

在网页设计、制作过程中，考虑到办公用品的时代感，界面的规划也要体现出现代气息。在背景处理上挑选了最具代表性的打印机和透明色块相接合，体现办公的节奏和效率。左下方是产品的介绍说明，方便用户浏览和查看。右下方是最新产品的展示图。（最终效果参看光盘中的“Ch06 > 效果 > 办公用品网页 > index.html”，如图 6-1 所示。）

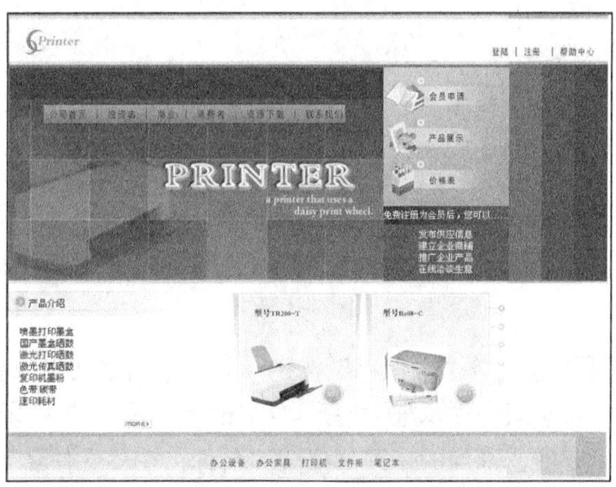

图 6-1

6.1.3 【操作步骤】

1. 新建框架并修改框架

步骤 1 选择“文件 > 新建”命令，弹出“新建文档”对话框。在左侧的列表中选择“示例中的页”选项，在“示例文件夹”列表框中选择“框架集”选项，在右边的“示例页”列表框中选择“上方固定，下方固定”选项，如图 6-2 所示。单击“创建”按钮，创建一个框架网页，效果如图 6-3 所示。

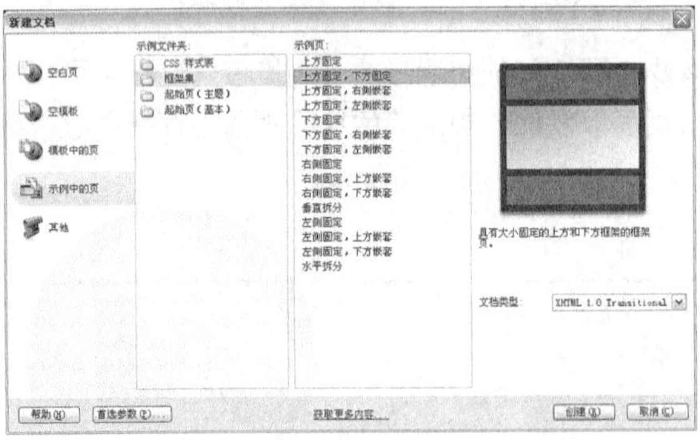

图 6-2

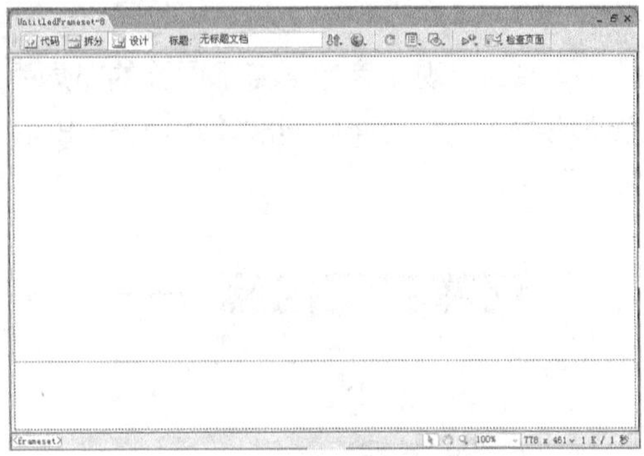

图 6-3

步骤 2 选择“文件 > 保存全部”命令，弹出“另存为”对话框，在“保存在”下拉列表中选择当前站点目录保存路径，整个框架边框会出现一个阴影框，阴影出现在整个框架集内侧，询问的是框架集的名称，在“文件名”文本框中输入“index”，如图 6-4 所示。

步骤 3 单击“保存”按钮，此时底部的框架出现虚线，询问的是底部框架的名称，在“文件名”选项的文本框中输入“bottom”，如图 6-5 所示。

图 6-4

图 6-5

步骤 4 单击“保存”按钮，此时中间框架出现虚线，询问的是中间框架的名称，在“文件名”选项的文本框中输入“main”，如图 6-6 所示。单击“保存”按钮，此时顶部的框架出现虚线，询问的是顶部框架的名称，在“文件名”选项的文本框中输入“top”，如图 6-7 所示，单击“保存”按钮，框架网页保存完成。

步骤 5 将光标置入顶部框架中，选择“修改 > 页面属性”命令，弹出“页面属性”对话框，在对话框中将“左边距”、“上边距”、“右边距”和“下边距”选项均设为“0”，如图6-8所示，单击“确定”按钮，完成页面属性的修改，用相同的方法设置顶部框架。将光标置入中间框架中，选择“修改 > 页面属性”命令，弹出“页面属性”对话框，将“大小”选项设为“12”，“左边距”、“上边距”、“右边距”和“下边距”选项均设为“0”，如图6-9所示，单击“确定”按钮。

图6-6

图6-7

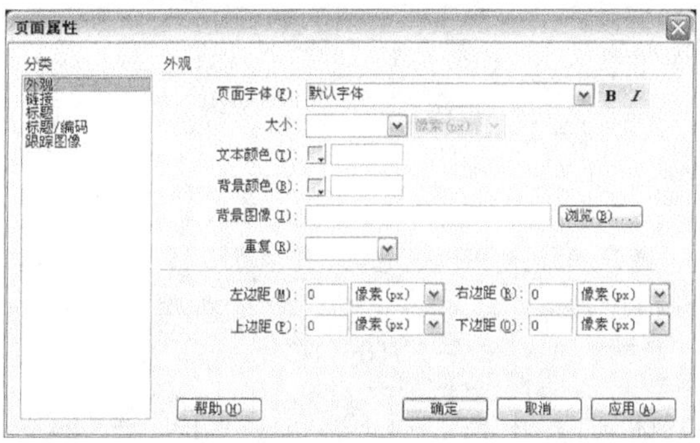

图6-8

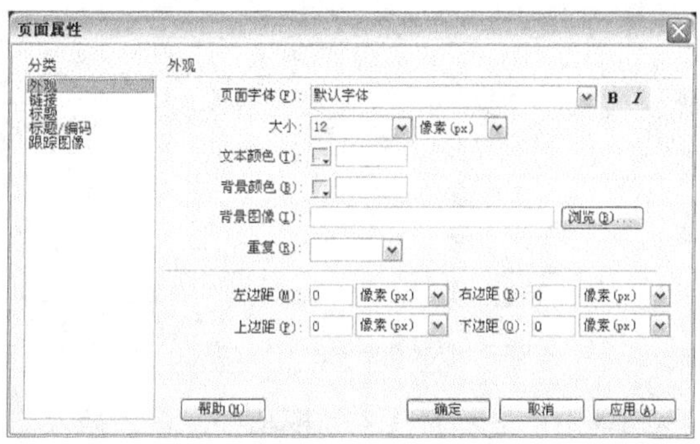

图6-9

步骤 6 单击框架上下边界线，如图6-10所示，在框架集“属性”面板中“行”选项的数值框中输入“64”，如图6-11所示，按<Enter>键，效果如图6-12所示。

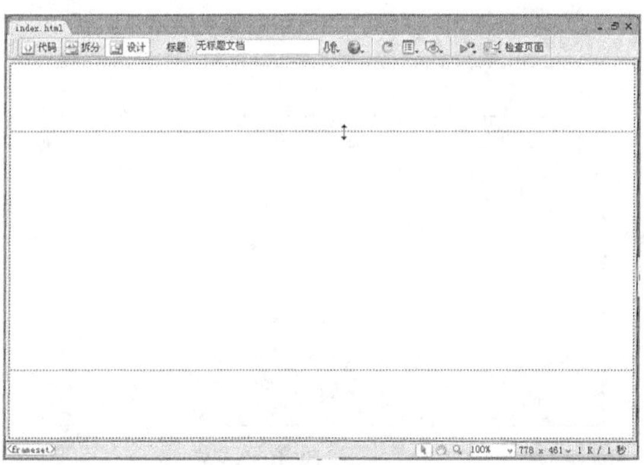

图6-10

图6-11

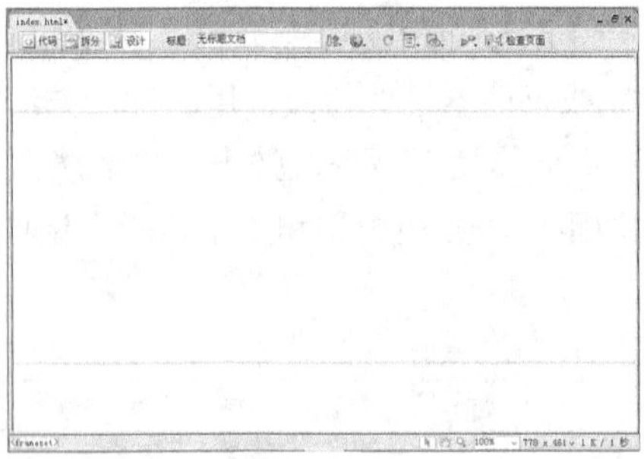

图 6-12

2. 在框架中插入内容

步骤 1 将光标置入顶部框中，在“插入”面板的“常用”选项卡中单击“图像”按钮，在弹出的“选择图像源文件”对话框中选择光盘中“Ch06 > clip >办公用品网页> images”文件夹中的“img_01.jpg”文件，单击“确定”按钮完成图片的插入，效果如图 6-13 所示。

步骤 2 用相同的方法，将光盘中“Ch06 > clip >办公用品网页> images”文件夹中的“img_15.jpg”文件插入到底部框架中，效果如图 6-14 所示。

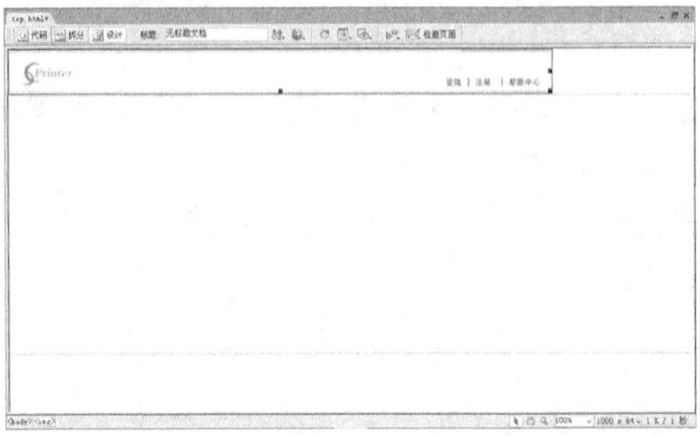

图 6-13

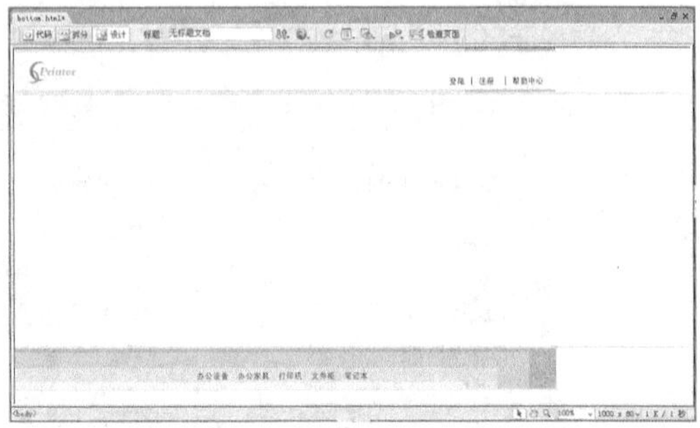

图 6-14

步骤 3 将光标置入中间框架中，在“插入”面板的“常用”选项卡中单击“表格”按钮，在弹出的“表格”对话框中进行设置，如图 6-15 所示。单击“确定”按钮完成表格的插入，效果如图 6-16 所示。

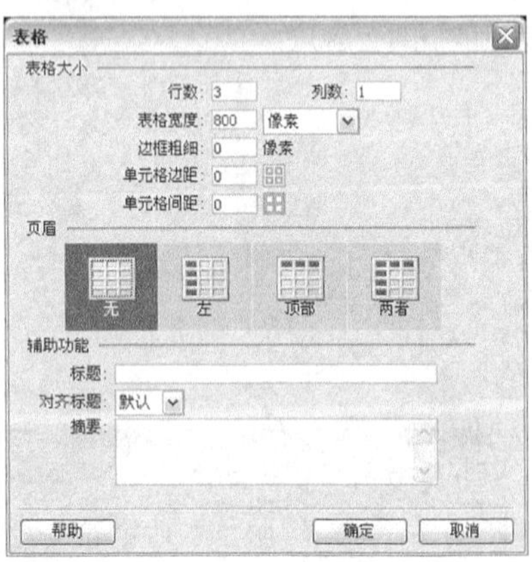

图 6-15

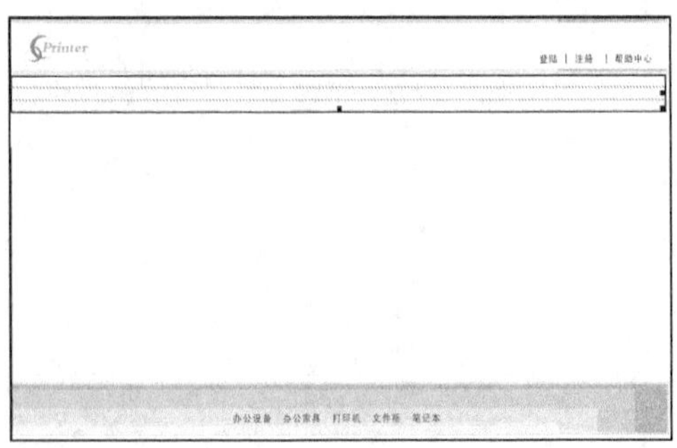

图 6-16

步骤 4 将光标置入第 1 行单元格中，在“插入”面板的“常用”选项卡中单击“表格”按钮，在弹出的“表格”对话框中进行设置，如图6-17所示，单击“确定”按钮完成表格的插入。将光盘中“Ch06 > clip >办公用品网页> images”文件夹中的“img_15.jpg”文件插入到第1列单元格中，效果如图6-18所示。

图6-17

图6-18

步骤 5 同时选中第3列、第4列和第5列单元格，在“属性”面板中将“宽”选项设为“48”，“背景颜色”选项依次设为（#178C83）、（#00726A）、（#015C57），效果如图6-19所示。

步骤 6 将光标置入第2列单元格中，在“插入”面板的“常用”选项卡中单击“表格”按钮，在弹出的“表格”对话框中进行设置，如图6-20所示，单击“确定”按钮完成表格的插入。保持表格的选取状态，将“背景颜色”选项设为湖绿色（#01766D），将光盘中“Ch06 > clip >办公用品网页> images”文件夹中的“img_03.jpg”文件插入到第1行单元格中，效果如图6-21所示。

图6-19

步骤 7 将光标置入第2行单元格中，高度设为“24”，将图像“img_05.jpg”设为该单元格的背景图像，输入白色文字，效果如图6-22所示。

步骤 8 将光标置入第3行单元格中，高度设为“73”，在“水平”下拉列表中选择“居中对齐”选项。在单元格中输入白色文字，效果如图6-23所示。

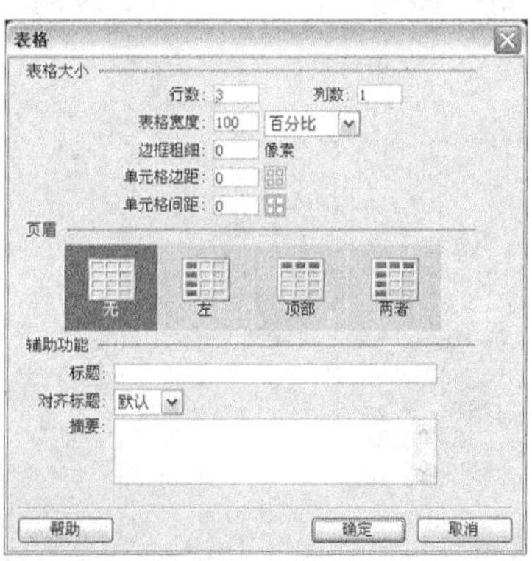

图6-20

图6-21

图6-22

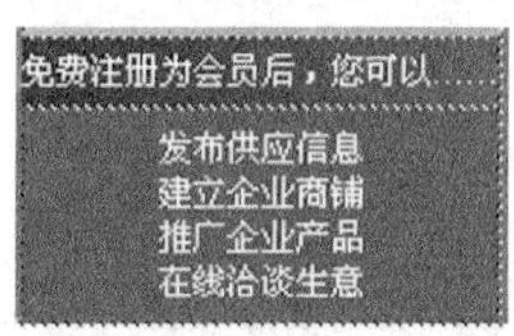

图6-23

步骤 9 将光盘中“Ch06 > clip >办公用品网页> images”文件夹中的“img_07.jpg”文件插入到第 2 行单元格中，效果如图 6-24 所示。

图 6-24

步骤 10 将光标置入主表格的第 3 行单元格中，在“插入”面板的“常用”选项卡中单击“表格”按钮，在弹出的“表格”对话框中进行设置，如图 6-25 所示。单击“确定”按钮完成表格的插入，效果如图 6-26 所示。

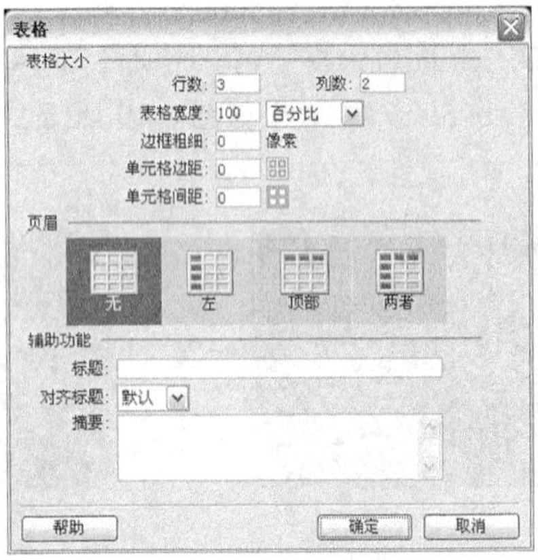

图 6-25

图 6-26

步骤 11 将第 2 列所有单元格合并，插入图像“img_09.jpg”，效果如图 6-27 所示。将第 1 行第 1 列单元格高度设为“25”，宽度设为“248”，将图像“img_08.jpg”设为该单元格的背景图像，效果如图 6-28 所示。

步骤 12 在第 1 行和第 2 行输入文字，效果如图 6-29 所示。将光盘中“Ch06 > clip >办公用品网页> images”文件夹中的“img_12.jpg”文件插入到第 3 行单元格中，并插入需要的空格，效果如图 6-30 所示。

图 6-27

图 6-28

图 6-29

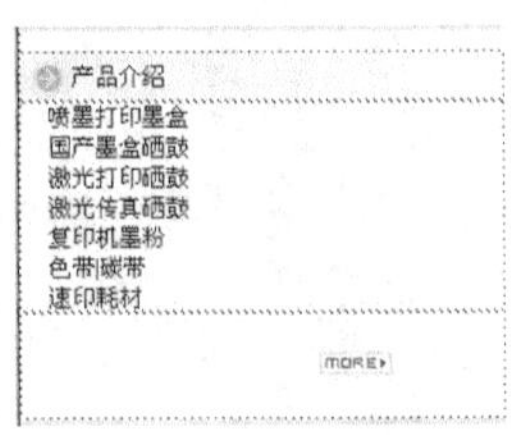

图 6-30

步骤 13 保存文档，按<F12>键预览效果，如图 6-31 所示。

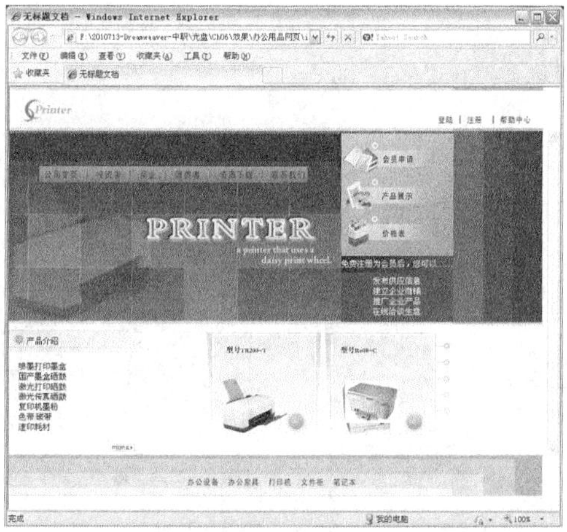

图 6-31

6.1.4 【相关工具】

1. 建立框架集

在 Dreamweaver CS3 中，可以利用可视化工具方便地创建框架集。用户既可以通过菜单命令实现，又可以通过“插入”面板“布局”选项卡中的“框架”按钮实现。

◎ **通过“新建”命令建立框架集**

步骤 1 选择“文件 > 新建”命令，弹出“新建文档”对话框。

步骤 2 在左侧的列表中选择“示例中的页”选项，在“示例文件夹”列表中选择“框架集”选项，在右侧的“示例页”列表框中选择一个框架集，如图 6-32 所示。

步骤 3 单击“创建”按钮完成设置。

步骤 4 当框架集出现在文档窗口中，并且如果已经在“编辑 > 首选参数”对话框中激活了框架辅助功能，将弹出“框架标签辅助功能属性”对话框，如图 6-33 所示。

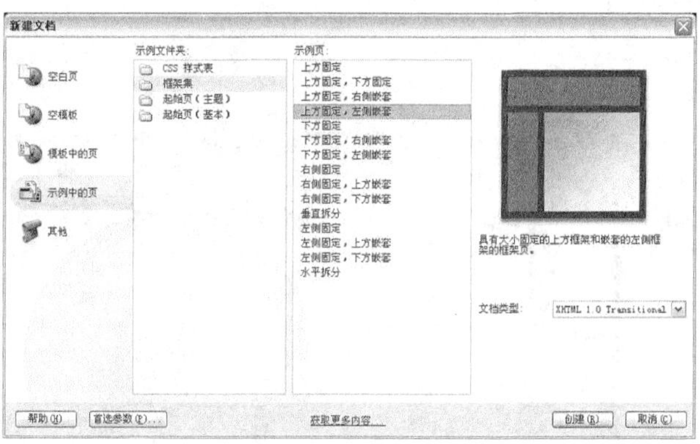

图 6-32

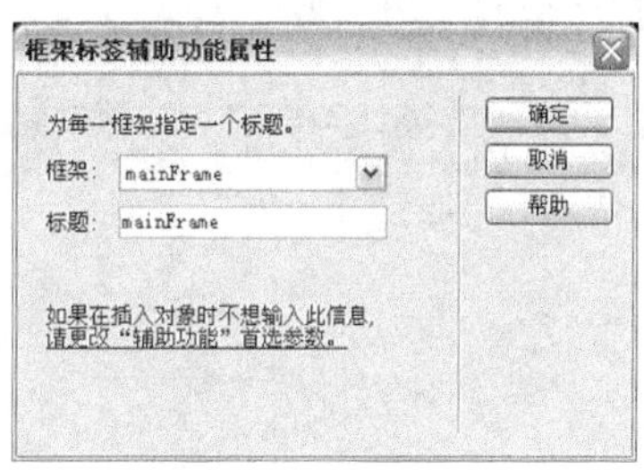

图 6-33

步骤 5 在对话框中可以为每个框架进行设置，然后单击“确定”按钮。

◎ **通过“插入记录”命令建立框架集**

步骤 1 选择“文件 > 新建”命令，弹出“新建文档”对话框，按图 6-34 所示设置后，单击“创建”按钮，新建一个 HTML 文档。

步骤 2 将插入点放置在文档窗口中，选择“插入记录 > HTML > 框架”命令，在其子菜单中选择需要的预定义框架集，如图 6-35 所示。

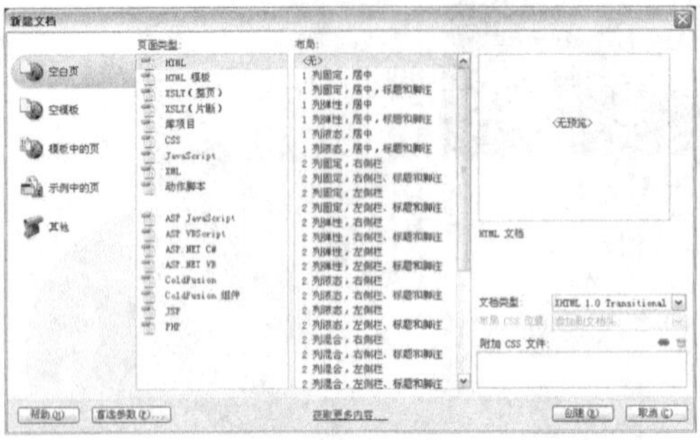

图 6-34

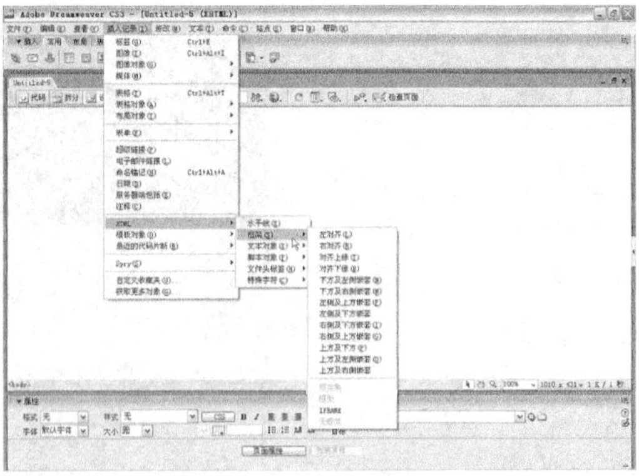

图 6-35

◎ **通过“框架”按钮建立框架集**

步骤 1 新建一个 HTML 文档。

步骤 2 将插入点放置在文档窗口中，单击“插入”面板中“布局”选项卡中的“框架”按钮 右侧的黑色箭头，弹出 13 个框架集选项，在其中选择一个框架集，如图 6-36 所示。

图 6-36

◎ **通过拖曳“框架”按钮到窗口中建立框架集**

步骤 1 新建一个 HTML 文档。

步骤 2 将插入点放置在文档窗口中，选中“插入”面板中“布局”选项卡中的“框架”按钮，按住鼠标左键将其拖曳到文档中，如图 6-37 所示，释放鼠标左键，效果如图 6-38 所示。

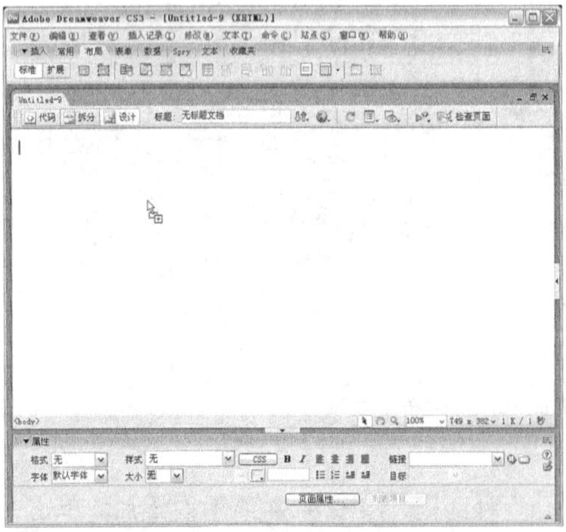

图 6-37

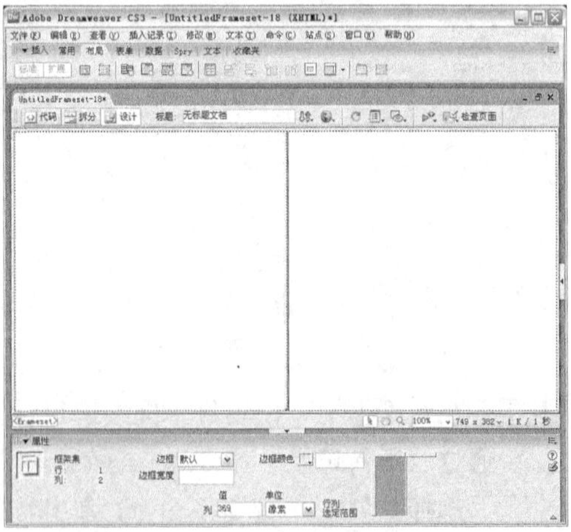

图 6-38

2. 为框架添加内容

因为每一个框架都是一个 HTML 文档，所以可以在创建框架后，直接编辑某个框架中的内容，也可在框架中打开已有的 HTML 文档，具体操作步骤如下。

步骤 1 在文档窗口中，将光标放置在某一框架内。

步骤 2 选择“文件 > 在框架中打开”命令，弹出“选择 HTML 文件”对话框，打开一个已有文档，如图 6-39 所示。

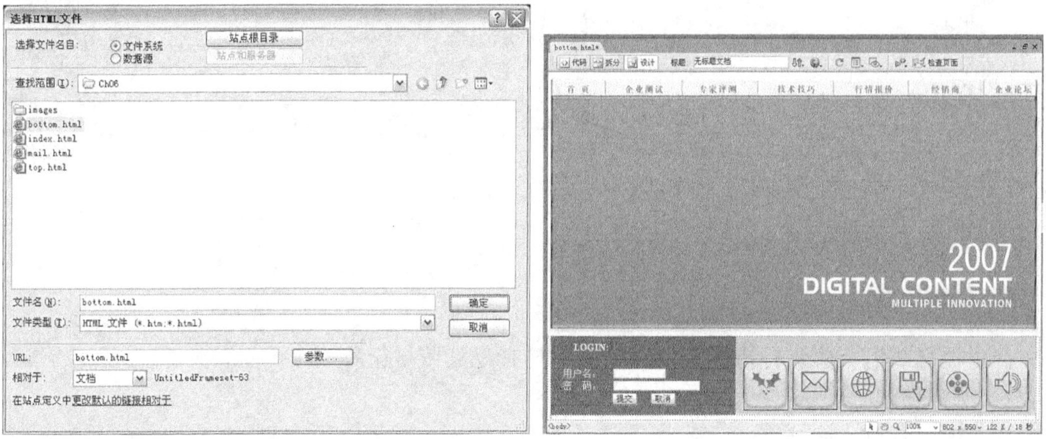

图 6-39

3. 保存框架

保存框架时，分两步进行，先保存框架集，再保存框架。初学者在保存文档时很容易糊涂，明明认为保存的是框架，但实际上保存的是成框架集；明明认为保存的是某个框架，但实际上保存成框架集或其他框架。因此，在保存框架前，用户需要先选择“窗口 > 属性”命令和“窗口 > 框架”命令，启用“属性”面板和“框架”控制面板。然后，在“框架”控制面板中选择一个框架，在“属性”面板的“源文件”选项中查看此框架的文件名。用户查看框架的名称后，在保存文件时就可以根据“保存”对话框中的文件名信息知道保存的是框架集还是某框架了。

◎ 保存框架集和全部框架

使用“保存全部”命令可以保存所有的文件，包括框架集和每个框架。选择“文件 > 保存全部”命令，先弹出的“另存为”对话框是用于保存框架集的，此时框架集边框显示选择线，如图 6-40 所示，再弹出的“另存为”对话框是用于保存每个框架的，此时文档窗口中的选择线也会自动转移到对应的框架上，据此可以知道正在保存的框架，如图 6-41 所示。

◎ 保存框架集文件

单击框架边框选择框架集后，保存框架集文件有以下两种方法。

① 选择“文件 > 保存框架页”命令。

② 选择“文件 > 框架集另存为”命令。

◎ 保存框架文件

将插入点放到框架中后保存框架文件，有以下两种方法。

① 选择“文件 > 保存框架”命令。

② 选择“文件 > 框架另存为”命令。

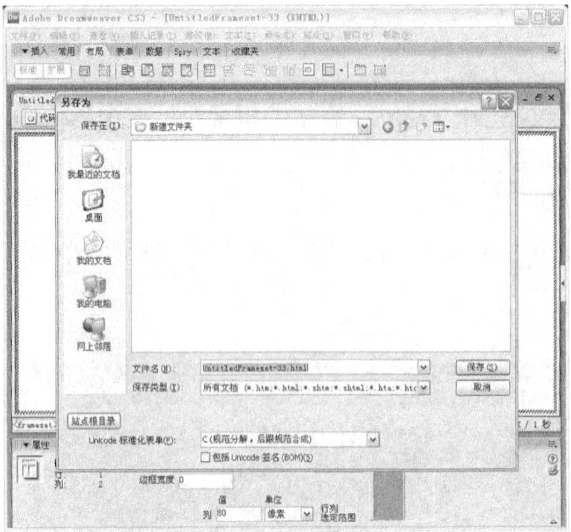

图 6-40

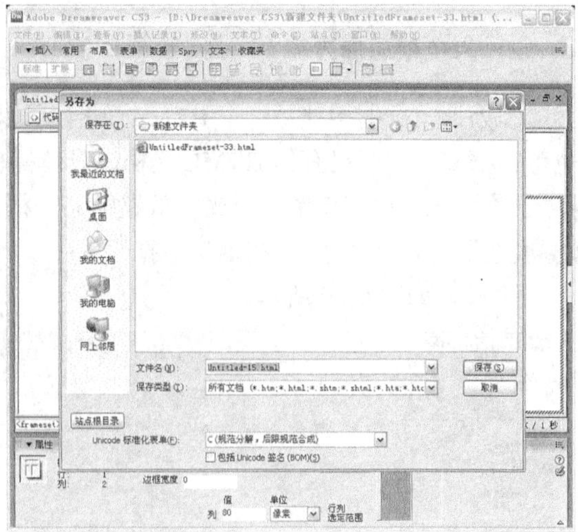

图 6-41

4. 框架的选择

在对框架或框架集进行操作之前，必须先选择框架或框架集。

◎ **选择框架**

选择框架有以下两种方法。

① 在文档窗口中，按<Alt>键的同时用鼠标单击欲选择的框架。

② 先选择“窗口 > 框架”命令，启用“框架”控制面板。然后，在面板中用鼠标单击欲选择的框架，如图 6-42 所示。此时，文档窗口中框架的边框会出现虚线轮廓，如图 6-43 所示。

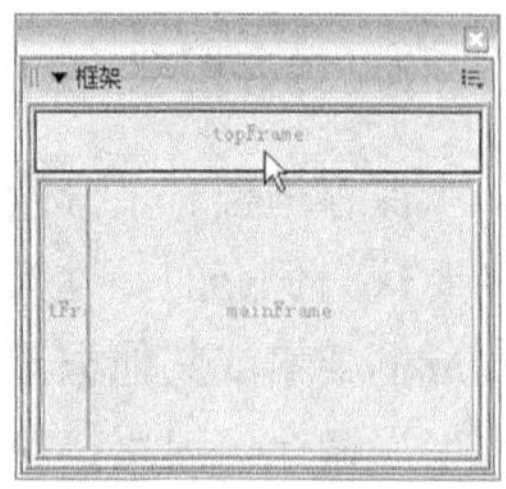

图 6-42

◎ **选择框架集**

选择框架集有以下两种方法。

① 在“框架”控制面板中单击框架集的边框，如图 6-44 所示。

② 在文档窗口中用鼠标单击框架的边框，如图 6-45 所示。

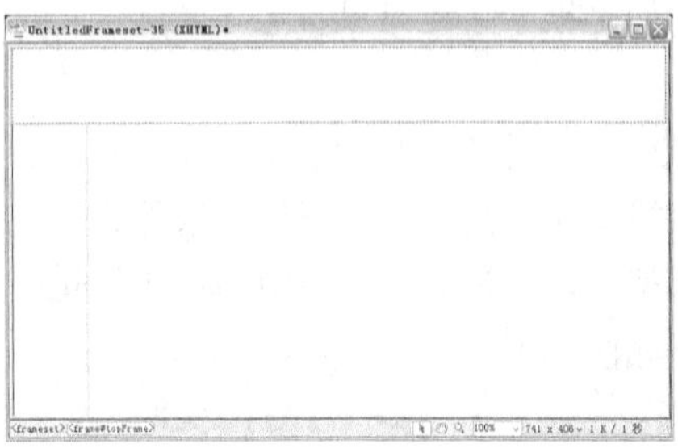

图 6-43

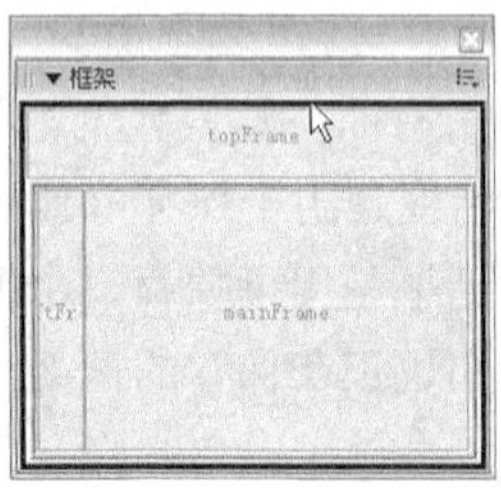

图 6-44

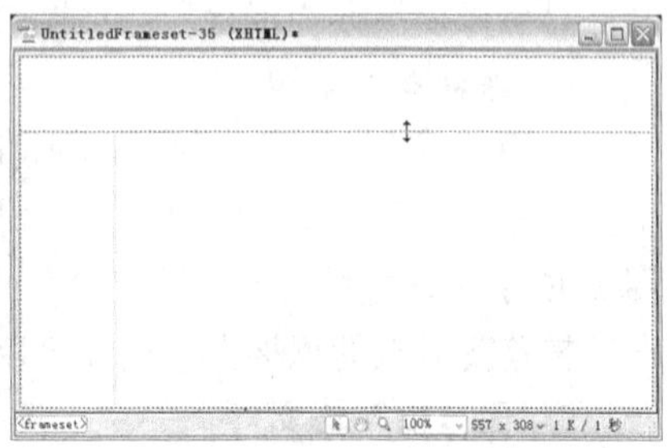

图 6-45

5. 修改框架的大小

建立框架的目的就是将窗口分成大小不同的子窗口，在不同的窗口中显示不同的文档内容。调整子窗口的大小有以下几种方法。

① 在“设计”视图中，将鼠标指针放到框架边框上，当鼠标指针呈双向箭头时，拖曳鼠标改

变框架的大小，如图 6-46 所示。

② 选择框架集，在“属性”面板中“行”或“列”选项的文本框中输入具体的数值，然后在“单位”选项的下拉列表中选择单位，如图 6-47 所示。

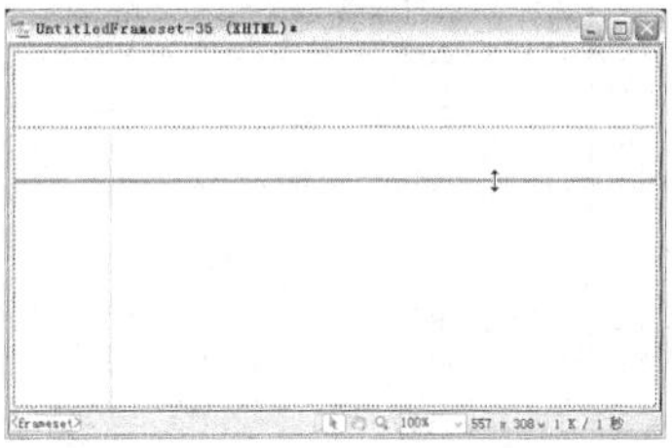

图 6-46

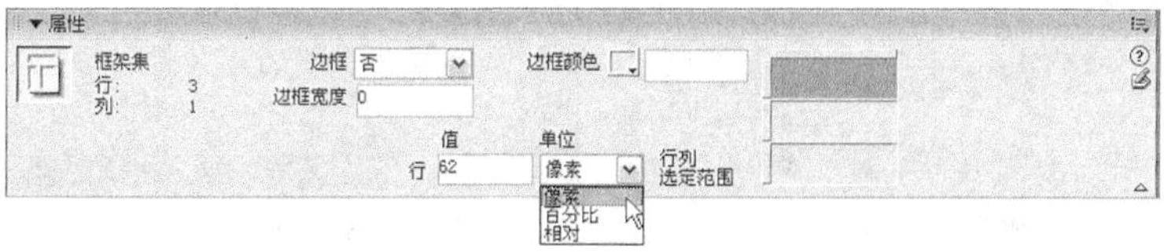

图 6-47

“单位”下拉列表中各选项的含义如下。

像素：为默认选项，按照绝对的像素值设定框架的大小。

百分比：按所选框架占整个框架集的百分比设定框架的大小，是相对尺寸，框架的大小会随浏览器窗口的改变而改变。

相对：是相对尺寸，框架的大小会随浏览器窗口的改变而改变。一般剩余空间按此方式分配。

6. 拆分框架

通过拆分框架，可以增加框架集中框架的数量，但实际上是在不断地增加框架集，即框架集嵌套。拆分框架有以下 3 种方法。

① 将光标置于要拆分的框架窗口中，然后选择“修改 > 框架集”命令，弹出其子菜单，其中有 4 种拆分方式，如图 6-48 所示。

② 将光标置于要拆分的框架窗口中，然后单击“插入”面板中“布局”选项卡中的“框架”按钮右侧的黑色箭头，在弹出的菜单中选择一种拆分框架的方式，将框架窗口再划分，如图 6-49 所示。

图 6-48

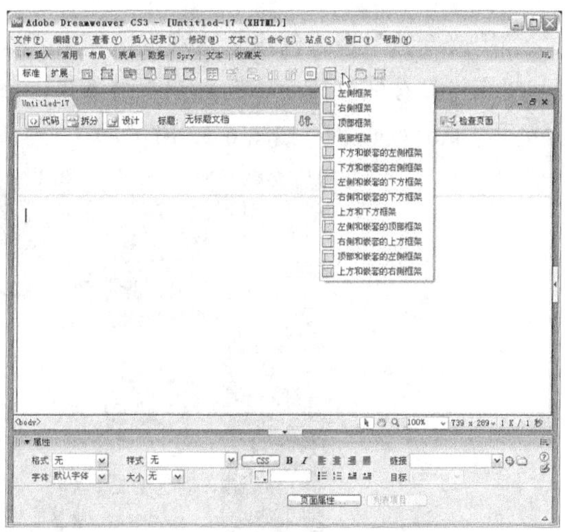

图 6-49

③ 选定要拆分的框架集，按住<Alt>键的同时，将鼠标指针放到框架的边框上，当鼠标指针呈双向箭头时，拖曳鼠标拆分框架，如图 6-50 所示。

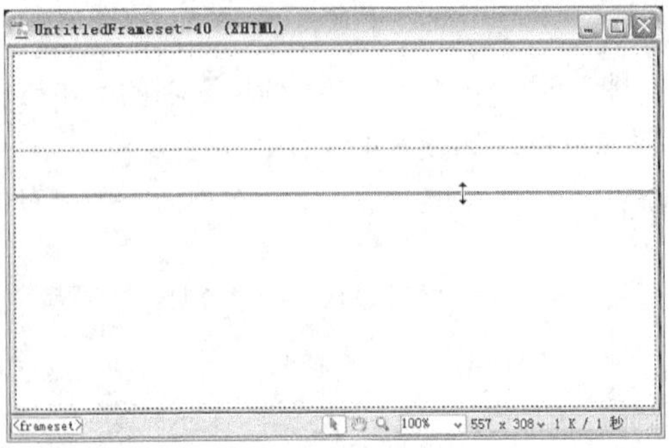

图 6-50

7. 删除框架

将鼠标指针放在要删除的边框上，当鼠标指针变为双向箭头时，拖曳鼠标到框架相对应的外边框上即可进行删除，如图 6-51 所示。

图 6-51

6.1.5 【实战演练】——房产信息网页

使用“新建”命令创建框架网页，使用“保存全部”命令将框架全部保存，使用“表格”按钮和“图像”按钮制作完整的框架网页效果。(最终效果参看光盘中的“Ch06 > 效果 > 房产信息网页 > index.html”，如图 6-52 所示。)

图 6-52

6.2 儿童玩具网页

6.2.1 【案例分析】

儿童玩具网的功能是提供最全面、最新型的儿童玩具。本例是为一家生产及销售各种大中小型儿童玩具的专业公司制作的网页，除了界面达到吸引用户眼球的目的，还要注意网业的行业特色和构成要素。

6.2.2 【设计理念】

在网页设计、制作过程中，将页面背景设置为橘黄色，并添加脚丫等图形元素，使页面表现出热情活泼可爱的氛围。将有卡通图标的导航栏放在上面的右侧区域，有利于用户点击浏览。将玩具展示图放置在右下方，方便用户查看。（最终效果参看光盘中的“Ch06 > 效果 > 儿童玩具网页 > index.html”，如图 6-53 所示。）

图 6-53

6.2.3 【操作步骤】

1. 设置保存文档

步骤 1 选择“文件 > 新建”命令，弹出“新建文档”对话框。在左侧的列表中选择“示例中的页”选项，在“示例文件夹”列表框中选择“框架集”选项，在右边的“示例页”列表框中选择“上方固定，右侧嵌套”选项，如图 6-54 所示。单击“创建”按钮，创建一个框架网页，效果如图 6-55 所示。

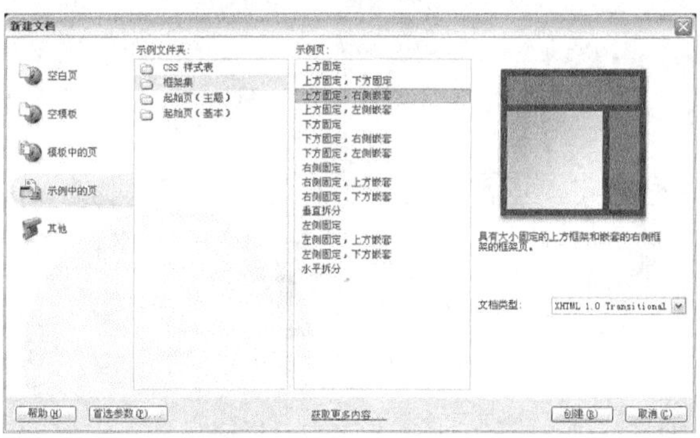

图 6-54

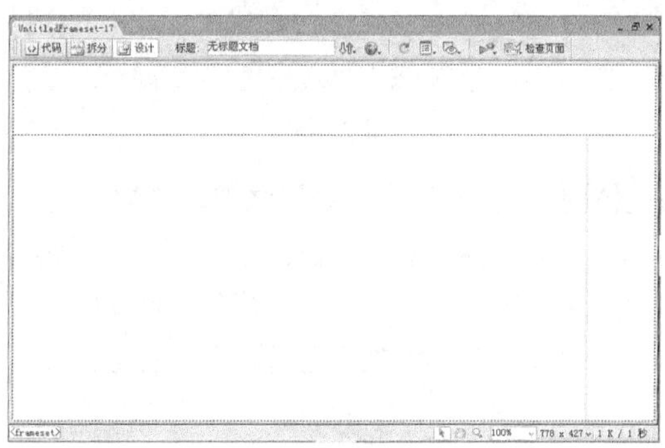

图 6-55

步骤 2 选择“文件 > 保存全部”命令，弹出“另存为”对话框，整个框架集内侧边框会出现一个阴影框，在“保存在”选项下拉列表中选择当前站点目录保存路径，在“文件名”选项的文本框中输入“index”，设置框架集的名称，如图 6-56 所示。

步骤 3 单击“保存”按钮，此时右下方的框架出现虚线，在“文件名”选项的文本框中输入“right”，设置右下方框架的名称，如图 6-57 所示。

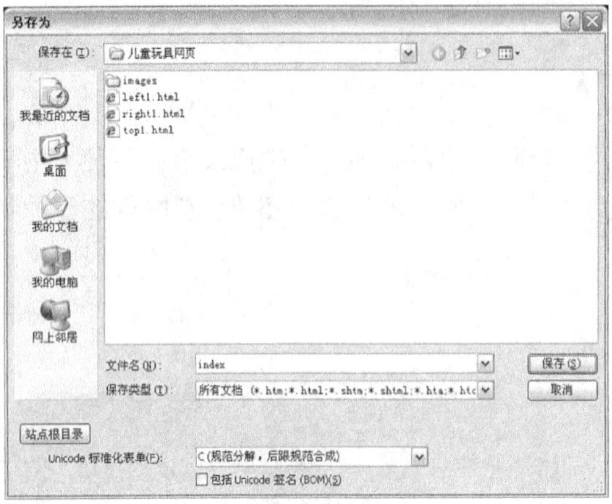

图 6-56

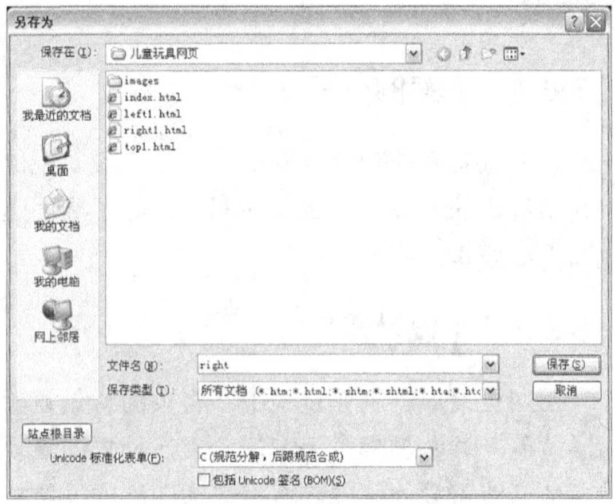

图 6-57

步骤 4 单击“保存”按钮，此时左下方的框架出现虚线，在“文件名”选项的文本框中输入“left”，设置左下方框架的名称，如图 6-58 所示。

步骤 5 单击“保存”按钮，此时右下方的框架出现虚线，在“文件名”选项的文本框中输入“top”，设置右下方框架的名称，如图 6-59 所示，单击“保存”按钮完成框架网页的保存。

图 6-58

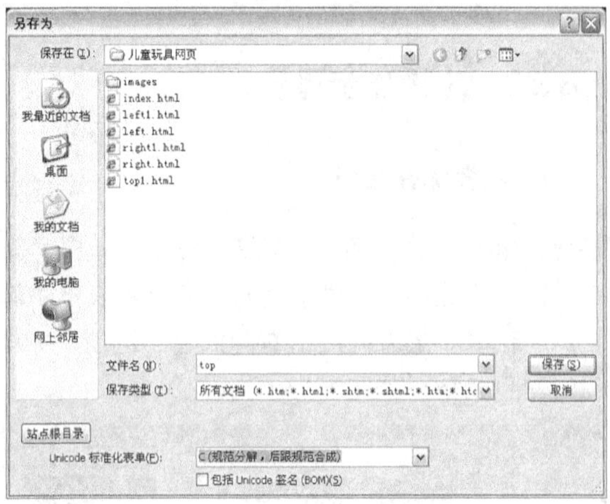

图 6-59

步骤 6 将光标置入顶部框架，选择“修改 > 页面属性”命令，弹出“页面属性”对话框。单击“分类”列表框中的“外观”选项，在“左边距”、“右边距”、“上边距”和“下边距”选项的文本框中均输入“0”，其他选项为默认设置，如图 6-60 所示。单击“确定”按钮，鼠标指针被置于框架的左上方。

图 6-60

2. 添加框架元素

步骤 1 选择“窗口 > 框架”命令，调出“框架”面板，在面板中选择“topFrame”，如图 6-61 所示，文档窗口中框架的边框会出现虚线轮廓，如图 6-62 所示。

图 6-61

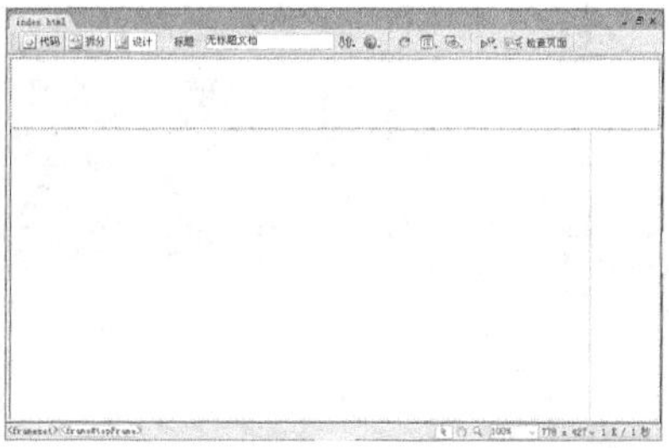

图 6-62

步骤 2 单击“属性”面板“源文件”选项右侧的“浏览文件夹”按钮，弹出“选择 HTML 文件”对话框，在弹出的对话框中选择光盘中的“Ch06 > clip >儿童玩具网页> top1.html”文件，单击“确定”按钮，弹出提示对话框，单击“是”按钮，效果如图 6-63 所示。

图 6-63

步骤 3 将鼠标指针放到框架边框上，如图 6-64 所示。在“属性”面板中“行”选项的文本框中输入“170”，如图 6-65 所示。

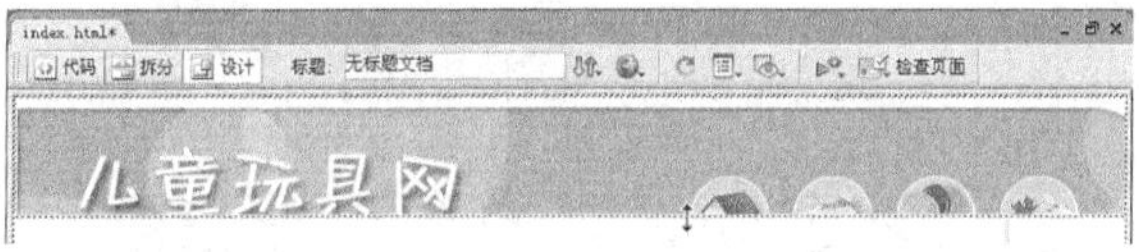

图 6-64

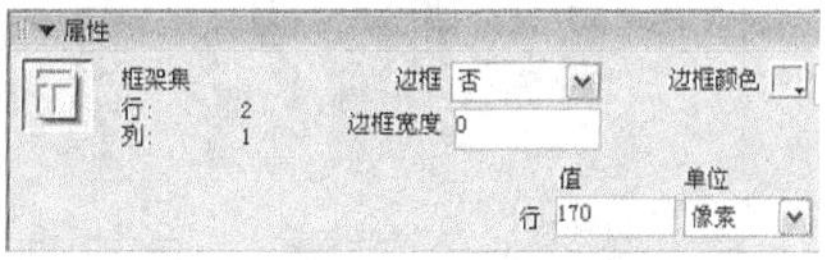

图 6-65

步骤 4 将光标置入左下方的框架中，如图 6-66 所示。选择“修改 > 页面属性”命令，弹出“页面属性”对话框，单击“分类”列表框中的“外观”选项，在“左边距”、“右边距”、“上边距”和“下边距”选项的文本框中均输入“0”，其他选项设为默认，如图 6-67 所示，单击“确定”按钮。

图 6-66

图 6-67

步骤 5 在“框架”面板中选择“mainFrame”，如图 6-68 所示，文档窗口中框架的边框会出现虚线轮廓，如图 6-69 所示。

步骤 6 单击“属性”面板中“源文件”选项右侧的“浏览文件夹”按钮，弹出“选择 HTML 文件”对话框，在弹出的对话框中选择光盘中的“Ch06 > clip >儿童玩具网页 > left.html”文件，单击“确定”按钮，弹出提示对话框，单击“是”按钮，效果如图 6-70 所示。

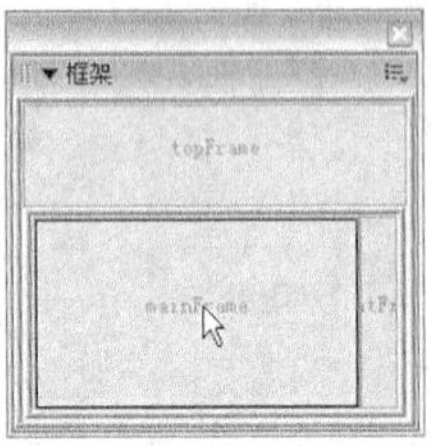

图 6-68

图 6-69

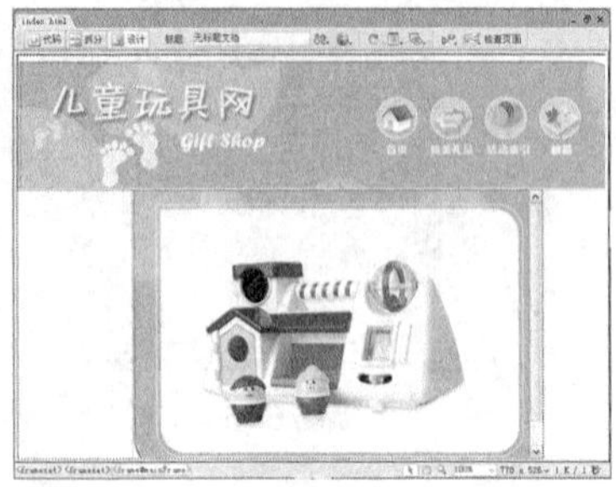

图 6-70

步骤 7 将光标置入右下方的框架中，如图 6-71 所示。选择“修改 > 页面属性”命令，弹出“页面属性”对话框，单击“分类”列表框中的“外观”选项，在“左边距”、“右边距”、“上边距”和“下边距”选项的文本框中均输入“0”，其他选项设为默认，如图 6-72 所示，单击“确定”按钮。

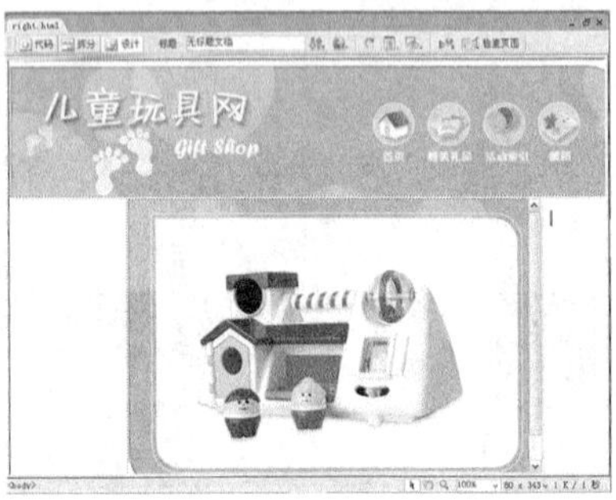

图 6-71

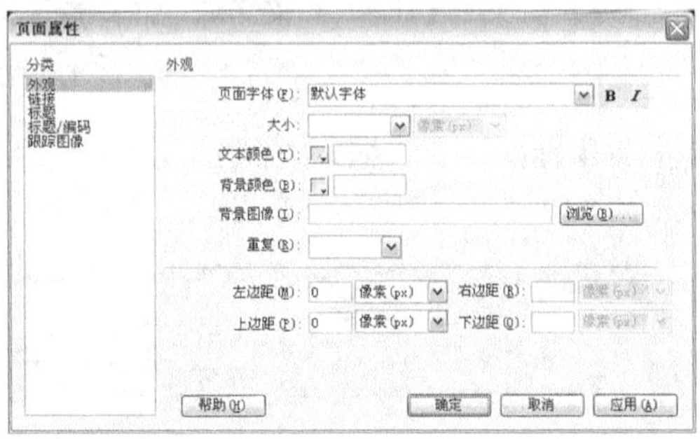

图 6-72

步骤 8 在“框架”面板中选择“rightFrame”，如图 6-73 所示，文档窗口中框架的边框会出现虚线轮廓。单击“属性”面板中“源文件”选项右侧的“浏览文件夹”按钮，弹出“选择 HTML 文件”对话框，在弹出的对话框中选择光盘中的“Ch06 > clip >儿童玩具网页 > right1.html”文件，单击“确定”按钮，弹出提示对话框，单击“是”按钮，效果如图 6-74 所示。

图 6-73

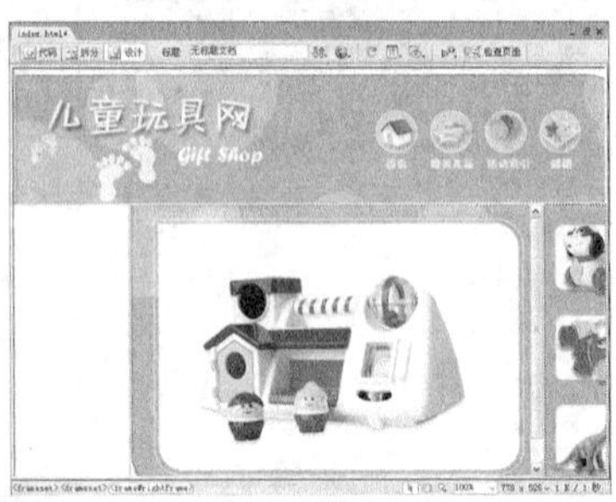

图 6-74

步骤 9 单击边界线并向左拖曳，如图 6-75 所示，改变页面元素的位置。保存文档，按<F12>键预览效果，如图 6-76 所示。

图 6-75

图 6-76

6.2.4 【相关工具】

1. 框架属性

选中要查看属性的框架，选择“窗口 > 属性”命令，调出“属性”面板，如图 6-77 所示。

图 6-77

“属性”面板中各选项的作用如下。

框架名称：在该文本框中为框架命名。框架名称以字母开头，由字母、数字和下画线组成。利用此名称，用户可在设置链接时在“目标”选项中指定打开链接文件的框架。

源文件：提示框架当前显示的网页文件的名称及路径。还可利用此选项右侧的“浏览文件”按钮，浏览并选择在框架中打开的网页文件。

边框：设置框架内是否显示边框。为框架设置“边框”选项将重写框架集的边框设置。大多数浏览器默认为显示边框，但当父框架集的“边框”选项设置为“否”且共享该边框的框架都将“边框”选项设置为“默认值”时，或共享该边框的所有框架都将“边框”选项设置为“否”时，边框会被隐藏。

滚动：设置框架内是否显示滚动条，一般设为“默认”。大多数浏览器将“默认”选项认为是“自动”，即只有在浏览器窗口没有足够的空间显示内容时才显示滚动条。

不能调整大小：设置用户是否可以在浏览器窗口中通过拖曳鼠标手动修改框架的大小。

边框颜色：设置框架边框的颜色。此颜色应用于与框架接触的所有边框，并重写框架集的颜色设置。

边界宽度和边界高度：以像素为单位设置框架内容和框架边界间的距离。

2. 框架集的属性

选择要查看属性的框架集，然后选择“窗口 > 属性”命令，启用“属性”面板，如图 6-78

所示。

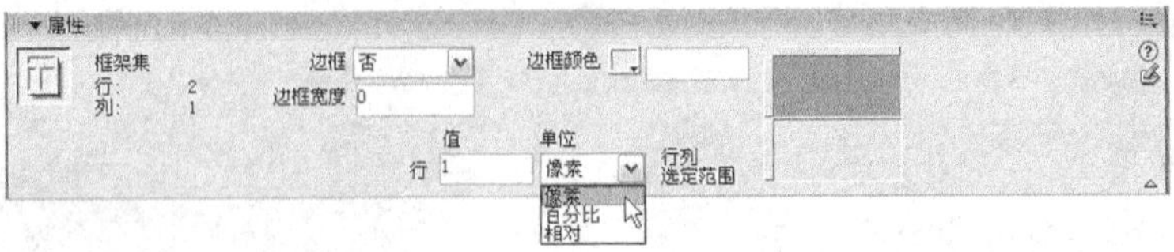

图 6-78

“属性”面板中的各选项作用如下。

边框：设置框架集中是否显示边框。若显示边框则设置为“是”，若不显示边框则设置为“否”，若允许浏览器确定是否显示边框则设置为“默认”。

边框颜色：设置框架集中所有边框的颜色。

边界宽度：设置框架集中所有边框的宽度。

行或列：设置选定框架集的各行和各列的框架大小。

单位：设置“行”或“列”选项的设定值是相对的还是绝对的。它包括以下 3 个选项值。

“像素”选项将行或列设定为以像素为单位的绝对值。对于大小始终保持不变的框架而言，此选项值为最佳选择。

“百分比”选项设置行或列相对于其框架集的总宽度和总高度的百分比。

“相对”选项在为“像素”和“百分比”分配框架空间后，为选定的行或列分配其余可用空间，此分配是按比例划分的。

3. 框架中的链接

设定框架的目的是将窗口分成固定的几部分，在网页窗口的固定位置显示固定的内容，如在窗口的顶部显示站点 LOGO、导航栏等。通过导航栏的不同链接，在窗口的其他固定位置显示不同的网页内容，这时需要使用框架中的链接。

◎ 给每一个框架定义标题

在框架中打开链接文档时，需要通过框架名称来指定文档在浏览器窗口中显示的位置。当建立框架时，系统会给每个框架一个默认名称。用户可以给每个框架自定义名称，以便明确框架名称代表浏览器窗口的相应位置。具体操作步骤如下。

步骤 1 选择“窗口 > 框架”命令，调出“框架”控制面板，单击要命名的框架边框选择该框架，如图 6-79 所示。

步骤 2 选择“窗口 > 属性”命令，调出“属性”面板，在“框架名称”文本框中输入框架的新名称，如图 6-80 所示。

图 6-79

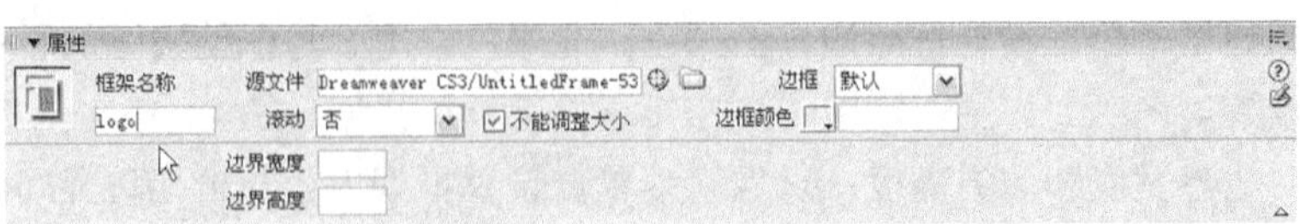

图 6-80

步骤 3 重复步骤 1 和步骤 2，为不同的框架命名。

◎ 创建框架中的链接

步骤 1 选择链接对象。

步骤 2 选择“窗口 > 属性”命令，调出“属性”面板。利用“链接”和“目标”选项，设定链接文件和文件打开的窗口位置，如图 6-81 所示。

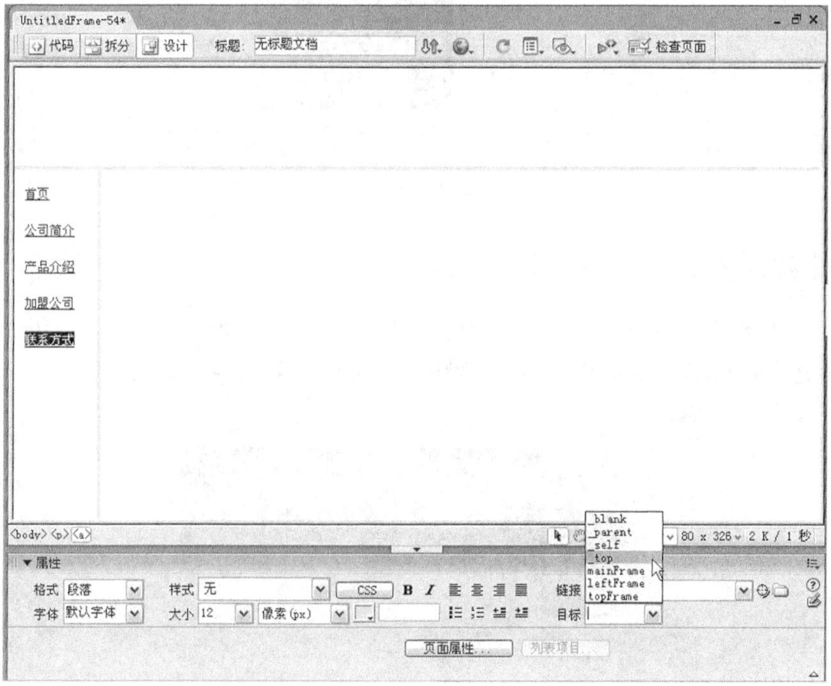

图 6-81

链接：用于指定链接的源文件。

目标：用于指定链接文件打开的窗口或框架窗口，在其下拉列表中包括“_blank”、“_parent”、“_self”、“_top”和具体的框架名称选项。

“_blank”选项表示在新的浏览器窗口中打开链接网页。

“_parent”选项表示在父级框架窗口中或包含该链接的框架窗口中打开链接网页。一般使用框架时才选用此选项。

“_self”选项是默认选项，表示在当前窗口或框架窗口中打开链接网页。

“_top”选项表示在整个浏览器窗口中打开链接网页，并删除所有框架。一般使用多级框架时才选用此选项。

具体的框架名称选项用于指定打开链接网页的具体的框架窗口，一般在包含框架的网页中才会出现此选项。

◎ 改变框架的背景颜色

通过“页面属性”对话框设置背景颜色的具体操作步骤如下。

步骤 1 将插入点放置在框架中。

步骤 2 选择“修改 > 页面属性”命令，弹出“页面属性”对话框，单击“背景颜色”按钮，在弹出式颜色选择器中选择一种颜色，如图 6-82 所示，单击“确定”按钮完成设置。

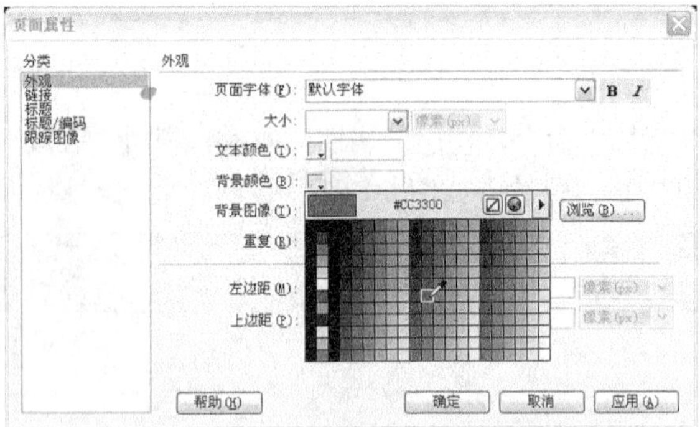

图 6-82

6.2.5 【实战演练】——汽车资讯网页

使用“页面属性”命令设置页边距，使用“属性”面板改变框架的大小，使用“框架”面板和“属性”面板链接页面。（最终效果参看光盘中的“Ch06 > 效果 > 汽车资讯网页 > index.html”，如图 6-83 所示。）

图 6-83

6.3 综合演练——沙发购物网页

使用“新建”命令创建框架网页，使用“保存全部”命令将框架全部保存，使用“表格”按钮和“图像”按钮制作完整的框架网页效果。（最终效果参看光盘中的“Ch06 > 效果 > 沙发购物网页 > index.html”，如图 6-84 所示。）

图 6-84

6.4 综合演练——电子商务网页

使用“新建”命令创建框架网页，使用“页面属性”命令设置背景颜色和页边距，使用“属性”面板改变框架的大小。（最终效果参看光盘中的“Ch06 > 效果 > 电子商务网页 > index.html”，如图 6-85 所示。）

图 6-85

第7章 使用层和时间轴

如果用户想在网页上实现多个元素重叠的效果，可以使用层。层是网页中的一个区域，并且游离在文档之上。利用层可精确定位和重叠网页元素。通过设置不同层的显示或隐藏，实现特殊的效果。因此，在掌握层技术之后，就可以给网页制作提供强大的页面控制能力。

Dreamweaver CS3 提供了在网页上制作动态效果的功能，利用时间轴组织和控制层、图像等对象在一定时间内播放，从而产生动态效果。

课堂学习目标

- 层的基本操作
- 应用层设计表格
- 时间轴动画
- 制作时间轴动画的技巧

7.1 绿色植物网页

7.1.1 【案例分析】

绿色植物是生态平衡的支柱，因为植物能净化污水，能消除和减弱噪声，能耐旱固沙，能耐盐碱、耐涝，能监测二氧化硫、氟、氯、氨等的污染。本例是为绿色植物博览会制作的网页，希望在设计上表现出大自然中绿色植物的魅力。

7.1.2 【设计理念】

在网页设计过程中，采用绿色和植物叶子图案作为背景，使页面体现出生命和生长的寓意。菜单以弧型的样式显示，方便浏览者了解更多的植物信息。右上方的标题点明网页主题，右下方的芦荟图像摆放，感觉更加贴近自然。整个页面设计清新爽朗，颜色明快通透。（最终效果参看光盘中的“Ch07 > 效果 > 绿色植物网页 > index.html”，如图 7-1 所示。）

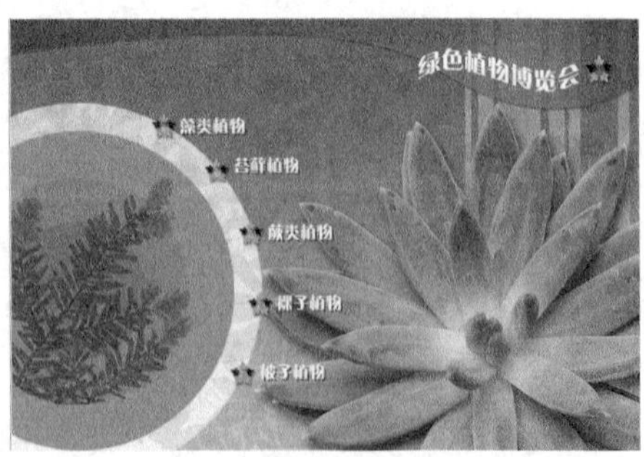

图 7-1

7.1.3 【操作步骤】

步骤 1 选择“文件 > 打开”命令，在弹出的对话框中选择光盘中的“Ch07 > clip >绿色植物网页> index.html”文件，单击“打开”按钮打开文件，如图 7-2 所示。

步骤 2 单击“插入”面板中“布局”选项卡中的“绘制 AP Div”按钮，在页面中拖曳鼠标指针绘制出一个矩形层，如图 7-3 所示。

图 7-2

图 7-3

步骤 3 将光标置入层中，输入白色文字，并在“属性”面板中设置字体和大小，效果如图 7-4 所示。选择“窗口 > AP 元素”命令，弹出“AP 元素”面板，在面板中选中“apDiv1”，如图 7-2 所示。选择“编辑 > 拷贝”命令，拷贝选中的层，在页面的空白处单击鼠标，选择“编辑 > 粘贴”命令，粘贴拷贝的层，面板中如图 7-6 所示。

图 7-4

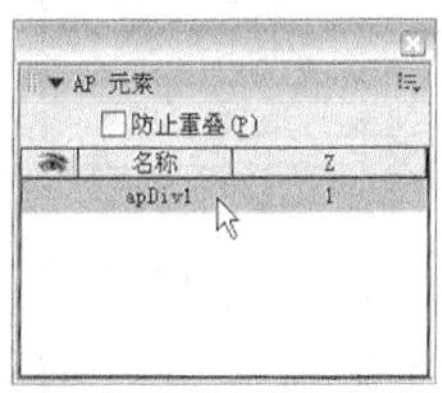

图 7-5

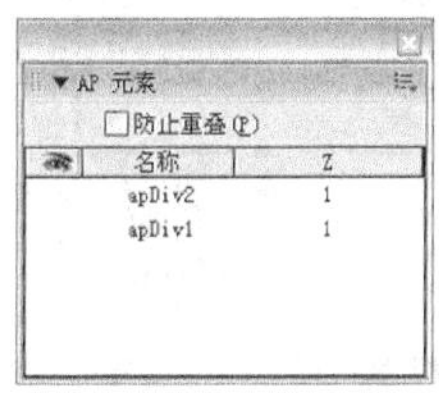

图 7-6

步骤 4 在面板中选中第 1 个层，按方向键中的向右键和向下键，各按 3 次，移动层的位置，使文字产生阴影效果，如图 7-7 所示。使用相同的方法制作其他文字，效果如图 7-8 所示。

步骤 5 保存文档，按<F12>键预览效果，如图 7-9 所示。

图 7-7

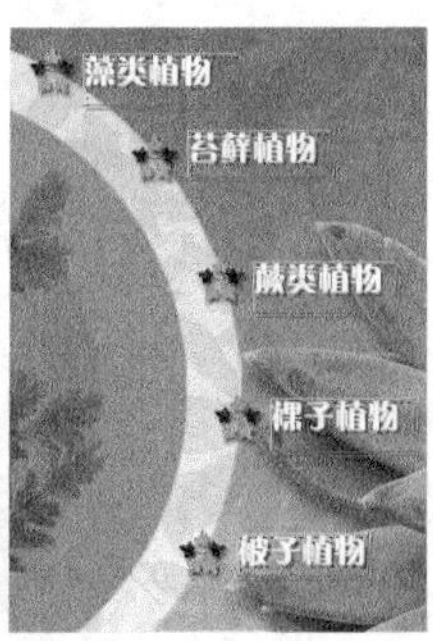

图 7-8

图 7-9

7.1.4 【相关工具】

1. 创建层

◎ 创建层

若想利用层来定位网页元素，先要创建层，再根据需要在层内插入其他表单元素。有时为了布局，还可以显示或隐藏层边框。

创建层有以下 4 种方法。

① 单击“插入”面板中“布局”选项卡中的“绘制 AP Div”按钮，在文档窗口中，鼠标指针呈“+”形状，按住鼠标左键拖曳，画出一个矩形层，如图 7-10 所示。

② 将“插入”面板中“布局”选项卡中的“绘制 AP Div”按钮拖曳到文档窗口中，释放鼠标，在文档窗口中，出现一个矩形层，如图 7-11 所示。

③ 将光标放置到文档窗口中要插入层的位置，选择“插入记录 > 布局对象 > AP Div”命令，在插入点的位置插入新的矩形层。

④ 单击“插入”面板中“布局”选项卡中的“绘制 AP Div”按钮，在文档窗口中，鼠标呈“+”形状，按住<Ctrl>键的同时按住鼠标左键拖曳，画出一个矩形层。只要不释放<Ctrl>键，就可以继续绘制新的层，如图 7-12 所示。

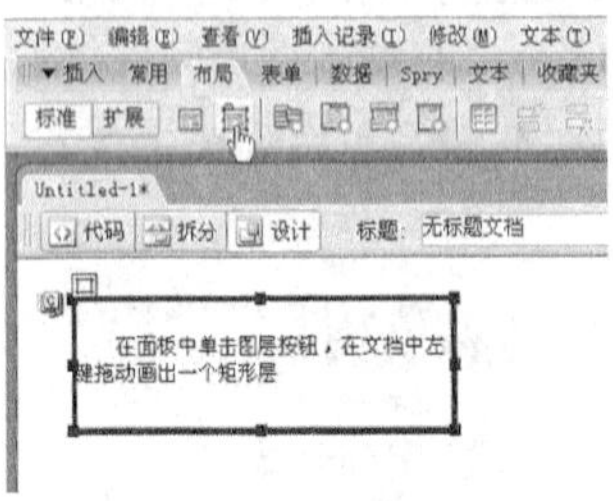

图 7-10

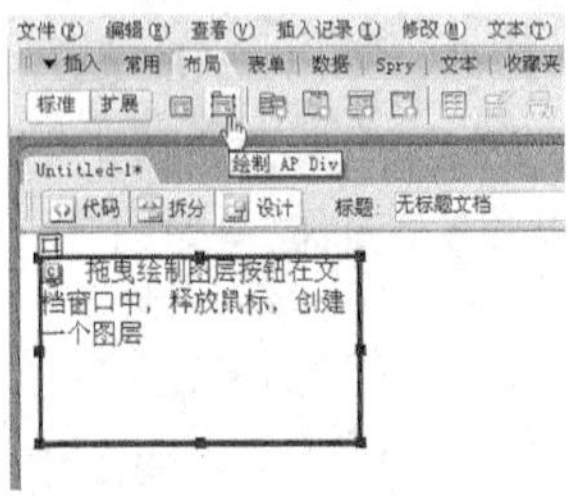

图 7-11

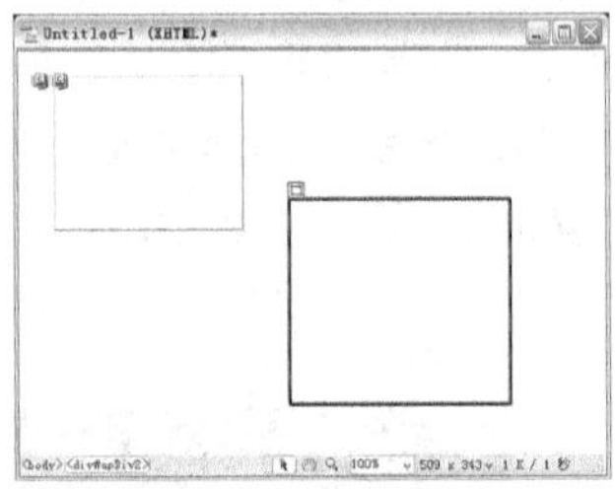

图 7-12

默认情况下，每当用户创建一个新的层，都会使用 DIV 标志它，并将层标记显示到网页左上角的位置，如图 7-12 所示。

若要显示层标记，首先选择“查看 > 可视化助理 > 不可见元素”命令，如图 7-13 所示，使“不可见元素”命令呈被选择状态。然后再选择“编辑 > 首选参数”命令，弹出“首选参数”对话框，选择“分类”列表框中的“不可见元素”选项，选择右侧的“AP 元素的锚点”复选框，如图 7-14 所示。单击“确定”按钮完成设置，这时在网页的左上角显示出层标记。

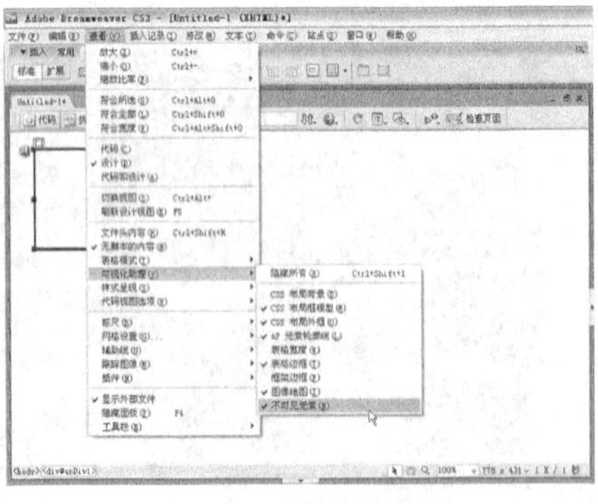

图 7-13

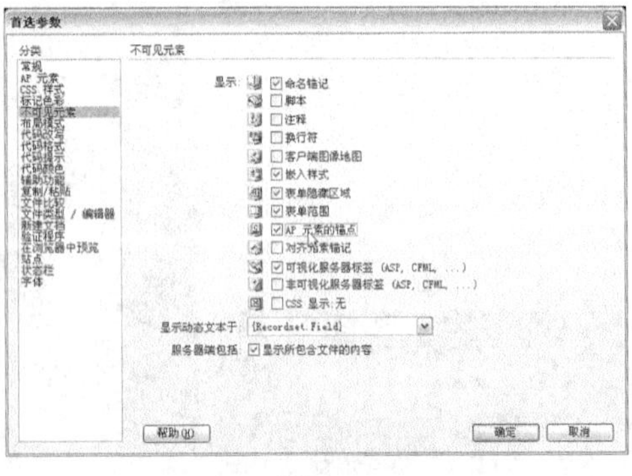

图 7-14

◎ **显示或隐藏层边框**

若要显示或隐藏层边框，可选择“查看 > 可视化助理 > 隐藏所有”命令。

2. 选择层

◎ **选择一个层**

（1）利用层面板选择一个层

选择“窗口 >AP 元素”命令，弹出“AP 元素”控制面板，如图 7-15 所示。在“AP 元素”控制面板中，单击该层的名称。

（2）利用文档窗口选择一个层

在文档窗口中选择一个层有以下 3 种方法。

① 单击一个层的边框。

② 在一个层中按住<Ctrl+Shift>组合键并单击它。

③ 单击一个选择层的选择柄回。如果选择柄回不可见，可以在该层中的任意位置单击以显示该选择柄。

◎ **选定多个层**

选定多个层有以下两种方法。

① 选择“窗口 >AP 元素”命令，弹出“AP 元素”控制面板。在“AP 元素”控制面板中，按住<Shift>键并单击两个或更多的层名称。

② 在文档窗口中按住<Shift>键并单击两个或更多个层的边框内（或边框上）。当选定多个层时，当前层的大小调整柄将以蓝色突出显示，其他层的大小调整柄则以白色显示，如图 7-16 所示，用户只能对当前层进行操作。

图 7-15

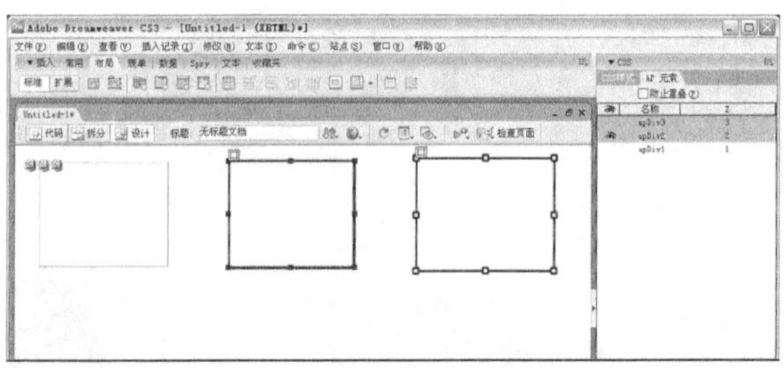

图 7-16

3. 设置层的默认属性

当层插入后，其属性为默认值，如果想查看或修改层的属性，选择“编辑 > 首选参数”命令，弹出“首选参数”对话框。在“分类”列表框中选择“AP 元素”选项，此时可查看或修改层的默认属性，如图 7-17 所示。

“首选参数”对话框中各选项的作用如下。

显示：设置层的初始显示状态，在其下拉列表中包含以下几个选项。

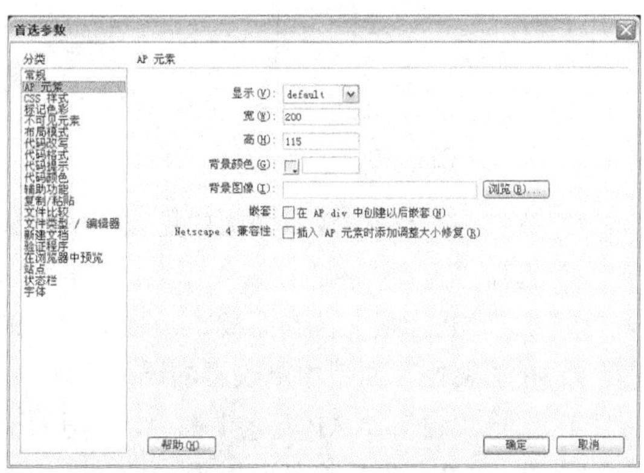

图 7-17

“default”选项：默认值，一般情况下，大多数浏览器都会默认为“inherit”。

“inherit”选项：继承父级层的显示属性。

“visible”选项：表示不管父级层是什么都显示层的内容。

“hidden”选项：表示不管父级层是什么都隐藏层的内容。

宽和高：定义层的默认大小。

背景颜色：设置层的默认背景颜色。

背景图像：设置层的默认背景图像。单击右侧的 浏览(B)... 按钮，可选择背景图像文件。

嵌套：设置在层出现重叠时，是否采用嵌套方式。

Netscape 4 兼容性：选择此选项，当插入层时，固定其大小。

4. AP 元素面板

通过“AP 元素”控制面板可以管理网页文档中的层。选择“窗口 >AP 元素”命令，调出“AP 元素”控制面板，如图 7-18 所示。

使用“AP 元素”控制面板可以防止层重叠，更改层的可见性，将层嵌套或层叠，以及选择一个或多个层。

5. 更改层的堆叠顺序

排版时常需要控制叠放在一起的不同网页元素的显示顺序，以实现特殊的效果，这可通过修改选定层的 Z 轴属性值实现。

层的显示顺序与 Z 轴值的顺序一致。Z 值越大，层的位置越靠上前。在“AP 元素”控制面板中按照堆叠顺序排列层的名称，如图 7-19 所示。

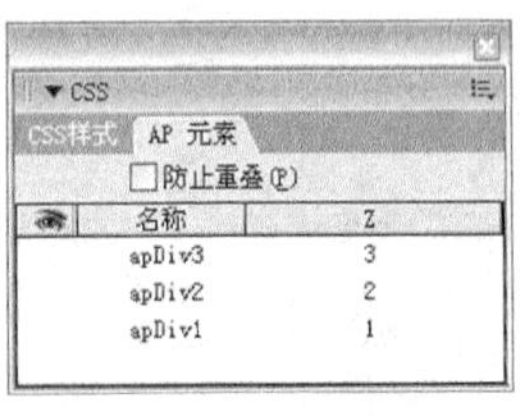

图 7-18

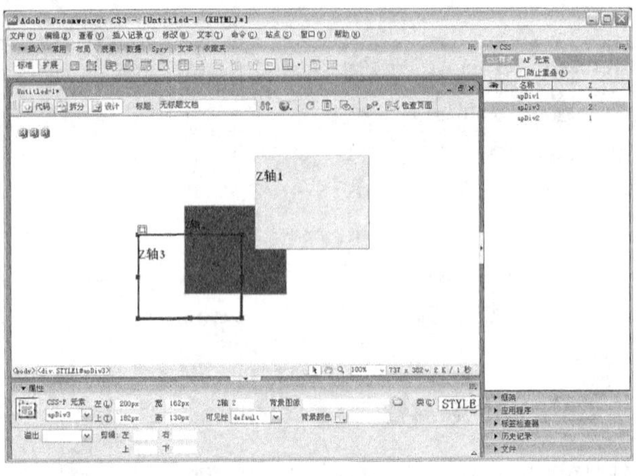

图 7-19

◎ **在“AP 元素”控制面板中更改层的堆叠顺序**

① 选择“窗口 >AP 元素”命令，调出“AP 元素”控制面板。

② 在“AP 元素”控制面板中，将层向上或向下拖曳至所需的堆叠位置。

◎ **在“属性”面板中更改层的堆叠顺序**

① 选择“窗口 >AP 元素”命令，调出“AP 元素”控制面板。

② 在“AP 元素”控制面板或文档窗口中选择一个层。

③ 在“属性”面板的“Z 轴”选项中输入一个更高或更低的编号，使当前层沿着堆叠顺序向

上或向下移动，效果如图 7-20 所示。

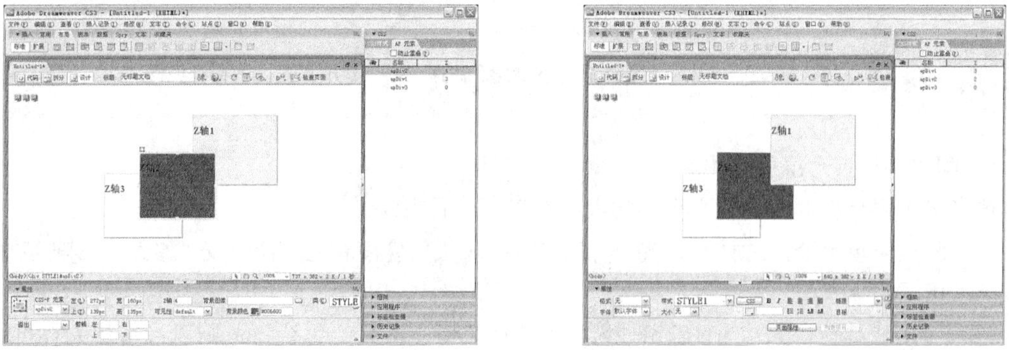

调整前　　　　调整后

图 7-20

6. 更改层的可见性

当处理文档时，可以使用“AP 元素”控制面板手动设置显示或隐藏层，来查看层在不同条件下的显示方式。更改层的可见性有以下两种方法。

（1）使用“AP 元素”控制面板更改层的可见性

选择“窗口 > AP 元素”命令，调出“AP 元素”控制面板。在层的眼形图标列内单击，可以更改其可见性，如图 7-21 所示。眼睛睁开表示该层是可见的，眼睛闭合表示该层是不可见的。如果没有眼形图标，该层通常会继承其父级的可见性。如果层没有嵌套，父级就是文档正文，而文档正文始终是可见的，因为此层默认是可见的。

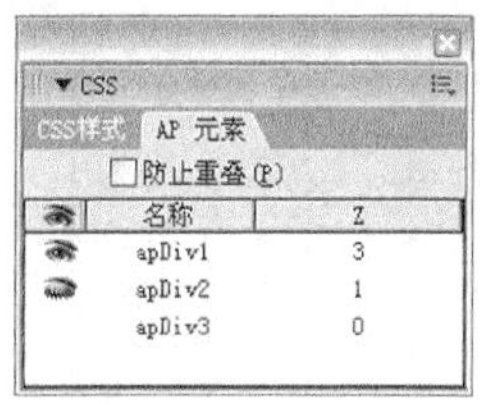

图 7-21

（2）使用“属性”面板更改层的可见性

选择一个或多个层，然后修改“属性”面板中的“可见性”选项。当选择“visible”选项时，则无论父级层如何设置都显示层的内容；当选择“hidden”选项时，则无论父级层如何设置都隐藏层的内容；当选择“inherit”选项时，则继承父级层的显示属性，若父级层可见则显示该层，若父级层不可见则隐藏该层。

提　示 当前选定层总是可见的，它在被选定时会出现在其他层的前面。

7. 调整层的大小

用户可以调整单个层的大小，也可以同时调整多个层的大小以使它们具有相同的宽度和高度。

◎ 调整单个层的大小

选择一个层后，调整层的大小有以下 4 种方法。

① 应用鼠标拖曳方式。拖曳该层边框上的任一调整柄到合适的位置。

② 应用键盘方式。同时按键盘上的方向键和<Ctrl>键可调整一个像素的大小。

③ 应用网格靠齐方式。同时按键盘上的方向键和<Shift+Ctrl>快捷键可按网格靠齐增量来调整大小。

④ 应用修改属性值方式。在“属性”面板中，修改“宽”和“高”的值。

提 示 调整层的大小会更改该层的宽度和高度，并不定义该层内容和可见性。

◎ **同时调整多个层的大小**

选择多个层后，同时调整多个层的大小有以下 3 种方法。

（1）应用菜单命令。选择“修改 > 排列顺序 > 设成宽度相同”命令或“修改 > 排列顺序 > 设成高度相同”命令。

（2）应用快捷键。按<Ctrl+Shift+7>组合键或<Ctrl+Shift+9>组合键，则以当前层为标准同时调整多个层的宽度或高度。

提 示 以当前层为基准，如图 7-22 所示。

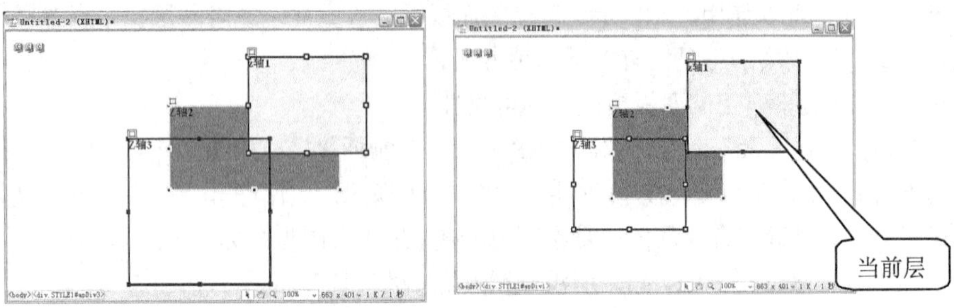

图 7-22

（3）应用修改属性值方式。选择多个层，然后在“属性”面板中修改“宽”和“高”的值。

8. 嵌套层

嵌套层指代码包含在另一个层中的层。嵌套通常用于将层组织在一起，嵌套层的形式如图 7-23 所示。

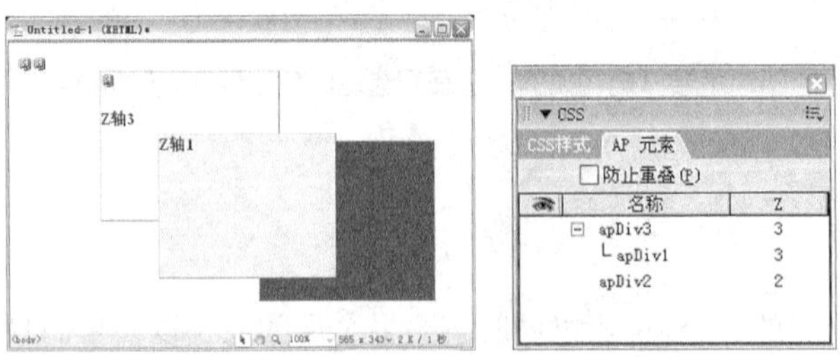

图 7-23

◎ **创建嵌套层**

创建嵌套层有以下 3 种方法。

① 应用菜单命令。将插入点放入现有层中，选择“插入记录 > 布局对象 >AP Div”命令。

② 应用按钮拖曳。拖曳“插入”面板中“布局”选项卡中的“绘制 AP Div”按钮，然后将其放在现有层中。

③ 应用按钮绘制。选择“编辑 > 首选参数”命令，弹出“首选参数”对话框，在“分类”列表框中选择“AP 元素”选项，在右侧勾选“在 AP div 中创建以后嵌套”复选框，如图 7-24 所示。单击“插入”面板中“布局”选项卡中的“绘制 AP Div”按钮，然后拖曳鼠标在现有层中绘制一个层，还可以按住<Ctrl>键的同时拖曳鼠标在现有层中绘制一个嵌套层。

提 示 在不同的浏览器中，嵌套层的外观可能会有所不同。在“AP 元素”控制面板中，单击⊞按钮或⊟按钮显示或隐藏嵌套的层，此时就可绘制出嵌套层。

◎ 将现有层嵌套在另一个层中

使用“AP 元素”控制面板，将现有层嵌套在另一个层中的具体操作步骤如下。

步骤 1 选择“窗口 >AP 元素”命令，调出“AP 元素”控制面板。

步骤 2 在“AP 元素”控制面板中选择一个层，然后按住<Ctrl>键的同时拖曳鼠标，将其移动到“AP 元素”控制面板的目标层上，当目标层的名称突出显示时，如图 7-25 所示，松开鼠标左键，即完成操作，效果如图 7-26 所示。

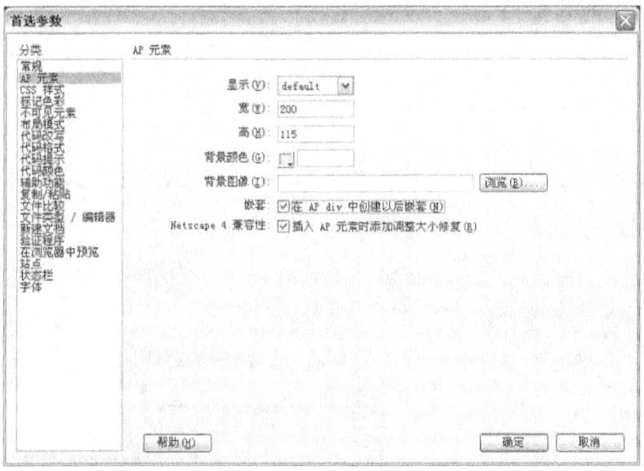

图 7-24

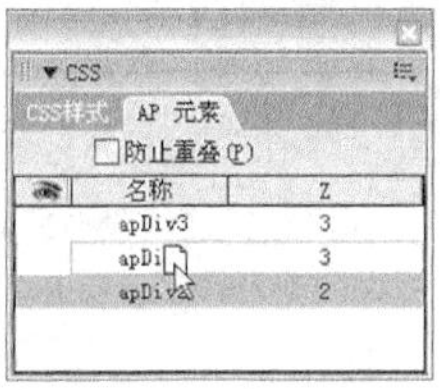

图 7-25

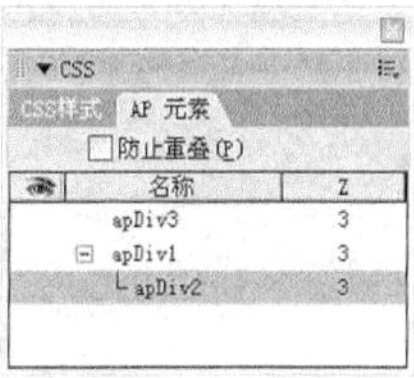

图 7-26

◎ 层嵌套的注意事项

嵌套层并不意味着一层位于另一层内的显示效果，嵌套层的本质是一层的 HTML 代码嵌套于另一层的 HTML 代码之内。可以用拖曳的方法判断两个或多个层是否嵌套，嵌套层随其父级层一起移动，并且继承其父级层的可见性。

9. 移动层

移动层的操作非常简单，可以按照在大多数图形应用程序中移动对象的相同方法在“设计”视图中移动层。移动一个或多个选定层有以下两种方法。

（1）拖曳选择柄来移动层

在“设计”视图中选择一个或多个层，然后拖曳当前层（蓝色突出显示）的选择柄，移动选定层的位置，如图 7-27 所示。

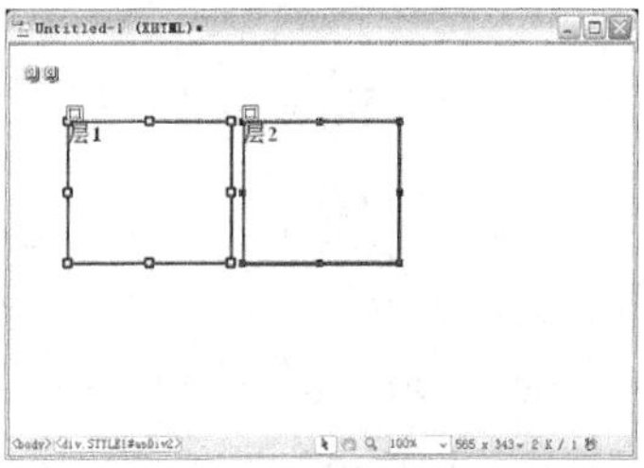

图 7-27

（2）移动一个像素来移动层

在“设计”视图中选择一个或多个层，然后按住<Shift>键的同时按方向键，则按当前网格靠齐增量来移动选定层的位置。

提 示 如果已勾选“AP 元素”控制面板中的“防止重叠”复选框，那么在移动层时将无法使层相互重叠。

10. 对齐层

使用层对齐命令，以当前层的边框为基准对齐一个或多个层。当对选定层进行对齐时，未选定的子层可能会因为其父层被选定并移动而随之移动。为了避免这种情况，不要使用嵌套层。对齐两个或更多个层有以下两种方法。

（1）应用菜单命令对齐层

在文档窗口中选择多个层，然后选择“修改 > 排列顺序”命令，在其子菜单中选择一个对齐选项。例如，选择“上对齐”选项，则所有层都会按当前层的上边框对齐，如图 7-28 所示。

提 示 对齐以当前层（蓝色突出显示）为基准。

（2）应用“属性”面板对齐层

在文档窗口中选择多个层，然后在“属性”面板的“上”选项中输入具体数值，则以多个层的上边线相对于页面顶部的位置来对齐，如图 7-29 所示。

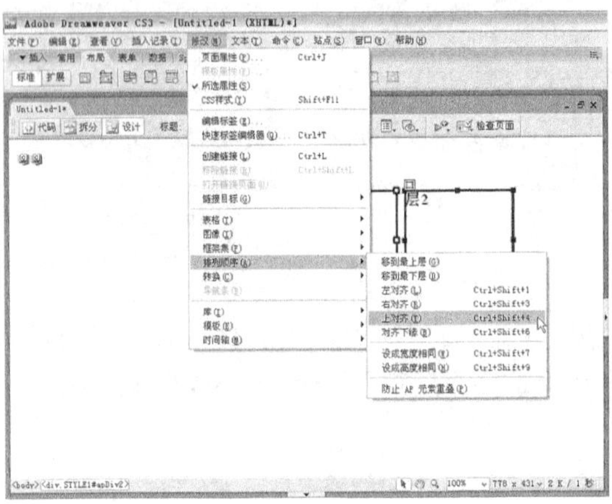

图 7-28

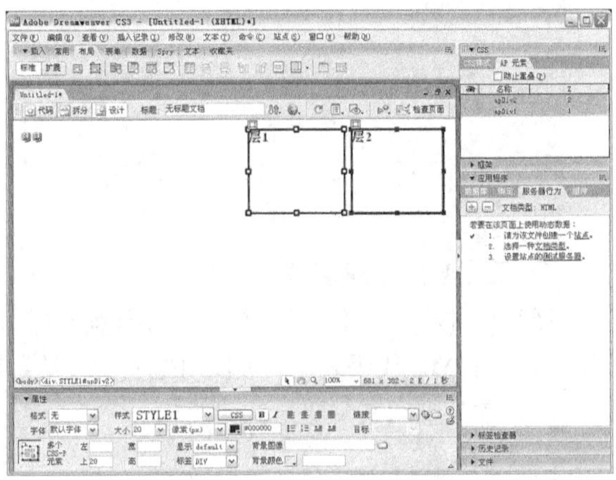

图 7-29

11. 层靠齐到网格

在移动网页元素时可以让其自动靠齐到网格，还可以通过指定网格设置来更改网格或控制靠齐行为。无论网格是否可见，都可以使用靠齐。

应用 Dreamweaver CS3 中的靠齐功能，层与网格之间的关系如铁块与磁铁之间的关系。层与网格线之间靠齐的距离是可以设定的。

◎ **层靠齐到网格**

选择“查看 > 网格设置 > 靠齐到网格”命令，选择一个层并拖曳它，当靠近网格线一定距离时，该层会自动跳到最近的靠齐位置，如图 7-30 所示。

◎ **更改网格设置**

选择“查看 > 网格设置 > 网格设置”命令，弹出“网格设置”对话框，如图 7-31 所示，根据需要完成设置后，单击“确定”按钮。

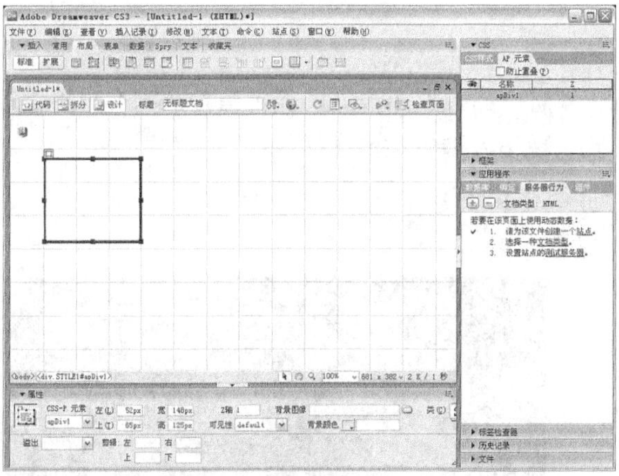

图 7-30

图 7-31

“网格设置”对话框中各选项的作用如下。

颜色：设置网格线的颜色。

显示网格：使网格在文档窗口的“设计”视图中可见。

靠齐到网格：使页面元素靠齐到网格线。

间隔：设置网格线的间距。

显示：设置网格线是显示为线条还是显示为点。

7.1.5 【实战演练】——数码科技前线网页

使用“绘制 AP div”按钮绘制层，使用“属性”面板改变文字的字体、大小和颜色，使用“编辑”命令制作阴影文字效果。（最终效果参看光盘中的“Ch07 > 效果 > 数码科技前线网页 > index.html”，如图 7-32 所示。）

图 7-32

7.2 现代家居购物网页

7.2.1 【案例分析】

现代家居购物网页的功能是向客户展示家居产品，发布产品的促销信息，为客户提供线上咨询。设计网页时要注意家居产品的特色，要表现出温馨舒适的家居氛围。

7.2.2 【设计理念】

在网页设计、制作过程中，左上角的标志和导航栏的设计简洁明快，方便用户浏览和交换信息。在背景处理上挑选了最具现代感的家居图片和文字的结合，营造出优美的空间氛围，从而有效地提高产品销量。在界面的右下方放置了风格独特的家居设计图，有利于用户参考实际家居环境中的家居用品布置情况。(最终效果参看光盘中的“Ch07 > 效果 > 现代家居购物网页 > index.html”，如图 7-33 所示。)

图 7-33

7.2.3 【操作步骤】

步骤 1 选择“文件 > 打开”命令，在弹出的对话框中选择光盘中的“Ch07 > clip >现代家居购物网页> index.html”文件，单击“打开”按钮打开文件，如图 7-34 所示。

步骤 2 选择“修改 > 转换 > 将表格转换为 AP Div”命令，弹出“将表格转换为 AP Div”对话框，在弹出的对话框中进行设置，如图 7-35 所示。

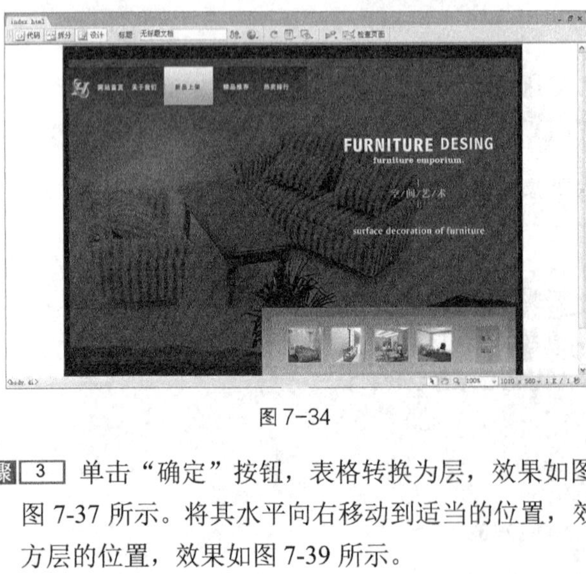

图 7-34

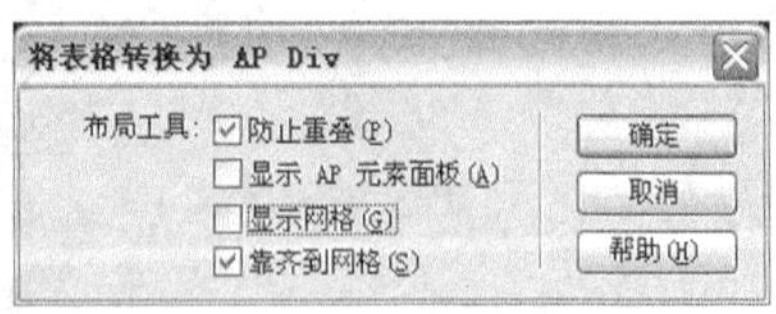

图 7-35

步骤 3 单击“确定”按钮，表格转换为层，效果如图 7-36 所示。选中文档窗口上方的层，如图 7-37 所示。将其水平向右移动到适当的位置，效果如图 7-38 所示。用相同的方法移动下方层的位置，效果如图 7-39 所示。

图 7-36

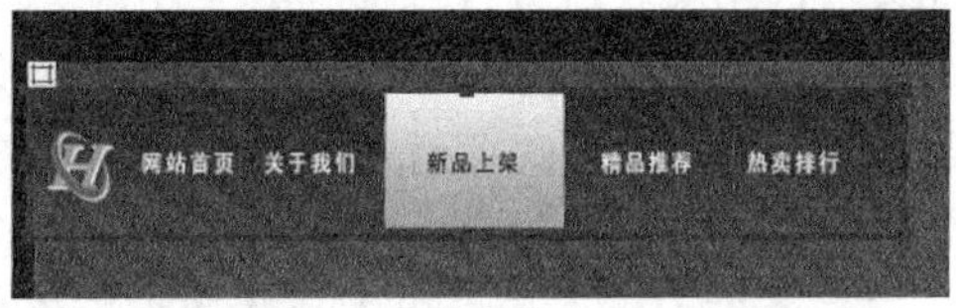

图 7-37

图 7-38

图 7-39

步骤 4 保存文档，按<F12>键预览效果，如图 7-40 所示。

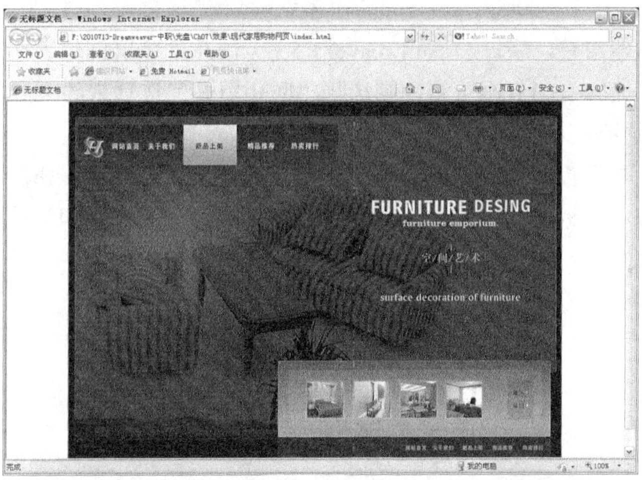

图 7-40

7.2.4 【相关工具】

1. 将 AP Div 转换为表格

◎ 将 AP Div 转换为表格

如果使用层创建布局的网页要在较早的浏览器中进行查看，需要将 AP Div 转换为表格。选择“修改 > 转换 > 将 AP Div 转换为表格”命令，弹出“将 AP Div 转换为表格”对话框，如图 7-41 所示。根据需要完成设置后，单击“确定”按钮。

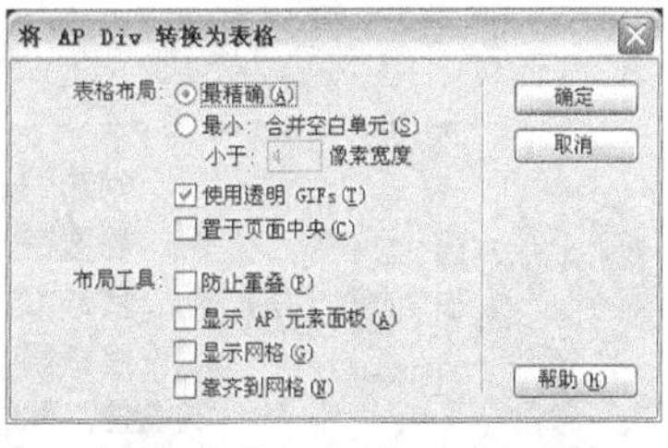

图 7-41

“将 AP Div 转换为表格”对话框中各选项的作用如下。

“表格布局”选项组：

最精确：为每个层创建一个单元格，并附加保留层之间的空间所必需的任何单元格。

最小：折叠空白单元格设置。如果层定位在设置数目的像素内，则层的边缘应对齐。如果选择此选项，结果表格将包含较少的空行和空列，但可能不与页面布局精确匹配。

使用透明 GIF：用透明的 GIF 填充表的最后一行，这将确保该表在所有浏览器中以相同的列宽显示。但当启用此选项后，不能通过拖动表列来编辑结果表格。当禁用此选项后，结果表格将不包含透明 GIF，但不同的浏览器可能会出现不同的列宽。

置于页面中央：将结果表格放置在页面的中央。如果禁用此选项，表格将与页面的左边缘对齐。

“布局工具”选项组：

防止层重叠：Dreamweaver CS3 无法从重叠层创建表格，所以一般选择此复选框，防止层重叠。

显示 AP 元素面板：设置是否显示层属性面板。

显示网格：设置是否显示辅助定位的网格。

靠齐到网格：设置是否启用靠齐到网格功能。

◎ **防止层重叠**

因为表单元格不能重叠，所以 Dreamweaver CS3 无法从重叠层创建表格。如果要将一个文档中的层转换为表格以兼容 IE 3.0 浏览器，则选择“防止重叠”选项来约束层的移动和定位，使层不会重叠。防止层重叠有以下两种方法。

① 选择“AP 元素”控制面板中的“防止重叠”复选框，如图 7-42 所示。

② 选择“修改 > 排列顺序 > 防止 AP 元素重叠”命令，如图 7-43 所示。

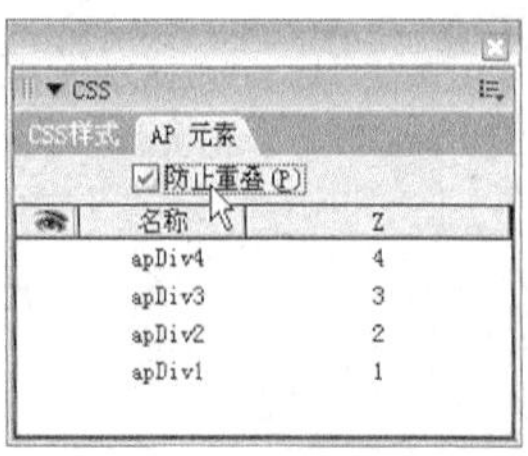

图 7-42

图 7-43

提　示 勾选“防止层重叠”复选框后，Dreamweaver CS3 不会自动修正页面上现有的重叠层，需要在“设计”视图中手工拖曳各重叠层，以使其分离。即使选择了“防止层重叠”复选框，因某些操作也会导致层重叠。例如，使用“插入”菜单插入一个层，在属性检查器中输入数字，或者通过编辑 HTML 源代码来重定位层，这些操作都会导致层重叠。此时，需要在“设计”视图中手工拖曳各重叠层，以使其分离。

2. 将表格转换为 AP Div

当不满意页面布局时，就需要对其进行调整，但层布局要比表格布局调整起来方便，所以需要将表格转换为 AP Div。若将表格转换为 AP Div，则选择“修改 > 转换 > 将表格转换为 AP Div”命令，弹出“将表格转换为 AP Div”对话框，如图 7-44 所示。根据需要完成设置后，单击“确定”按钮。

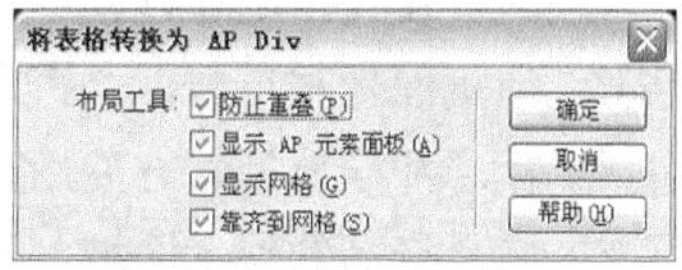

图 7-44

“将表格转换为 AP Div”对话框中各选项的作用如下。

防止重叠：用于防止 AP 元素重叠。

显示 AP 元素面板：设置是否显示“AP 元素”控制面板。

显示网格：设置是否显示辅助定位的网格。

靠齐到网格：设置是否启用“靠齐到网格”功能。

一般情况下，空白单元格不会转换为 AP Div，但具有背景颜色的空白单元格除外。将表格转换为 AP Div 时，位于表格外的页面元素也会被放入层中。

提　示 不能转换单个表格或层，只能将整个网页的层转换为表格或将整个网页的表格转换为层。

7.2.5 【实战演练】——数码科技前线网页

使用“将表格转换为 AP Div”命令将表格转换为层，移动层，使页面变得美观。（最终效果参看光盘中的“Ch07 > 效果 > 传统节日网页 > index.html”，如图 7-45 所示。）

图 7-45

7.3 礼品盒专卖网页

7.3.1 【案例分析】

在生活中，我们经常会收到亲友赠送的各种礼物，这些珍贵的礼物是我们生活的真实见证和美好回忆。选择一款精美的礼品盒，是一个非常好的收藏和整理礼物的方法。“礼品盒专卖网页”是一个购物网站，着重介绍了礼品盒的最新产品和相关信息。通过产品的展示，使礼品盒专卖网得到最佳的宣传效果。

7.3.2 【设计理念】

在网页设计、制作过程中，背景采用紫色系的色彩，使页面优雅清新，令人印象深刻。上方区域包括了标志和导航栏，方便用户查找和发布信息。下方区域是产品的展示区域，是以幻灯片的方式出现，便于用户浏览。整个网页设计时尚浪漫，典雅别致。（最终效果参看光盘中的“Ch07 > 效果 > 礼品盒专卖网页 > index.html”，如图 7-46 所示。）

图 7-46

7.3.3 【操作步骤】

步骤 1 选择“文件 > 打开”命令，在弹出的对话框中选择光盘中的“Ch07 > clip >礼品盒专卖网页> index.html”文件，单击“打开”按钮打开文件，如图 7-47 所示。

步骤 2 单击“插入 > 布局”面板上的“绘制 AP Div”按钮，在页面中拖曳鼠标绘制出一个矩形层，如图 7-48 所示。

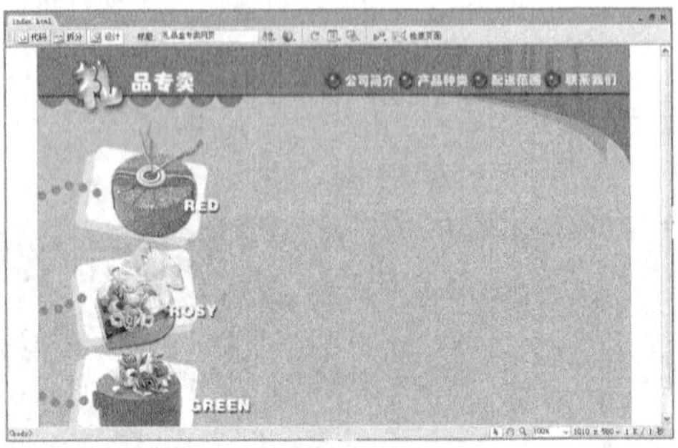

图 7-47

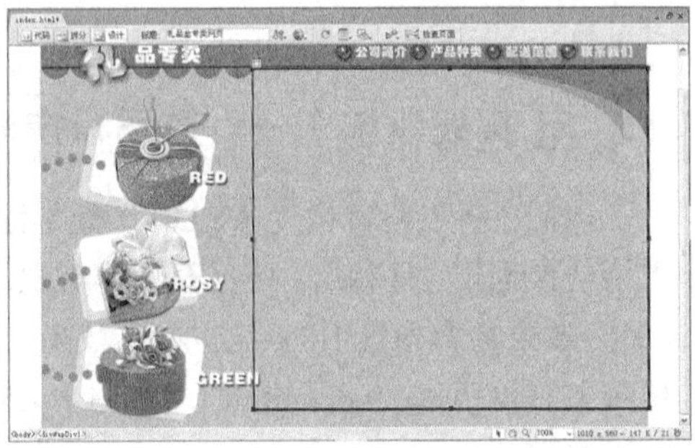

图 7-48

步骤 3 将鼠标指针置入层中，单击“插入 > 常用”面板中的“图像”按钮，弹出“选择图像源文件”对话框，选择光盘中“Ch07 > clip >礼品盒专卖网页> images”文件夹中的“01.png”文件，单击“确定”按钮完成图片的插入，效果如图 7-49 所示。

步骤 4 按<Alt+F9>组合键，弹出“时间轴”面板，选中层中的图像，将图像直接拖曳到“时间轴”面板中，然后释放鼠标，添加一个图像的动画条，把最后一帧扩展到第 30 帧，效果如图 7-50 所示。

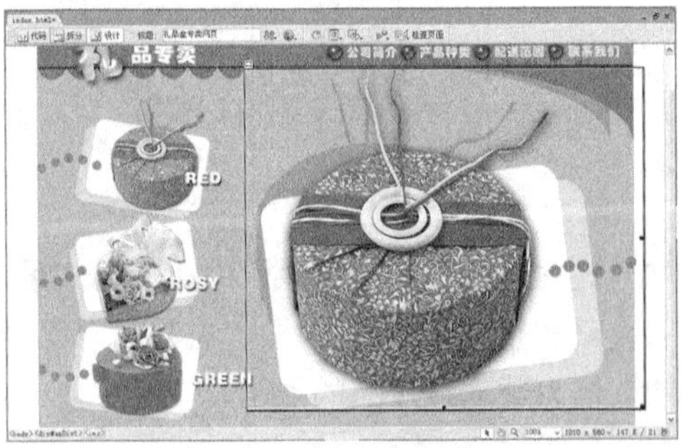

图 7-49

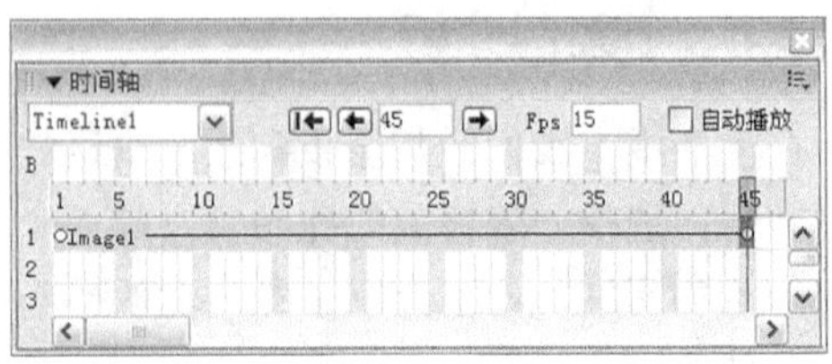

图 7-50

步骤 5 在“时间轴”面板中，按住 Ctrl 键的同时，分别在第 15 帧、第 30 帧处单击鼠标添加关键帧，效果如图 7-51 所示。

步骤 6 选中第 15 帧，单击“属性”面板中“源文件”选项右侧的“浏览文件”按钮，弹出“选择图像源文件”对话框，选择光盘中“Ch07 > clip >礼品盒专卖网页> images”文件夹中的“02.png”文件，单击“确定”按钮在层中插入图像，效果如图 7-52 所示。

步骤 7 选中第 30 帧，单击“属性”面板中“源文件”选项右侧的“浏览文件”按钮，弹出“选择图像源文件”对话框，选择光盘中“Ch07 > clip >礼品盒专卖网页> images”文件夹中的“03.png”文件，单击“确定”按钮在层中插入图像，效果如图 7-53 所示。

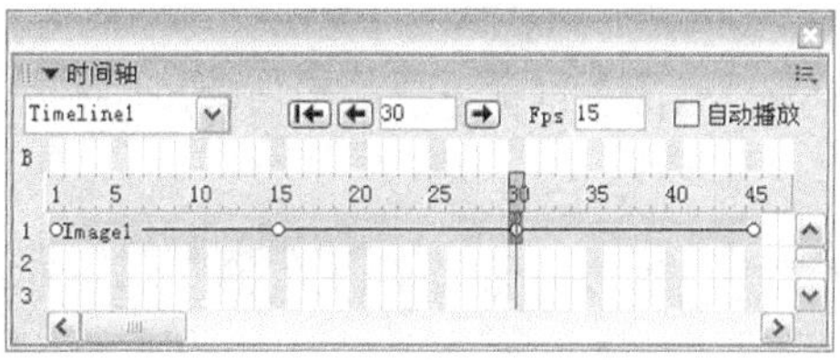
图 7-51

图 7-52

图 7-53

步骤 8 在“时间轴”面板中，勾选“自动播放”和“循环”复选框，如图 7-54 所示。

步骤 9 保存文档，按<F12>键预览效果，如图 7-55 所示。

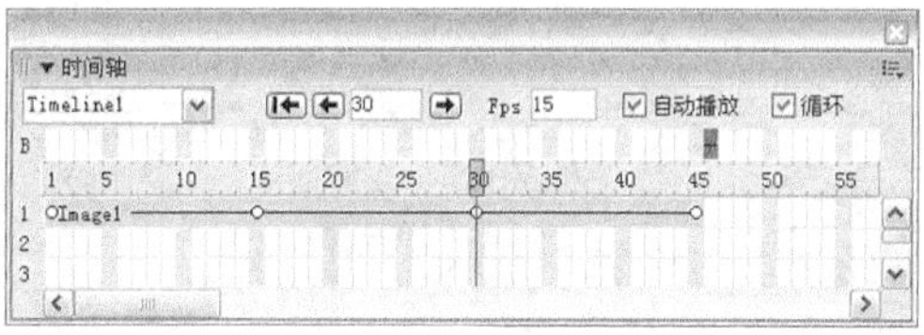
图 7-54

图 7-55

7.3.4 【相关工具】

1. “时间轴”面板

“时间轴”面板用于显示层与图像随时间变化的属性。选择“窗口 > 时间轴”命令，弹出“时间轴”面板，如图 7-56 所示。

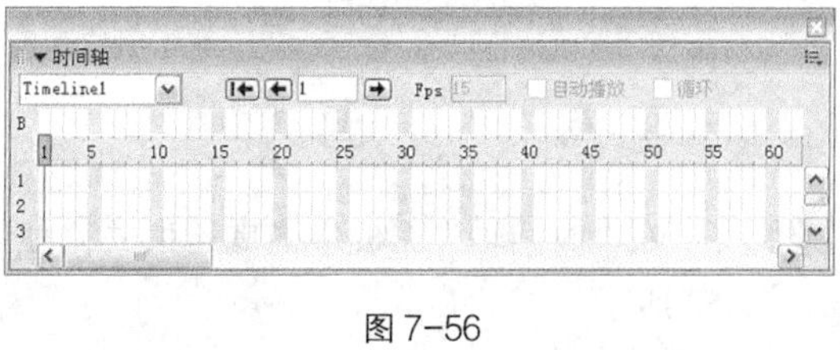
图 7-56

“时间轴”面板中各选项的作用如下。

时间轴下拉列表：指定当前时间轴。

“回退”按钮：移动播放头到时间轴的第 1 帧。

“后退”按钮：将播放头向左移动一帧。

“播放”按钮：将播放头向右移动一帧。

FPS：设置每秒钟播放的帧数。

自动播放：使时间轴在当前页面读入浏览器后自动开始播放。当选择此复选框后，会附加一个行为到页面的<body>标签，该行为在页面读入浏览器后选择播放时间轴动作。

循环：使时间轴在当前页面读入浏览器后进行无限循环播放。

“动画”通道：显示层和图像的动画条。

“行为”通道：为时间轴上的某帧添加行为的通道。

帧序号：表示帧数的编号。

播放头：显示当前网页上动画的当前播放帧。

动画条：显示每个对象的动画持续时间。

关键帧：描绘动画的起始帧和结束帧，一般情况下，通过修改关键帧上层或图像的属性来实现动画效果。

2. 使用时间轴移动层

最常见的时间轴动画都涉及沿着一条轨迹移动层。时间轴只能移动层，若要使图像或文本移动，必须先创建一个层，然后在该层中插入图像、文本或其他任何类型的内容。使用时间轴制作层动画的具体操作步骤如下。

步骤 1 创建一个层，并在层中插入一张图片，如图 7-57 所示。

步骤 2 选择“窗口 > 时间轴”命令，调出“时间轴”面板。

步骤 3 选中当前创建的层，将层拖曳到“时间轴”面板中适当的帧序号处。

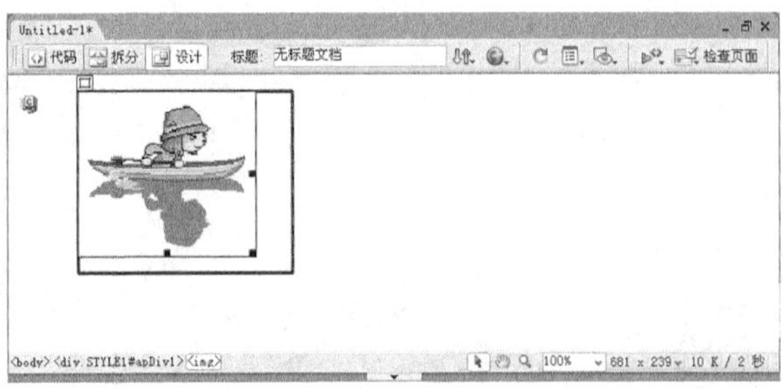

图 7-57

添加对象到“时间轴”面板有以下几种方法。

① 将层直接拖曳到“时间轴”面板中，然后释放鼠标。

② 单击“时间轴”面板右上角的按钮，在弹出的菜单中选择“添加对象”命令。

③ 选择“修改 > 时间轴 > 增加对象到时间轴”命令。

④ 在“时间轴”面板中单击鼠标右键，在弹出的快捷菜单中选择“添加对象”命令。

此时，一个动画条出现在时间轴的第一个通道中，层的名字出现在动画条中，如图 7-58 所示。

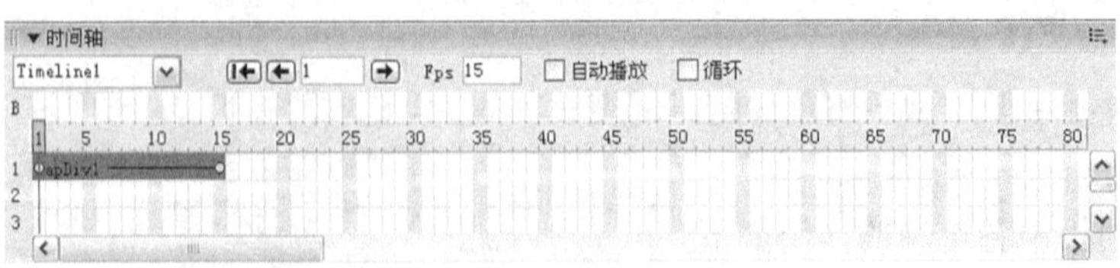

图 7-58

步骤 4 在“时间轴”面板中拖曳结束关键帧到适当的帧序号处，以确定动画的播放时间，如图 7-59 所示。

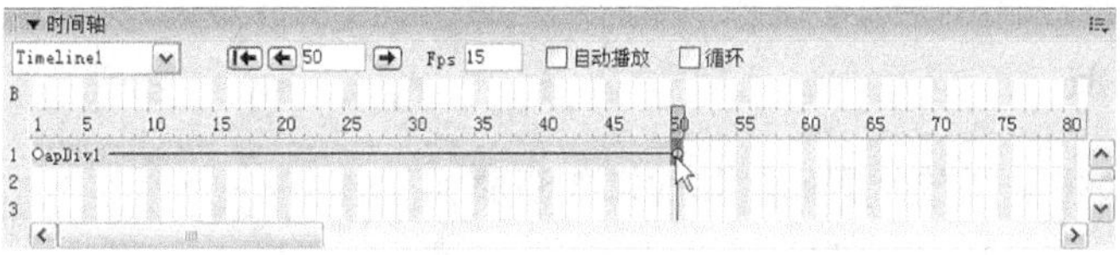

图 7-59

步骤 5 选定结束关键帧，在页面中拖曳层到动画的结束位置，这时，一条直线出现在文档窗口中，显示动画运动的路径，如图 7-60 所示。

步骤 6 若要制作曲线轨迹的动画，需要在时间轴上添加关键帧。按住<Ctrl>键的同时在时间轴适当帧序号处单击鼠标，然后在网页中拖曳层到适当的位置即可，效果如图 7-61 所示。

步骤 7 用鼠标按住“时间轴”面板中的“播放”按钮➡不放，在页面中预览动画效果，可以看到层以曲线方式运动。

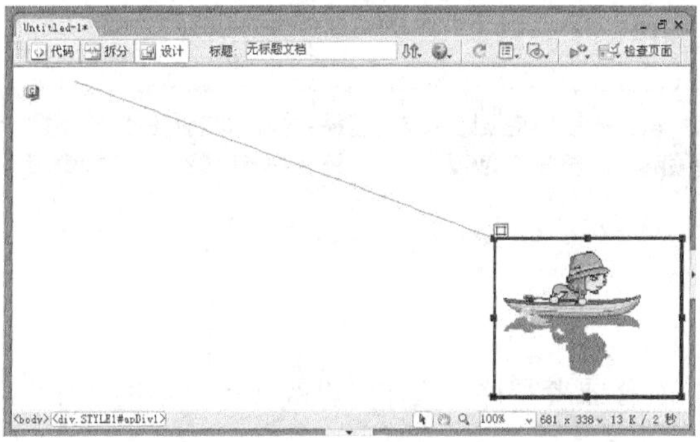

图 7-60

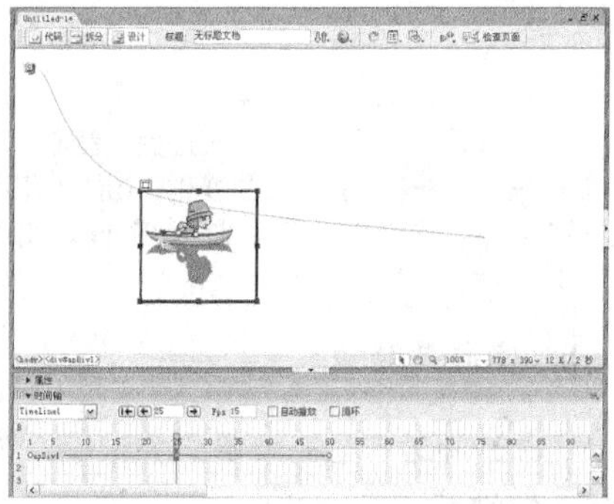

图 7-61

3. 录制层路径

如果想制作沿任意轨迹运动的动画，可以使用“录制层路径”命令，具体操作步骤如下。

步骤 1 在文档中插入一个层，并在层中插入一张图片。将层移动至它在动画开始时应处于的位置，并将层拖曳到“时间轴”面板中适当的帧序号处。

步骤 2 选择“修改 > 时间轴 > 录制 AP 元素路径”命令，在文档中拖曳该层，拖曳的轨迹为层运动的路径，如图 7-62 所示。

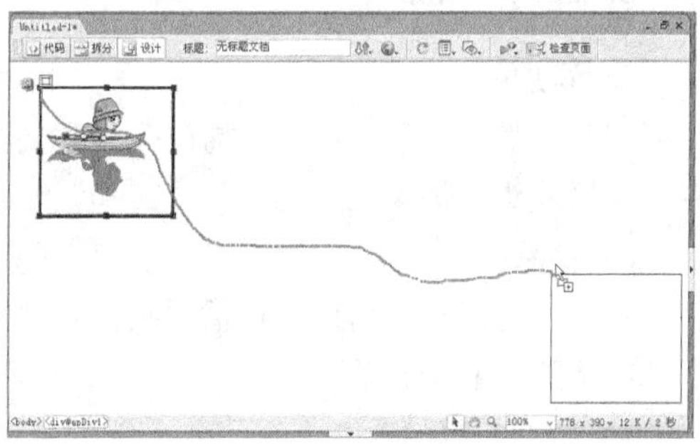

图 7-62

步骤 3 在动画停止的地方释放鼠标，“时间轴”面板中将自动添加对象，并且较为合理地创建了一定数目的关键帧，如图 7-63 所示。

步骤 4 用鼠标按住“时间轴”面板中的“播放”按钮➡不放，在页面中预览动画。

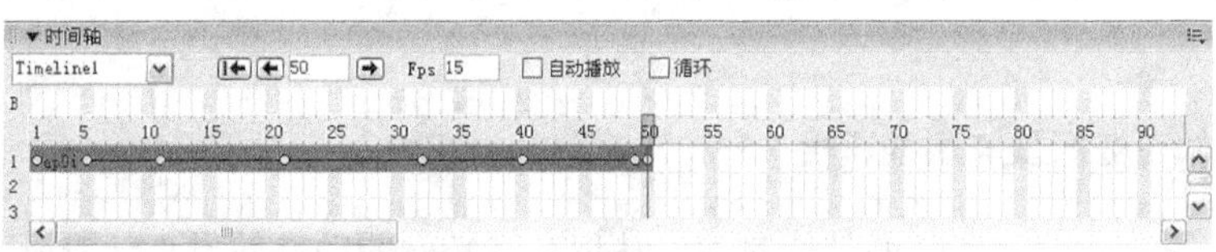

图 7-63

4. 控制动画播放

修改动画在网页中的播放时间，具体的操作步骤如下。

步骤 1 打开一个动画的“时间轴”面板。

步骤 2 在“时间轴”面板中拖曳第一帧或者最后一个关键帧，可以改变整个动画的播放时间。当选中最后一个关键帧时，向右拖曳是增加播放时间，向左拖曳是缩短播放时间，如图 7-64 所示。

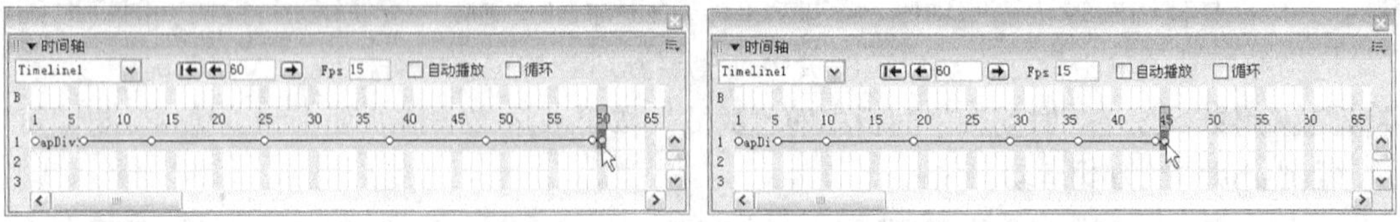

图 7-64

提 示 在拖曳过程中，动画中的所有关键帧都将按比例发生位移，但彼此之间的位置不会发生变化。如果不想让各关键帧随着总长度的变化而变化，只要在拖曳最后一个关键帧时按住<Ctrl>键即可。

5. 修改关键帧

在“时间轴”面板中单击关键帧，然后将其右移或者左移，这样可以改变关键帧的发生时间，其他关键帧并不发生改变。

要移动整个动画路径的位置，首先应选择整个动画条，然后在页面上拖动对象。Dreamweaver CS3 可以调整所有关键帧的位置，对整个选择的动画条所做的任何类型的改变都将改变所有的关键帧。

6. 添加、删除帧

◎ 添加帧

打开“时间轴”面板，将播放头移到要添加帧的位置，选择“修改 > 时间轴 > 添加帧”命令，在播放头右侧加入一帧。

◎ 移除帧

打开“时间轴”面板，将播放头移到要删除帧的位置，选择“修改 > 时间轴 > 移除帧”命令，在播放头右侧删除一帧。

◎ 增加关键帧

选择整个动画条，选择“修改 > 时间轴 > 增加关键帧”命令，在当前的播放头位置加入关键帧。

◎ 移除关键帧

选中要删除的关键帧，选择“修改 > 时间轴 > 移除关键帧”命令，将当前选中的关键帧删除。

7. 用时间轴改变图像与层的属性

时间轴也可以更改层和图像的其他属性，从而实现特殊的动态效果。一般情况下，可修改层的可见性、大小、层叠顺序或图像的源文件属性选项来实现幻灯片和图像逐渐显示的效果。

7.3.5 【实战演练】——美容护肤网页

使用“绘制 AP Div 按钮”绘制层，使用“图像”按钮插入图像，使用“时间轴”面板和“记录 AP 元素的路径”命令制作花瓣下落效果。（最终效果参看光盘中的“Ch07 > 效果 > 美容护肤网页 > index.html”，如图 7-65 所示。）

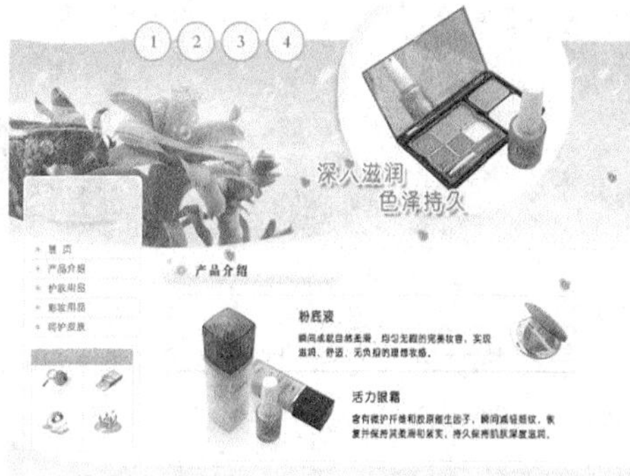

图 7-65

7.4 综合演练——无公害水果网页

使用“绘制 AP Div”按钮绘制层，使用“时间轴”面板和“添加关键帧”命令制作幻灯片效果。（最终效果参看光盘中的“Ch07 > 效果 > 无公害水果网页 > index.html”，如图 7-66 所示。）

图 7-66

7.5 综合演练——数码世界网页

使用“绘制 AP Div”按钮绘制层，使用“属性”面板改变文字的字体、大小和颜色。（最终效果参看光盘中的“Ch07 > 效果 > 数码世界网页 > index.html”，如图 7-67 所示。）

图 7-67

第8章 CSS 样式

层叠样式表（CSS）是 W3C 组织批准的一个辅助 HTML 设计的新特性，能保持整个 HTML 的统一外观。CSS 的功能强大、操作灵活，用 CSS 改变一个文件就可以改变数百个文件的外观，而且个性化的表现更能吸引访问者。

课堂学习目标

- CSS 样式的概念
- CSS 样式
- 样式的类型与创建
- 编辑样式
- CSS 的属性
- 过滤器

8.1 儿童教育网页

8.1.1 【案例分析】

对儿童进行德育、智育、体育等方面的培养和训练，是提高人口素质的重要环节。本例将制作儿童教育网页，在设计上希望体现出活泼欢快、寓教于乐的气氛。

8.1.2 【设计理念】

在网页设计、制作过程中，背景采用嫩绿色，表现出儿童茁壮成长和积极向上的精神。画面中的树寓意着有了深厚的根基，才能勇往直前，前途光明。导航栏放置在页面的上方，方便用户浏览和切换。下方是智力开发菜单和相关信息，便于广大家长学习和掌握培养孩子、教育孩子的科学知识。（最终效果参看光盘中的“Ch08 > 效果 > 儿童教育网页 > index.html”，如图 8-1 所示。）

图 8-1

8.1.3 【操作步骤】

步骤 1 选择“文件 > 打开”命令，在弹出的菜单中选择光盘中的“Ch08 > clip >儿童教育网页 > index.html”文件，单击“打开”按钮打开文件，如图 8-2 所示。

步骤 2 选择“窗口 > CSS 样式”命令，调出“CSS 样式”面板，单击面板下方的“附加样式表”按钮，弹出“链接外部样式表”对话框，单击“文件/URL”选项右侧的“浏览”按钮，在弹出的“选择样式表文件”对话框中选择光盘中“Ch08 > clip >儿童教育网页”文件夹下的“css.css”文件，单击“确定”按钮，返回到对话框中，其他选项的设置如图 8-3 所示。

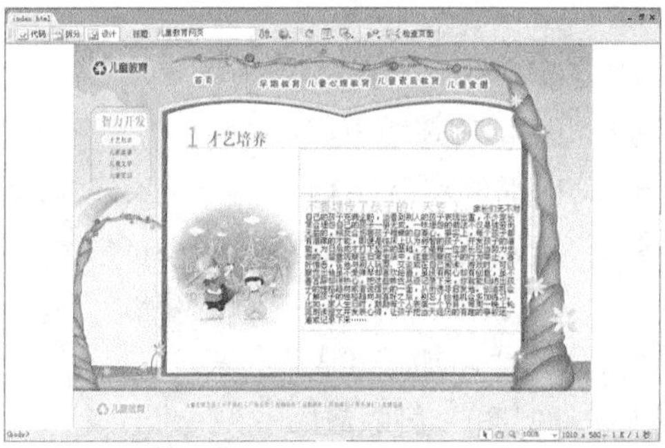

图 8-2

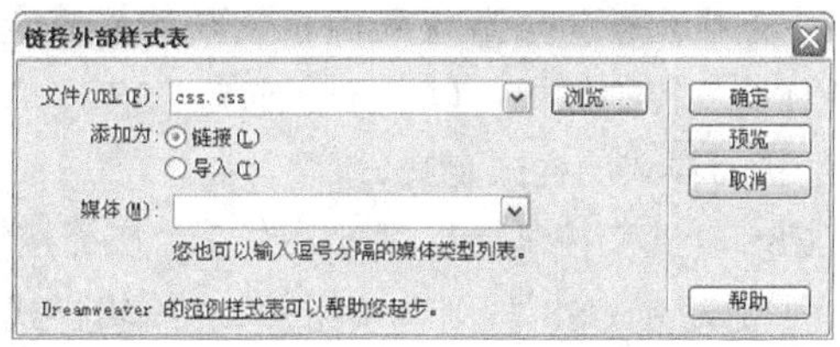

图 8-3

步骤 3 单击“确定”按钮，“CSS 样式”面板如图 8-4 所示。窗口中的文字发生了变化，效果如图 8-5 所示。

步骤 4 保存文档，按<F12>键预览效果，如图 8-6 所示。

图 8-4

图 8-5

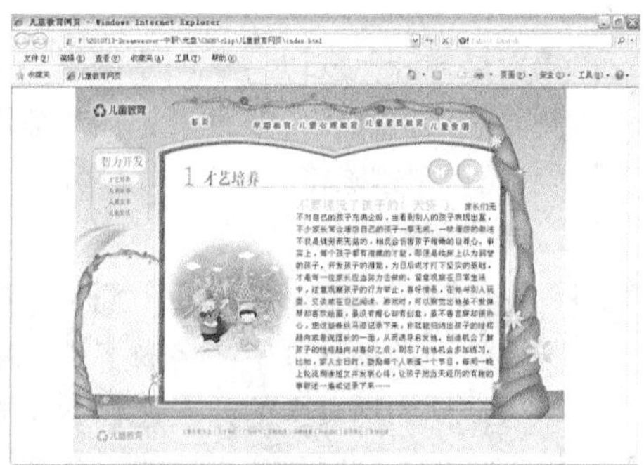

图 8-6

8.1.4 【相关工具】

1. CSS 样式的概念

CSS 是 Cascading Style Sheet 的缩写，一般译为“层叠样式表”或“级联样式表”。层叠样式表是对 HTML3.2 之前版本语法的变革，将某些 HTML 标签属性简化。例如，要将一段文字的大小变成 36 像素，在 HTML3.2 中写成“<p><font size="36">文字的大小</font></p>”，标签的层层嵌套使 HTML 程序臃肿不堪，而用层叠样式表可简化 HTML 标签属性，写成“<p style="font-size:36px">文字的大小</p>”即可。

层叠样式表是 HTML 的一部分，它将对象引入到 HTML 中，可以通过脚本程序调用和改变对象的属性，从而产生动态效果。例如，当鼠标指针放到文字上时，文字的字号变大，用层叠样式表写成“<p onMouseOver="className='aa'">动态文字</p>”即可。

2. “CSS 样式”控制面板

使用“CSS 样式”控制面板可以创建、编辑和删除 CSS 样式，并且可以将外部样式表附加到文档中。

◎ **打开“CSS 样式”控制面板**

调出“CSS 样式”控制面板有以下两种方法。

① 选择“窗口 > CSS 样式”命令。

② 按<Shift+F11>组合键。

“CSS 样式”控制面板如图 8-7 所示，它由样式列表和底部的按钮组成。样式列表用于查看与当前文档相关联的样式定义以及样式的层次结构。“CSS 样式”控制面板可以显示自定义 CSS 样式、重定义的 HTML 标签和 CSS 选择器样式的样式定义。

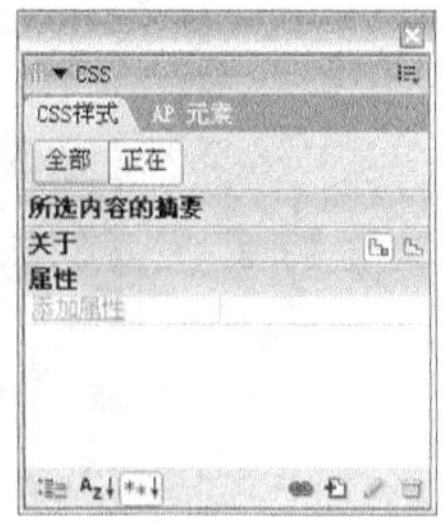

图 8-7

“CSS 样式”控制面板底部共有 4 个快捷按钮，分别为“附加样式表”按钮、“新建 CSS 规则”按钮、“编辑样式表”按钮和“删除嵌入样式表”按钮，它们的含义如下。

“附加样式表”按钮：用于将创建的任何样式表附加到页面或复制到站点中。

“新建 CSS 规则”按钮：用于创建自定义 CSS 样式、重定义的 HTML 标签和 CSS 选择器样式。

“编辑样式表”按钮：用于编辑当前文档或外部样式表中的任何样式。

“删除嵌入样式表”按钮：用于删除“CSS 样式”控制面板中所选的样式，并从应用该样式的所有元素中删除格式。

◎ **样式表的功能**

层叠样式表是 HTML 格式的代码，浏览器处理起来速度比较快。样式表的功能归纳如下。

① 灵活地控制网页中文字的字体、颜色、大小、位置、间距等。

② 方便地为网页中的元素设置不同的背景颜色和背景图片。

③ 精确地控制网页各元素的位置。

④ 为文字或图片设置滤镜效果。

⑤ 与脚本语言结合制作动态效果。

3. CSS 样式的类型

层叠样式表是一系列格式规则，它们控制网页各元素的定位和外观，实现 HTML 无法实现的效果。在 Deamweaver CS3 中可以运用的样式分为重定义 HTML 标签样式、CSS 选择器样式和自定义样式 3 类。

◎ **重定义 HTML 标签样式**

重定义 HTML 标签样式是对某一 HTML 标签的默认格式进行重定义，从而使网页中的所有该标签的样式都自动跟着变化。例如，重新定义表格的边框线是红色中粗线，则页面中所有表格的边框都会自动被修改。原来表格的效果如图 8-8 所示，重定义 table 标签后的效果如图 8-9 所示。

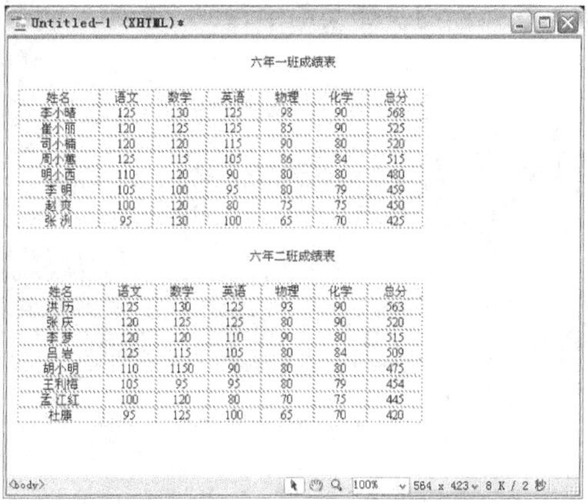

图 8-8

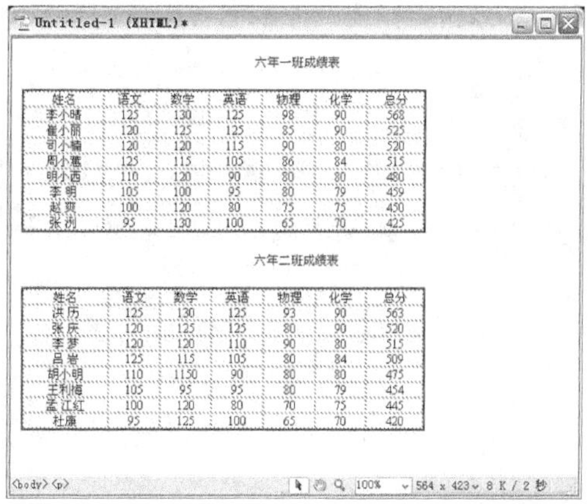

图 8-9

◎ CSS 选择器样式

使用 CSS 选择器对用 ID 属性定义的特定标签应用样式。一般网页中某些特定的网页元素使用 CSS 选择器定义样式。例如，设置 ID 为 HH 行的背景色为黄色，如图 8-10 所示。

◎ 自定义样式

先定义一个样式，然后选择不同的网页元素应用此样式。一般情况下，自定义样式与脚本程序配合改变对象的属性，从而产生动态效果。例如，多个表格的标题行的背景色均设置为蓝色，如图 8-11 所示。

4. 创建重定义 HTML 标签样式

当重新定义某 HTML 标签默认格式后，网页中的该 HTML 标签元素都会自动变化。因此，当需要修改网页中某 HTML 标签的所有样式时，只需重新定义该 HTML 标签样式即可。

◎ 打开“新建 CSS 规则”对话框

打开如图 8-12 所示的“新建 CSS 规则”对话框，有以下 5 种方法。

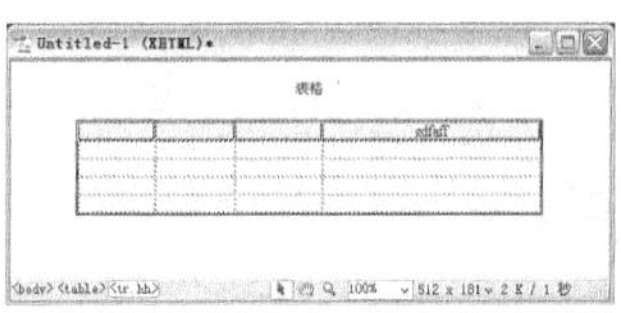

图 8-10

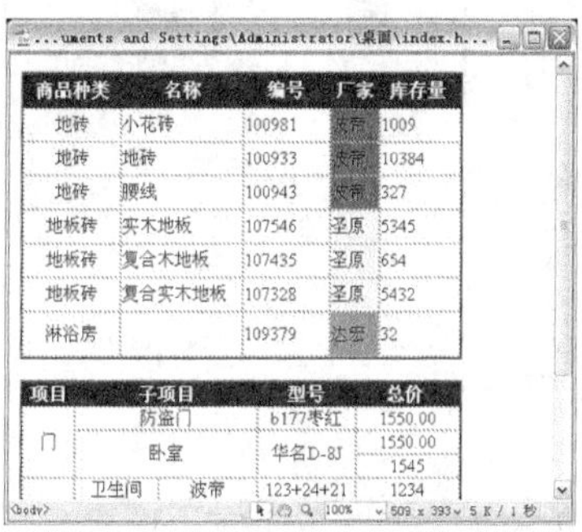

图 8-11

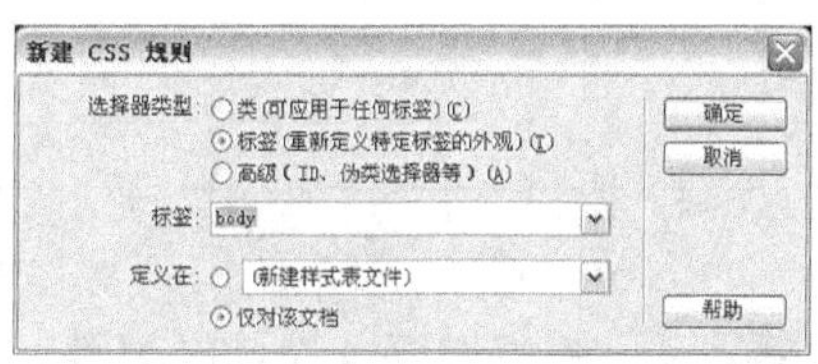

图 8-12

① 启用“CSS 样式”控制面板，单击面板右下方区域中的“新建 CSS 规则”按钮。

② 在“设计”视图状态下，在文档窗口中单击鼠标右键，在弹出的快捷菜单中选择“CSS 样式 >新建”命令，如图 8-13 所示。

③ 单击“CSS 样式”控制面板右上方的菜单按钮，在弹出式菜单中选择“新建”命令，如图 8-14 所示。

④ 选择“文本 > CSS 样式 > 新建”命令。

⑤ 在“CSS 样式”控制面板中单击鼠标右键，在弹出的快捷菜单中选择“新建”命令，如图 8-15 所示。

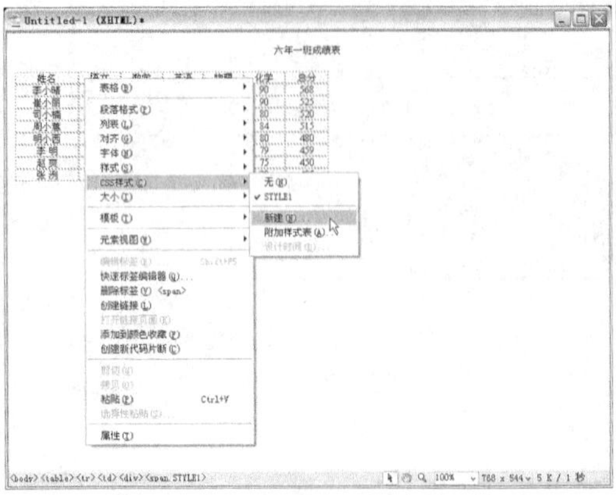
图 8-13

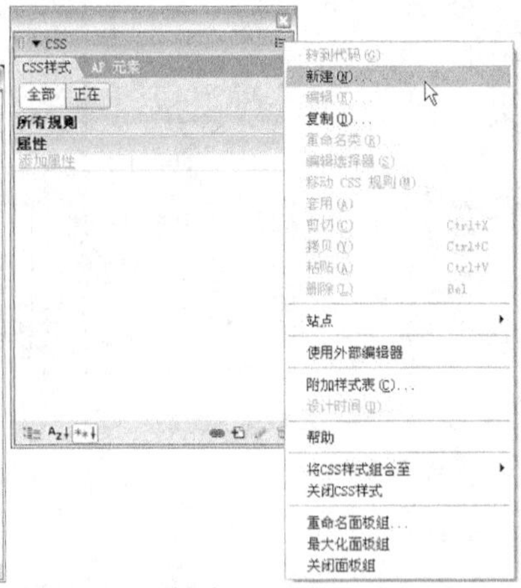
图 8-14

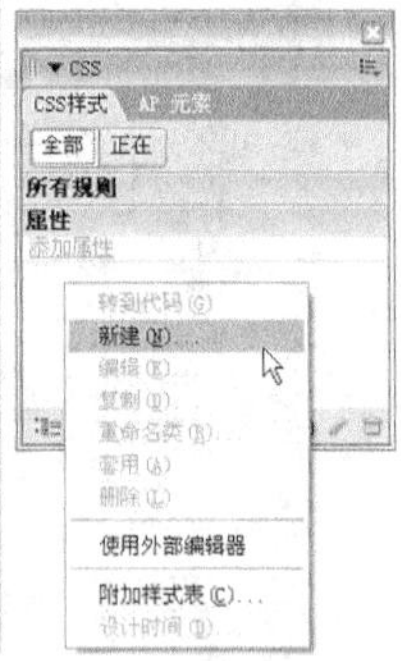
图 8-15

◎ **重新定义 HTML 标签样式**

具体操作步骤如下。

步骤 1 将插入点放在文档中，然后打开“新建 CSS 规则”对话框。

步骤 2 在“选择器类型”选项组中选择“标签（重新定义特定标签的外观）”单选钮；在“标签”选项的下拉列表中选择要改的 HTML 标签，如图 8-16 所示；在“定义在”选项组中选择定义样式的位置，如果不创建外部样式表，则选择“仅对该文档”单选钮。单击“确定”按钮，弹出“td 的 CSS 规则定义”对话框，如图 8-17 所示。

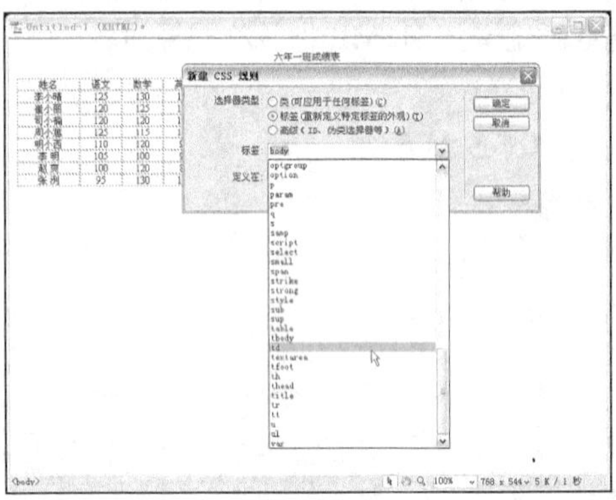
图 8-16

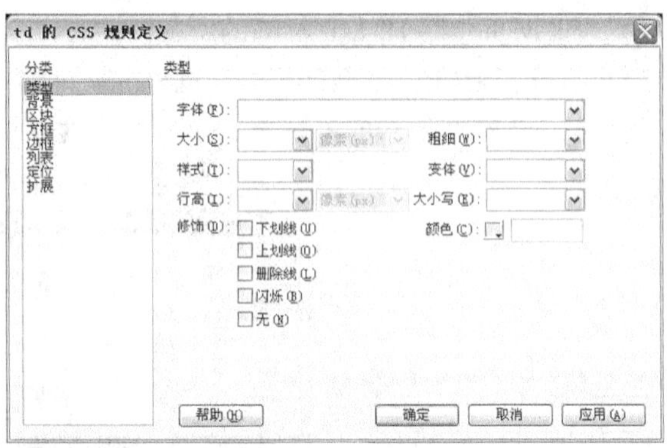
图 8-17

步骤 3 根据需要设置 CSS 属性，单击“确定”按钮完成设置。

5. 创建 CSS 选择器

若要为具体某个标签组合或所有包含特定 Id 属性的标签定义格式，只需创建 CSS 选择器而无须应用。一般情况下，利用创建 CSS 选择器的方式设置链接文本的 4 种状态，分别为鼠标指针点击时的状态“a:active”、鼠标指针经过时的状态“a:hover”、未点击时的状态“a:link”和已访问过的状态“a:visited”。

◎ **重定义链接文本的状态**

若重定义链接文本的状态，则需创建 CSS 选择器，其具体操作步骤如下。

步骤 1 将插入点放在文档中，然后打开“新建 CSS 规则”对话框。

步骤 2 在“选择器类型”选项组中选择“高级（ID、伪类选择器等）”单选钮；在“选择器”选项的下拉列表中选择要重新定义链接文本的状态，如图 8-18 所示；在“定义在”选项中选择定义样式的位置，如果不创建外部样式表，则选择“仅对该文档”单选钮。单击“确定”按钮，弹出“a:hover 的 CSS 规则定义”对话框，如图 8-19 所示。

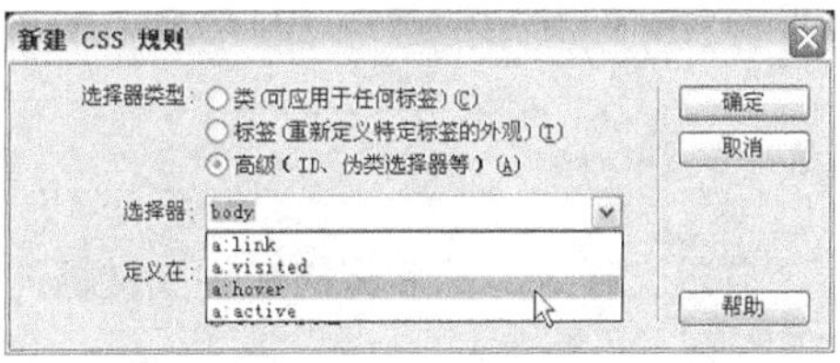

图 8-18

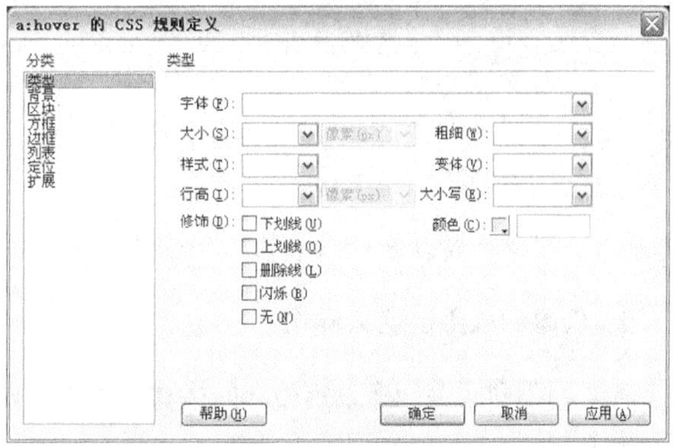

图 8-19

步骤 3 根据需要设置 CSS 属性，单击“确定”按钮完成设置。

◎ **某个特定的网页对象定义样式**

若修改某个特定网页对象的外观，则需先定义该网页对象的 Id 属性名，然后再给该对象创建 CSS 选择器样式，其具体操作步骤如下。

步骤 1 选择“窗口 > 标签检查器”命令，弹出“标签 > 属性”面板。在文档窗口中选择某个特定网页元素，在“标签 > 属性”控制面板的“id”属性中自定义一个名称，如图 8-20 所示。

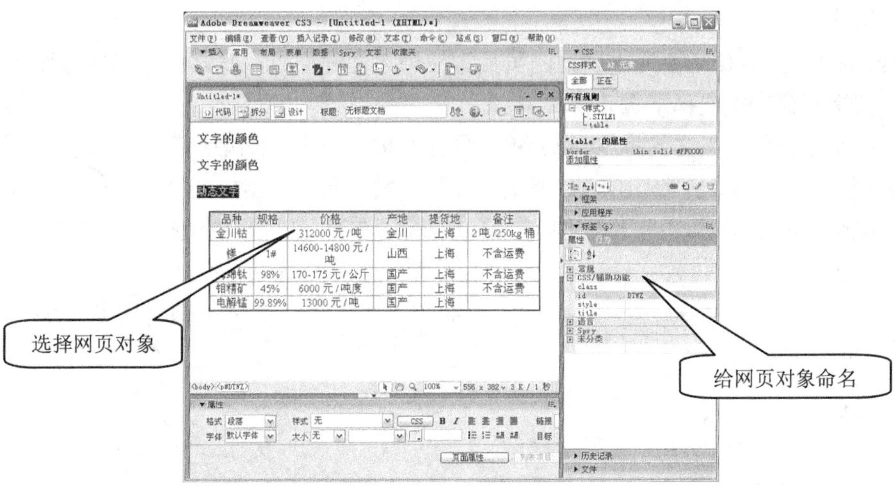

图 8-20

步骤 2 将插入点放在文档中，然后打开“新建 CSS 规则”对话框。

步骤 3 在“选择器类型”选项组中选择“高级（ID、伪类选择器等）”单选钮；在“选择器”

选项的文本框中输入“#对象名称”，如图 8-21 所示；在“定义在”选项组中选择定义样式的位置，如果不创建外部样式表，则选择“仅对该文档”单选钮。单击“确定”按钮，弹出“#DTEZ 的 CSS 规则定义”对话框，如图 8-22 所示。

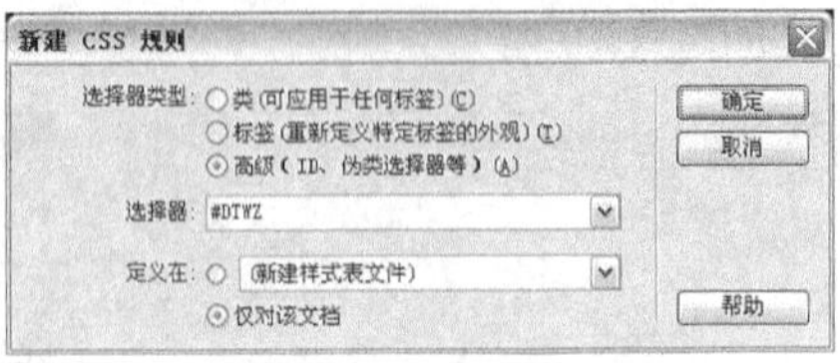

图 8-21

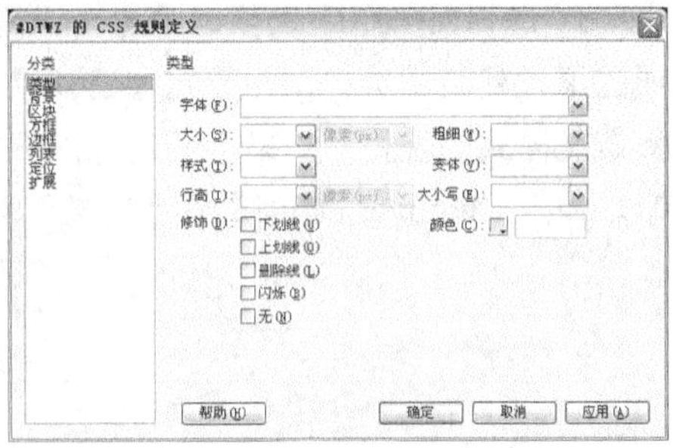

图 8-22

步骤 4 根据需要设置 CSS 属性，单击“确定”按钮完成设置。

6. 创建和应用自定义样式

若要为不同网页元素设定相同的格式，可先创建一个自定义样式，然后将它应用到文档的网页元素上。

◎ **创建自定义样式**

具体操作步骤如下。

步骤 1 将插入点放在文档中，然后打开“新建 CSS 规则”对话框。

步骤 2 在“选择器类型”选项组中选择“类（可应用于任何标签）”单选钮；在“选择器”选项的文本框中输入自定义样式的名称，如“TT1”；然后在“定义在”选项组中选择定义样式的位置，如果不创建外部样式表，则选择“仅对该文档”单选钮。单击“确定”按钮，弹出“.TTI 的 CSS 规则定义”对话框，如图 8-23 所示。

步骤 3 根据需要设置 CSS 属性，单击“确定”按钮完成设置。

◎ **应用样式**

创建自定义样式后，还要为不同的网页元素应用不同的样式，其具体操作步骤如下。

步骤 1 在文档窗口中选择网页元素。

步骤 2 在文档窗口左下方的标签<p>上单击鼠标右键，在弹出的快捷菜单中选择“设置类 > 某自定义样式名”命令，如图 8-24 所示，此时该网页元素应用样式修改了外观。若想撤销应用的样式，则在文档窗口左下方的标签上单击鼠标右键，在弹出的快捷菜单中选择“设置类 > 无”命令即可。

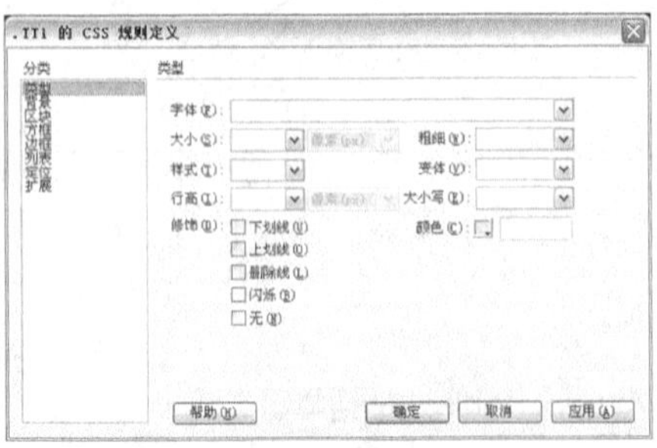

图 8-23

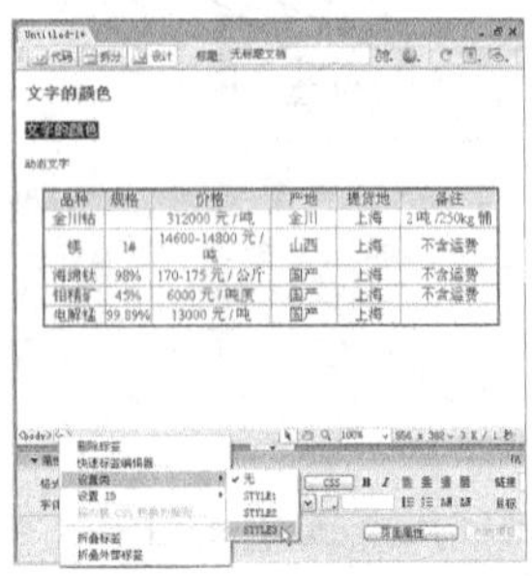

图 8-24

7. 创建和引用外部样式

如果不同网页的不同网页元素需要同一样式时，可通过引用外部样式来实现。首先创建一个外部样式，然后在不同网页的不同 HTML 元素中引用定义好的外部样式。

◎ 创建外部样式

具体操作步骤如下。

步骤 1 打开“新建 CSS 规则”对话框。

步骤 2 在“新建 CSS 规则”对话框的“定义在”下拉列表中选择“新建样式表文件”选项，在“名称”选项的文本框中输入名称，如图 8-25 所示。单击“确定”按钮，弹出“保存样式表文件为”对话框，在“文件名”选项中输入自定义的样式文件名，如图 8-26 所示。单击“确定”按钮，弹出如图 8-27 所示的“.aa 的 CSS 规则定义（在 xj.css 中）”对话框。

步骤 3 根据需要设置 CSS 属性，单击“确定”按钮完成设置。刚创建的外部样式会出现在“CSS 样式”控制面板的样式列表中，如图 8-28 所示。

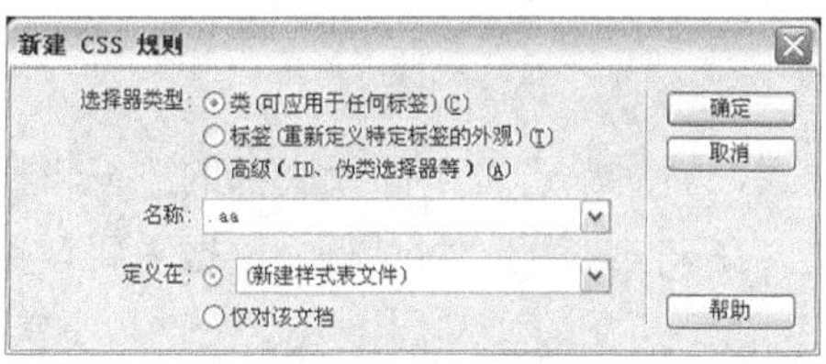

图 8-25

图 8-26

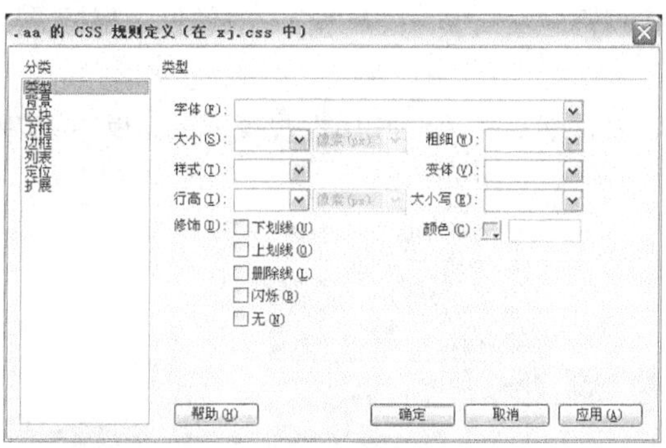

图 8-27

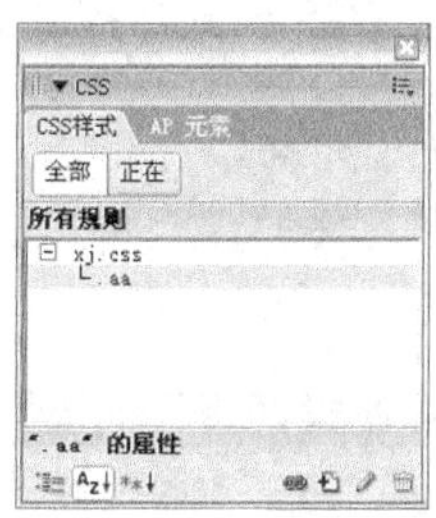

图 8-28

◎ 引用外部样式

不同网页的不同 HTML 元素可以引用相同的外部样式，具体操作步骤如下。

步骤 1 在文档窗口中选择网页元素。

步骤 2 单击“CSS 样式”控制面板下部的“附加样式表”按钮，弹出“链接外部样式表”对话框，如图 8-29 所示。

对话框中各选项的作用如下。

文件/URL：在该文本框中直接输入外部样式文件名，或单击“浏览”按钮选择外部样式文件。

添加为：该选项组包括“链接”和“导入”两个选项。“链接”选项表示传递外部 CSS 样式信息而不将其导入网页文档，在页面代码中生成<link>标签。“导入”选项表示将外部 CSS 样式信息导入网页文档，在页面代码中生成<@Import>标签。

步骤 3 在对话框中根据需要设定参数，单击“确定”按钮完成设置。此时，引用的外部样式会出现在“CSS 样式”控制面板的样式列表中，如图 8-30 所示。

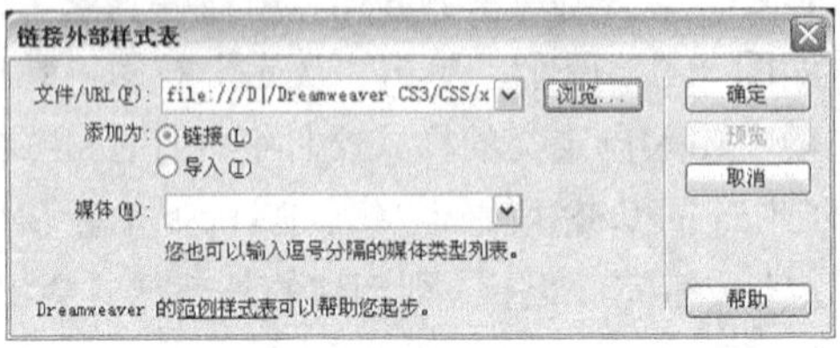

图 8-29

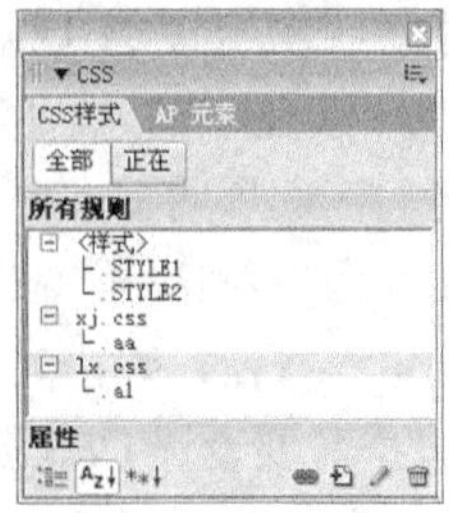

图 8-30

8. 编辑样式

网站设计者有时需要修改应用于文档的内部样式和外部样式，如果修改内部样式，则会自动重新设置受它控制的所有 HTML 对象的格式；如果修改外部样式文件，则自动重新设置与它链接的所有 HTML 文档。

编辑样式有以下 3 种方法。

① 先在“CSS 样式”控制面板中单击选中某样式，然后单击位于面板底部的“编辑样式”按钮，弹出如图 8-31 所示的“.aa 的 CSS 规则定义（在 xj.css 中）”对话框。根据需要设置 CSS 属性，单击“确定”按钮完成设置。

② 在“CSS 样式”控制面板中用鼠标右键单击样式，然后从弹出的快捷菜单中选择“编辑”命令，如图 8-32 所示，弹出“.aa 的 CSS 规则定义（在 xj.css 中）”对话框。根据需要设置 CSS 属性，单击“确定”按钮完成设置。

③ 在“CSS 样式”控制面板中选择样式，然后在“CSS 属性检查器”面板中编辑它的属性，如图 8-33 所示。

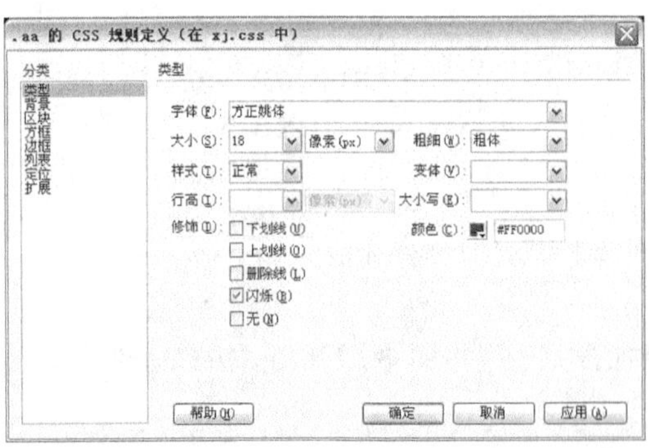

图 8-31

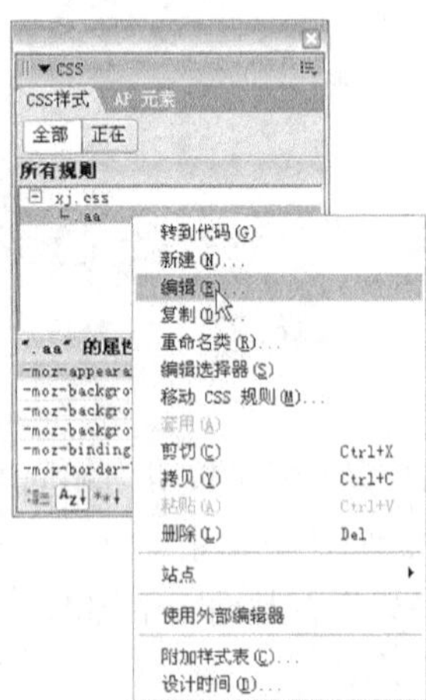

图 8-32

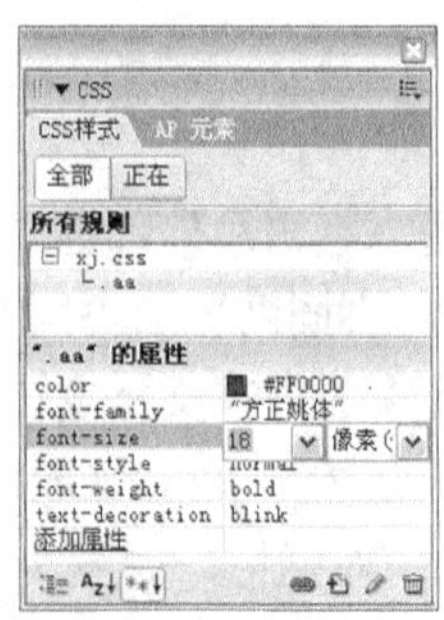

图 8-33

8.1.5 【实战演练】——女士香水网页

使用“CSS 样式”命令改变文字的大小和行距，使用“项目列表”按钮制作文字列表效果，使用“属性”面板改变图像的对齐方式。（最终效果参看光盘中的“Ch08 > 效果 > 女士香水网页 > index.html”，如图 8-34 所示。）

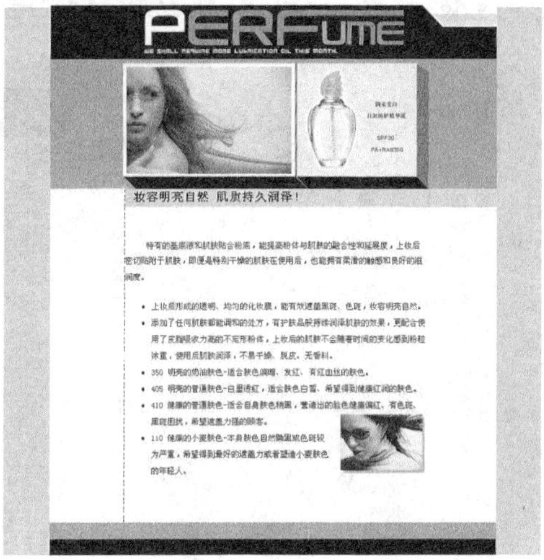

图 8-34

8.2 时尚彩妆网页

8.2.1 【案例分析】

彩妆作为一门“美”的艺术，是利用化妆材料在人的面部进行修饰，达到美化的效果。本例是为一家女性彩妆产品网站设计、制作展示网页，页面的设计要表现出时尚炫彩的彩妆魅力。

8.2.2 【设计理念】

在网页设计、制作过程中，采用粉紫色作为背景颜色，利用雅致的花卉渐变图案作为装饰，充分体现出女性的浪漫柔情。左侧是用户发布信息部分，使用了动态链接的手法，表现出时尚高贵的女性气质。中间是时尚彩妆的导航栏，为女性提供了海量的彩妆品牌和化妆技巧。下方是漂亮的花束和广告语，激发女性对美丽的追求和向往。整个页面的设计充满潮流感，营造出了浪漫典雅的氛围。（最终效果参看光盘中的“Ch08 > 效果 > 时尚彩妆网页 > index.html”，如图 8-35 所示。）

图 8-35

8.2.3 【操作步骤】

1. 插入表格并输入文字

步骤 1 选择“文件 > 打开”命令，在弹出的对话框中选择光盘中的“Ch08 > clip >时尚彩妆网页> index.html”文件，单击“打开”按钮打开文件，如图 8-36 所示。

图 8-36

步骤 2 将光标置入单元格中，如图 8-37 所示，在“插入”面板的“常用”选项卡中单击“表格”按钮，在弹出的“表格”对话框中进行设置，如图 8-38 所示。单击“确定”按钮，效果如图 8-39 所示。

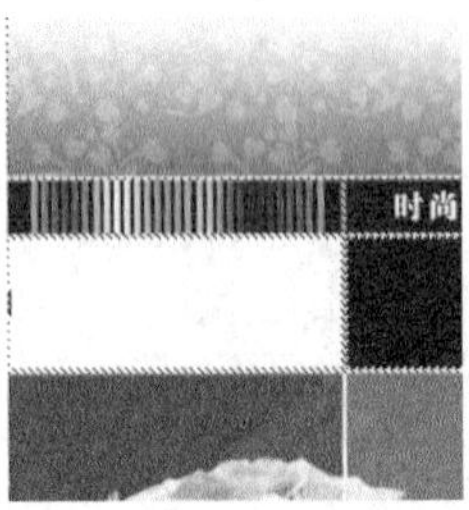

图 8-37

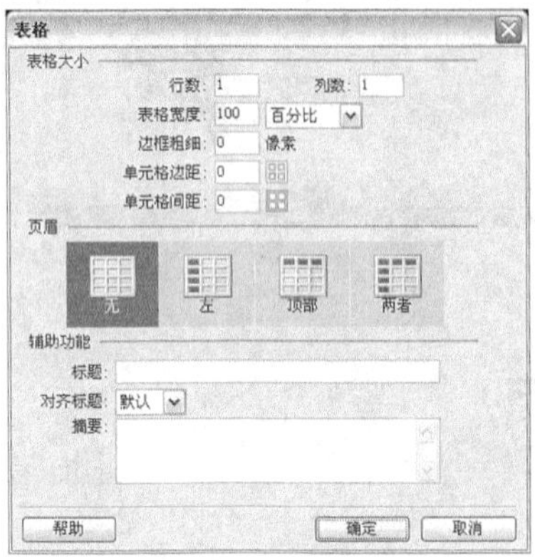

图 8-38

图 8-39

步骤 3 在“属性”面板的“表格 Id”选项文本框中输入“Nav”，如图 8-40 所示。在单元格中分别输入文字，如图 8-41 所示。

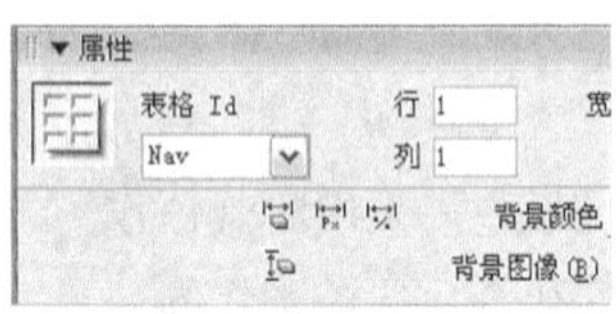

图 8-40

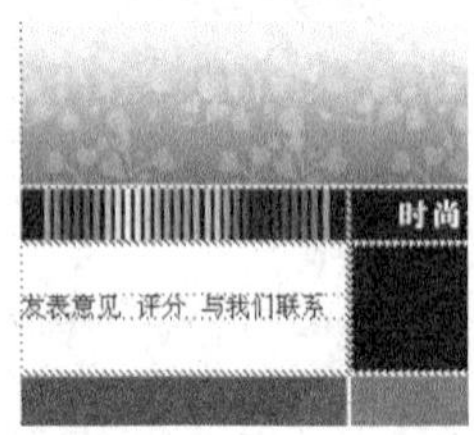

图 8-41

步骤 4 选中文字“发表意见”，如图 8-42 所示，在“属性”面板的“链接”选项文本框中输入“#”，为文字制作空链接效果，如图 8-43 所示。用相同的方法为其他文字添加链接，效果如图 8-44 所示。

图 8-42

图 8-43

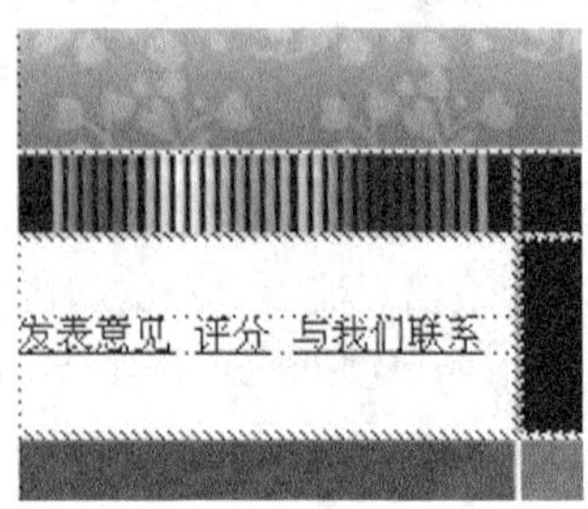

图 8-44

2. 设置CSS属性

步骤 1 选择表格，如图8-45所示，选择“窗口 > CSS样式”命令，调出“CSS样式”控制面板，单击面板下方的“新建CSS规则”按钮，弹出“新建CSS规则”对话框，在对话框中进行设置，如图8-46所示。

步骤 2 单击“确定”按钮，弹出“保存样式表文件为”对话框，在“保存在”选项的下拉列表中选择当前站点目录保存路径，在“文件名”选项的文本框中输入“css”，如图8-47所示。

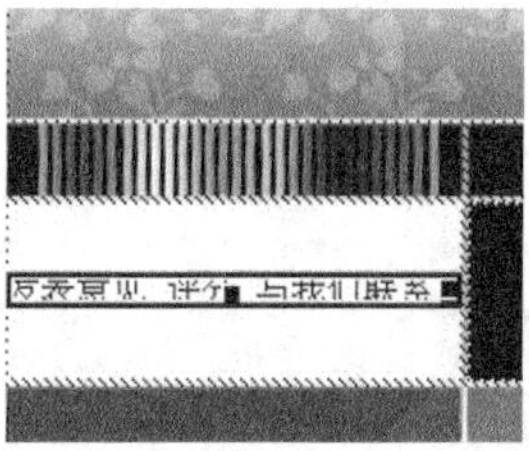

图8-45

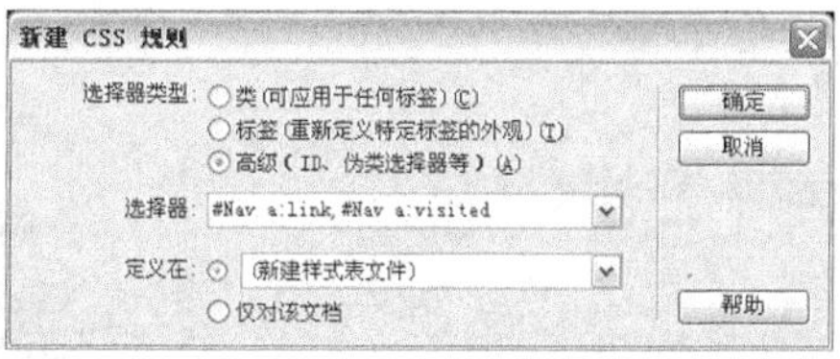

图8-46

图8-47

步骤 3 单击“保存”按钮，弹出“#Nav a:link,#Nav a:visited的CSS规则定义（在css.css中）”对话框，在左侧的“分类”列表框中选择“外观”选项，将右侧的“颜色”选项设为白色，如图8-48所示。在“分类”列表框中选择“背景”选项，将“背景颜色”选项设为黑色，如图8-49所示。

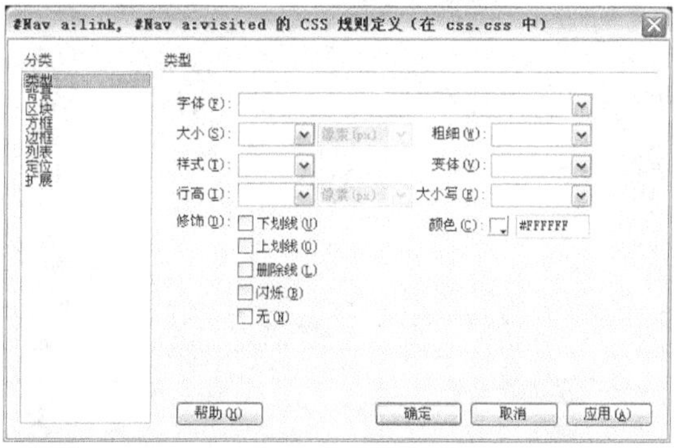

图8-48

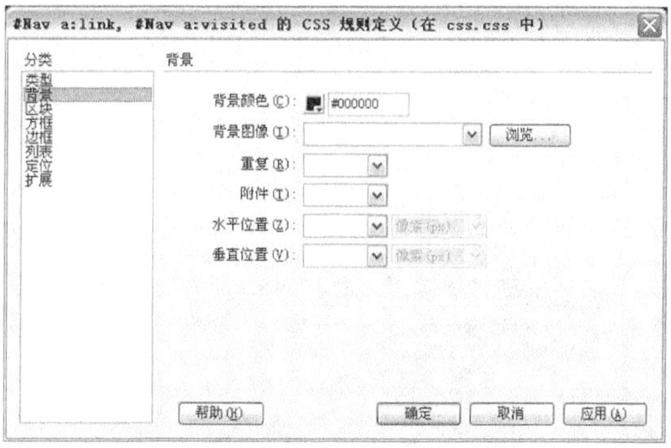

图8-49

步骤 4 在“分类”列表框中选择“区块”选项，在“文本对齐”下拉列表中选择“居中”选项，在“显示”下拉列表中选择“块”选项，如图8-50所示。

步骤 5 在“分类”列表框中选择“方框”选项，将“填充”属性“上”选项设为“2”，如图8-51所示。

步骤 6 在“分类”列表框中选择“边框”选项，在“样式”下拉列表中选择“实线”，“宽度”选项设为“2”，“颜色”选项设为白色，如图8-52所示。单击“确定”按钮，效果如图8-53所示。

步骤 7 单击“CSS样式”控制面板下方的“新建CSS规则”按钮，弹出“新建CSS规则”对话框，在对话框中进行设置，如图8-54所示。

步骤 8 单击“确定”按钮，弹出“#Nav a:hover 的 CSS 规则定义（在 css.css 中）”对话框，在左侧的“分类”列表框中选择“背景”选项，将“背景颜色”选项设为紫色（#CB099E），如图 8-55 所示。

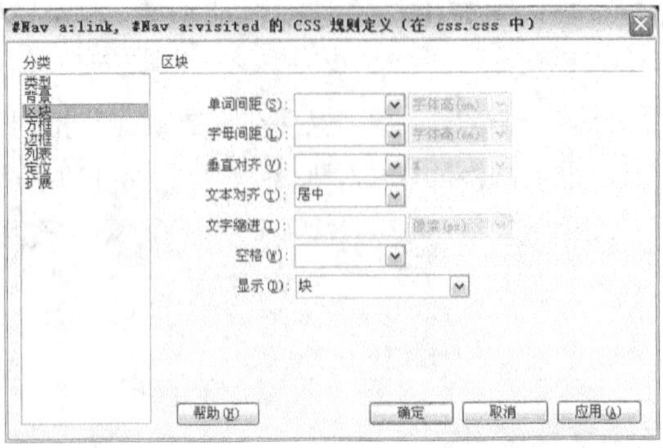

图 8-50

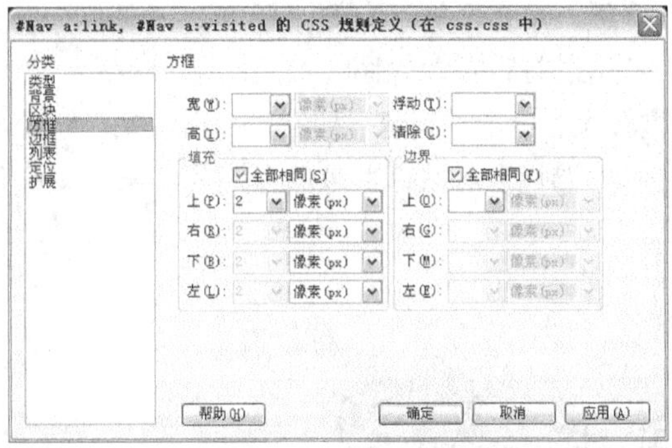

图 8-51

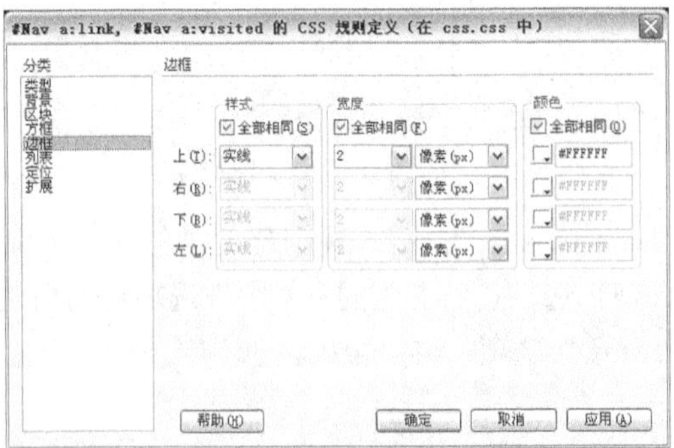

图 8-52

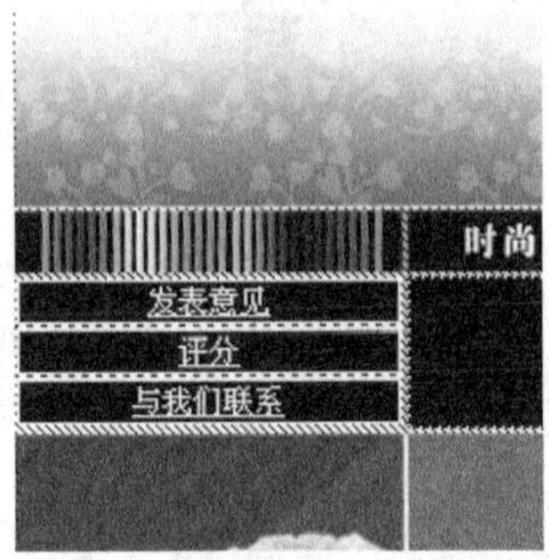

图 8-53

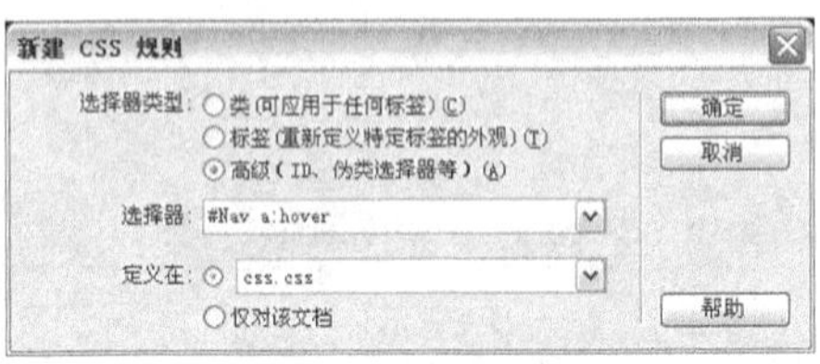

图 8-54

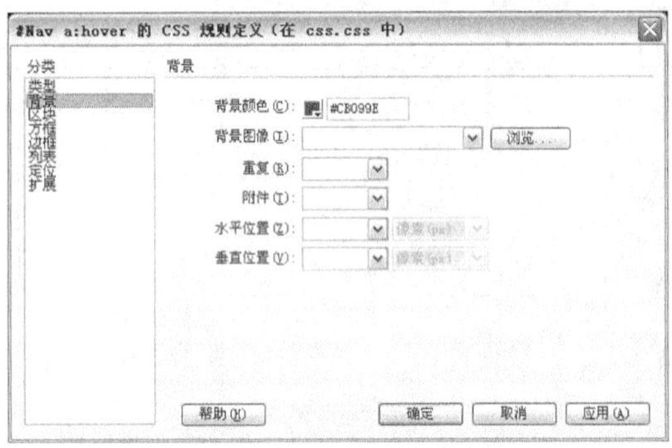

图 8-55

步骤 9 在“分类”列表框中选择“方框”选项，将“填充”属性“上”选项设为“2”，“边界”属性“上”选项设为“2”，如图 8-56 所示。

步骤 10 在“分类”列表框中选择“边框”选项，取消“样式”、“宽度”和“颜色”的“全部相同”复选框，在“样式”属性“上”和“左”选项下拉列表中选择“实线”，在“宽度”选项文本框中输入“1”，将上、下、左、右边框的颜色选项分别设为蓝色（#0066FF）、浅绿色（#00FFCC）、浅绿色（#00FFCC）和蓝色（#0066FF），如图 8-57 所示，单击“确定”按钮。

步骤 11 保存文档，按<F12>键预览效果如图 8-58 所示。当鼠标指针滑过链接文字时，背景和边框颜色改变，效果如图 8-59 所示。

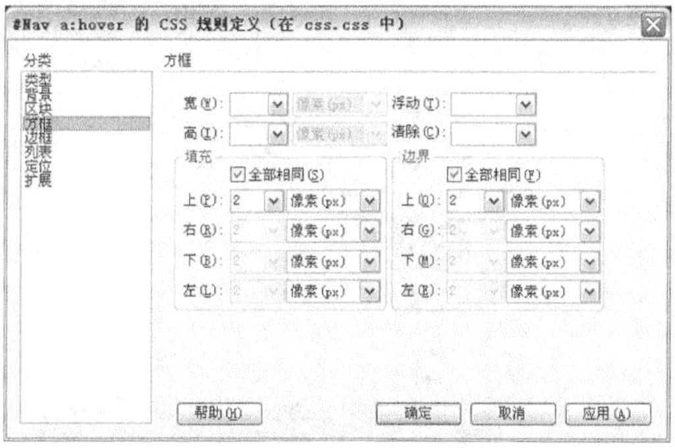

图 8-56

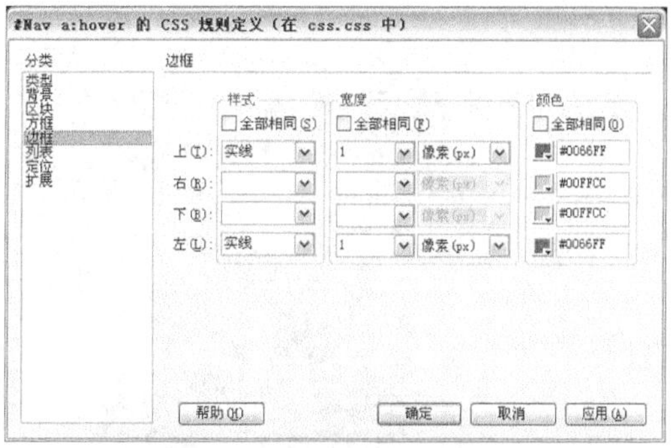

图 8-57

图 8-58

图 8-59

8.2.4 【相关工具】

1. 类型

“类型”分类主要是定义网页中文字的字体、字号、颜色等，“类型”面板如图 8-60 所示。

“类型”面板包括以下 9 种 CSS 属性。

字体：为文字设置字体。一般情况下，使用用户系统上安装的字体系列中的第一种字体显示文本。用户可以手动编辑字体列表，首先单击“字体”选项右侧的下拉列表选择“编辑字体列表”选项，如图 8-61 所示，弹出“编辑字体列表”对话框，如图 8-62 所示。然后在“可用字体”列表框中双击欲选字体，使其出现在“字体列表”列表框中，单击“确定”按钮完成“编辑字体列表”的设置。最后再单击“字体”选项右侧的下拉列表，选择刚刚编辑的字体，如图 8-63 所示。

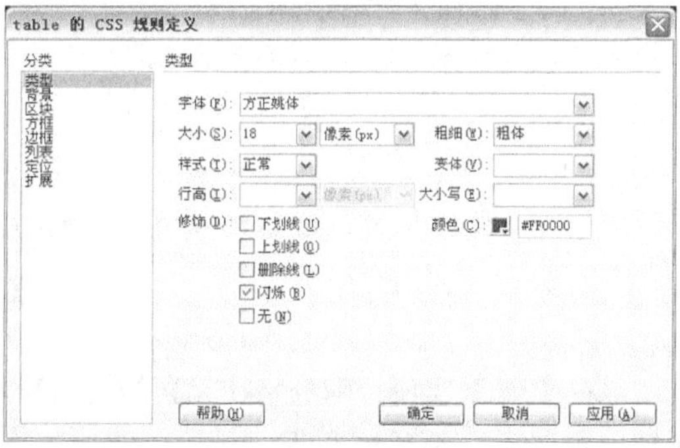

图 8-60

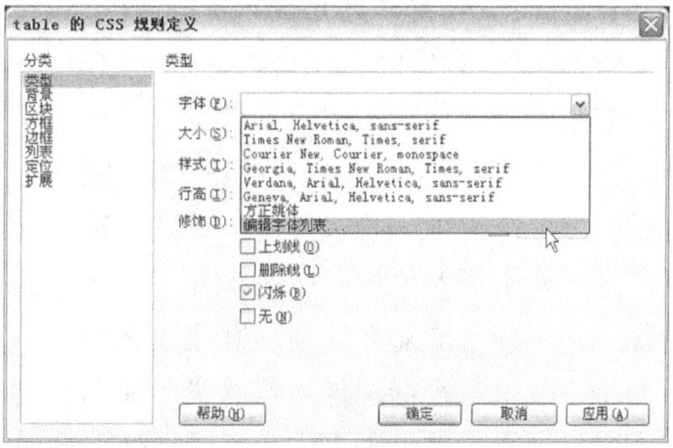

图 8-61

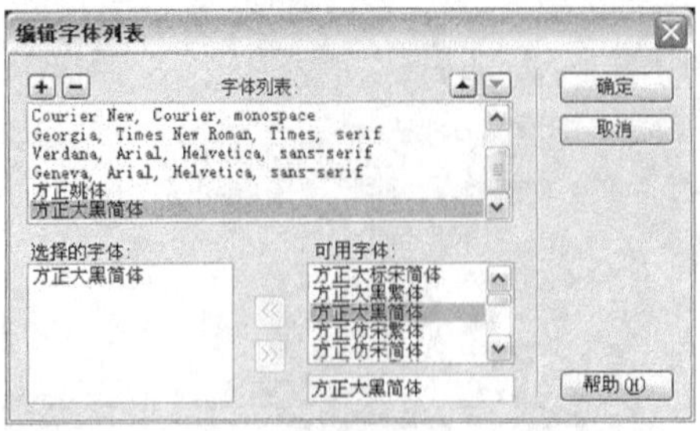

图 8-62

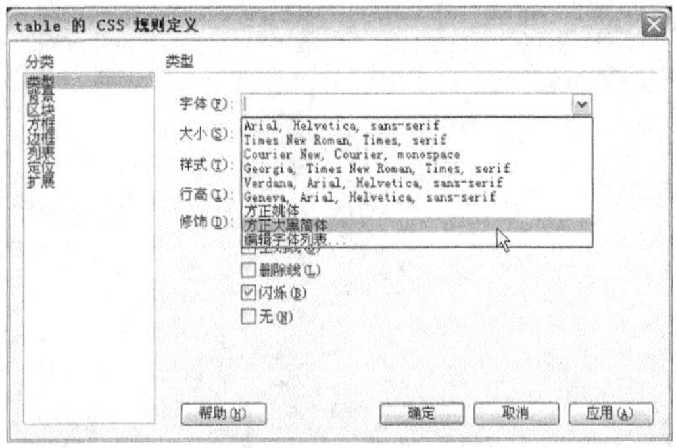

图 8-63

大小：定义文本的大小。在选项右侧的下拉列表中选择具体数值和度量单位。一般以像素为单位，因为它可以有效地防止浏览器破坏文本的显示效果。

样式：指定字体的风格为“正常”、“斜体”或“偏斜体”。默认设置为“正常”。

行高：设置文本所在行的行高度。在选项右侧的下拉列表中选择具体数值和度量单位。若选择“正常”选项则系统自动计算字体大小以适应行高。

修饰：控制链接文本的显示形态，包括“下划线”、“上划线”、“删除线”、“闪烁”和“无”5个选项。正常文本的默认设置是“无”，链接的默认设置是“下划线”。

粗细：为字体设置粗细效果。在其下拉列表中包括“正常”、“粗体”、“特粗”、“细体”和具体粗细值多个选项。通常“正常”选项等于 400 像素，“粗体”选项等于 700 像素。

变体：将正常文本缩小一半尺寸后大写显示，IE 浏览器不支持该选项。Dreamweaver CS3 不在文档窗口中显示该选项。

大小写：将选定内容中的每个单词的首字母大写，或将文本设置为全部大写或小写。在其下拉列表中包括“首字母大写”、“大写”、“小写”和“无”4 个选项。

颜色：设置文本的颜色。

2. 背景

“背景”分类用于在网页元素后加入背景图像或背景颜色，“背景”面板如图 8-64 所示。

图 8-64

“背景”面板包括以下 6 种 CSS 属性。

背景颜色：设置网页元素的背景颜色。

背景图像：设置网页元素的背景图像。

重复：控制背景图像的平铺方式，包括“不重复”、“重复”、“横向重复”和“纵向重复”4 个选项。若选择“不重复”选项，则在元素开始处按原图大小显示一次图像；若选择“重复”选项，则在元素的后面水平或垂直平铺图像；若选择“横向重复”或“纵向重复”选项，则分别在元素的后面沿水平方向平铺图像或沿垂直方向平铺图像，此时图像被剪辑以适合元素的边界。

附件：设置背景图像是固定在它的原始位置还是随内容一起滚动。IE 浏览器支持该选项，但

Netscape Navigator 浏览器不支持。

水平位置和垂直位置：设置背景图像相对于元素的初始位置，包括“左对齐”、“居中”、“右对齐”、“顶部”、“居中”、“底部”和“值”7 个选项。该选项可将背景图像与页面中心垂直和水平对齐。

3. 区块

“区块”分类用于控制网页中块元素的间距、对齐方式和文字缩进等属性。块元素可以是文本、图像、层等。“区块”面板如图 8-65 所示。

“区块”面板包括 7 种 CSS 属性。

单词间距：设置文字间的间距，包括“正常”和“(值)”两个选项。若要减少单词间距，则可设置为负值，但其显示取决于浏览器。

字母间距：设置字母间的间距，包括“正常”和“(值)”两个选项。若要减少字母间距，则可设置为负值。IE 浏览器 4.0 以上版本以及 Netscape Navigator 浏览器 6.0 版本支持该选项。

图 8-65

垂直对齐：控制文字或图像相对于其母体元素的垂直位置。若将图像同其母体元素文字的顶部垂直对齐，则该图像将在该行文字的顶部显示。该选项包括“基线”、“下标”、“上标”、“顶部”、“文本顶对齐”、“中线对齐”、“底部”、“文本底对齐”和“(值)”9 个选项。“基线”选项表示将元素的基准线同母体元素的基准线对齐；“顶部”选项表示将元素的顶部同最高的母体元素对齐；“底部”选项表示将元素的底部同最低的母体元素对齐；“下标”选项表示将元素以下标形式显示；“上标”选项表示将元素以上标形式显示；“文本顶对齐”选项表示将元素顶部同母体元素文字的顶部对齐；“中线对齐”选项表示将元素中点同母体元素文字的中点对齐；“文本底对齐”选项表示将元素底部同母体元素文字的底部对齐。

提 示 仅在应用于 <img> 标签时“垂直对齐”选项的设置才在文档窗口中显示。

文本对齐：设置区块文本的对齐方式，包括“左对齐”、“右对齐”、“居中”、“两端对齐”4 个选项。

文字缩进：设置区块文本的缩进程度。若让区块文本凸出显示，则该选项值为负值，但显示主要取决于浏览器。

空格：控制元素中的空格输入，包括“正常”、“保留”和“不换行”3 个选项。

显示：指定是否显示元素以及如何显示元素。选择“无”选项关闭应用此属性的元素的显示。

提 示 Dreamweaver CS3 不在文档窗口中显示“空格”选项值。

4. 方框

块元素可被看成包含在盒子中，这个盒子分成 4 部分，如图 8-66 所示。

“方框”分类用于控制网页中块元素的内容距区块边框的距离、区块的大小、区块间的间隔等。块元素可为文本、图像、层等。“方框”面板如图 8-67 所示。

“方框”面板包括以下 6 种 CSS 属性。

宽和高：设置元素的宽度和高度，使盒子的宽度不受它所包含内容的影响。

浮动：设置网页元素（如文本、层、表格等）的浮动效果。IE 浏览器和 Netscape 浏览器都支持“浮动”选项的设置。

清除：清除设置的浮动效果。

填充：该选项组控制元素内容与盒子边框的间距，包括“上”、“下”、“左”、“右” 4 个选项。若取消选择“全部相同”复选框，则可单独设置块元素的各个边的填充效果；否则，块元素的各个边设置相同的填充效果。

边界：控制围绕块元素的间隔数量，包括“上”、“下”、“左”、“右” 4 个选项。若取消选择“全部相同”复选框，则可设置块元素不同的间隔效果；否则，块元素有相同的间隔效果。

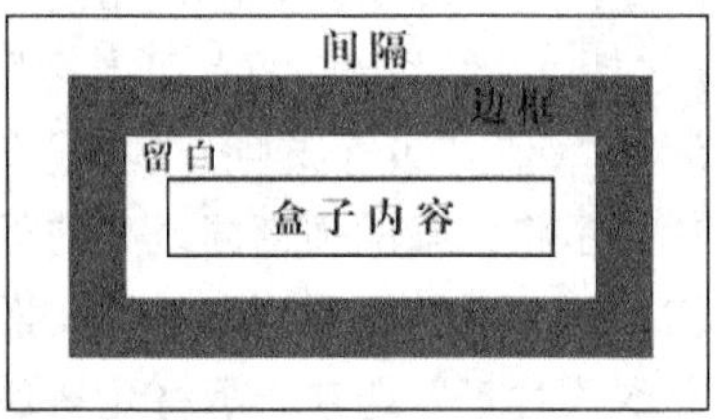

图 8-66

图 8-67

5. 边框

“边框”分类主要针对块元素的边框，“边框”选项面板如图 8-68 所示。

“边框”面板包括以下几种 CSS 属性。

“样式”选项组：设置块元素边框线的样式，在其下拉列表中包括“无”、“点划线”、“虚线”、“实线”、“双线”、“槽状”、“脊状”、“凹陷”和“凸出”9 个选项。若取消选择“全部相同”复选框，则可为块元素的各边框设置不同的样式。

图 8-68

“宽度”选项组：设置块元素边框线的粗细，在其下拉列表中包括“细”、“中”、“粗”和“(值)” 4 个选项。

“颜色”选项组：设置块元素边框线的颜色。若取消选择“全部相同”复选框，则为块元素各边框设置不同的颜色。

6. 列表

“列表”分类用于设置项目符号或编号的外观，“列表”面板如图 8-69 所示。

“列表”面板包括以下 3 种 CSS 属性。

类型：设置项目符号或编号的外观。在其下拉列表中包括“圆点”、“圆圈”、“方块”、“数字”、“小写罗马数字”、“大写罗马数字”、“小写字母”、“大写字母”和“无”9 个选项。

项目符号图像：为项目符号指定自定义图像。单击选项右侧的“浏览”按钮选择图像，或直接在选项的文本框中输入图像的路径。

位置：用于描述列表的位置，包括“内”和“外”两个选项。

7. 定位

“定位”分类用于精确控制网页元素的位置，主要针对层的位置进行控制。“定位”面板如图 8-70 所示。

图 8-69

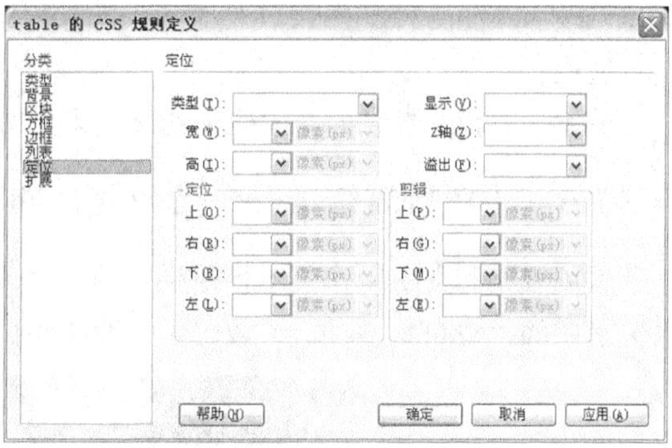

图 8-70

“定位”面板包括以下几种 CSS 属性。

类型：确定定位的类型，其下拉列表中包括“绝对”、“固定”、“相对”和“静态”4 个选项。“绝对”选项表示以页面左上角为坐标原点，使用“定位”选项中输入的坐标值来放置层；“固定”选项表示以页面左上角为坐标原点放置内容，当用户滚动页面时，内容将在此位置保持固定；“相对”选项表示以对象在文档中的位置为坐标原点，使用“定位”选项中输入的坐标来放置层；“静态”选项表示以对象在文档中的位置为坐标原点，将层放在它在文本中的位置。该选项不显示在文档窗口中。

显示：确定层的初始显示条件，包括“继承”、“可见”和“隐藏”3 个选项。“继承”选项表示继承父级层的可见性属性。如果层没有父级层，则它将是可见的。“可见”选项表示无论父级层如何设置，都显示该层的内容。“隐藏”选项表示无论父级层如何设置，都隐藏层的内容。如果不设置“显示”选项，则默认情况下大多数浏览器都继承父级层的属性。

Z 轴：确定层的堆叠顺序，为元素设置重叠效果。编号较高的层显示在编号较低的层的上面。该选项使用整数，可以为正，也可以为负。

溢出：此选项仅限于 CSS 层，用于确定在层的内容超出它的尺寸时的显示状态。其中，“可见”选项表示当层的内容超出层的尺寸时，层向右下方扩展以增加层的大小，使层内的所有内容均可见；“隐藏”选项表示保持层的大小并剪辑层内任何超出层尺寸的内容；“滚动”选项表示不论层的内容是否超出层的边界都在层内添加滚动条，该选项不显示在文档窗口中，并且仅适用于支持滚动条的浏览器；“自动”选项表示滚动条仅在层的内容超出层的边界时才显示，该选项不显示在文档窗口中。

8. 扩展

“扩展”分类主要用于控制鼠标指针形状、控制打印时的分页以及为网页元素添加滤镜效果，但它仅支持 IE 浏览器 4.0 以上的版本，“扩展”面板如图 8-71 所示。

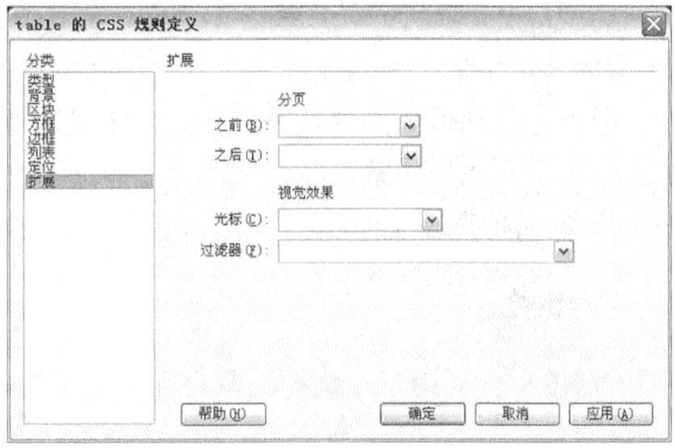

图 8-71

“扩展”面板包括以下几种 CSS 属性。

分页：在打印期间为打印的页面设置强行分页，包括“之前”和“之后”两个选项。

光标：当鼠标指针位于样式所控制的对象上时改变鼠标指针的形状。IE 浏览器 4.0 以上版本以及 Netscape Navigator 浏览器 6.0 版本支持该属性。

滤镜：对样式控制的对象应用特殊效果，常用对象有图形、表格、图层等。

8.2.5 【实战演练】——数码照片冲印网页

使用表格和文字制作菜单栏效果，使用“CSS 样式”命令设置翻转菜单效果。（最终效果参看光盘中的“Ch08 > 效果 > 数码照片冲印网页 > index.html”，如图 8-72 所示。）

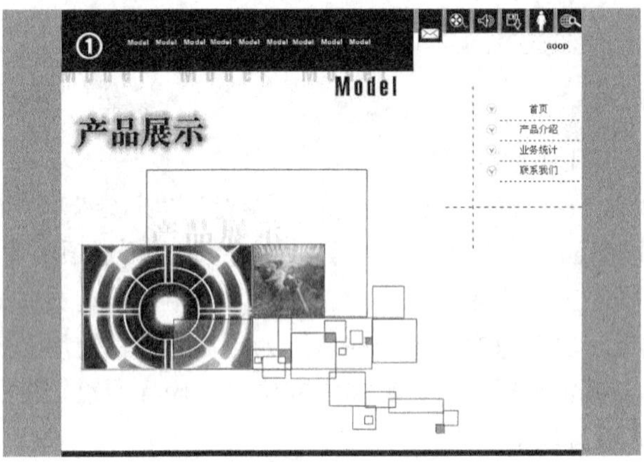

图 8-72

8.3 最新电影网页

8.3.1 【案例分析】

最新电影网可以为网友提供最全、最新的电影，包括动作、爱情、喜剧、科幻、动画等影片，网友可以在这个虚拟的电影院中观看影视节目。在设计网页时要注意界面的美观、布局的合理搭配，并体现出电影的艺术和文化魅力。

8.3.2 【设计理念】

在网页设计制作过程中，通过红色的背景效果和人物的图像营造出电影的超时空感觉。闪光文字的制作，达到了活跃页面气氛的效果，导航栏放在页面的右上角，精心设置的每个栏目都充分考虑到网友对于电影的喜好。（最终效果参看光盘中的“Ch08 > 效果 > 最新电影网页 > index.html”，如图 8-73 所示。）

图 8-73

8.3.3 【操作步骤】

步骤 1 选择“文件 > 打开”命令，在弹出的对话框中选择光盘中的“Ch08 > clip >最新电影网页> index.html”文件，单击“打开”按钮打开文件，如图 8-74 所示。

步骤 2 将光标置入左上方的单元格中，在“插入”面板的“常用”选项卡中单击“表格”按钮，在弹出的“表格”对话框中进行设置，如图 8-75 所示。单击“确定”按钮，效果如图 8-76 所示。将光标置入表格中，在“属性”面板的“水平”下拉列表中选择“居中对齐”选项，在单元格中输入深红色（#AA1826）英文“MOVIE”，并设置适当的字体和大小，效果如图 8-77 所示。

图 8-74

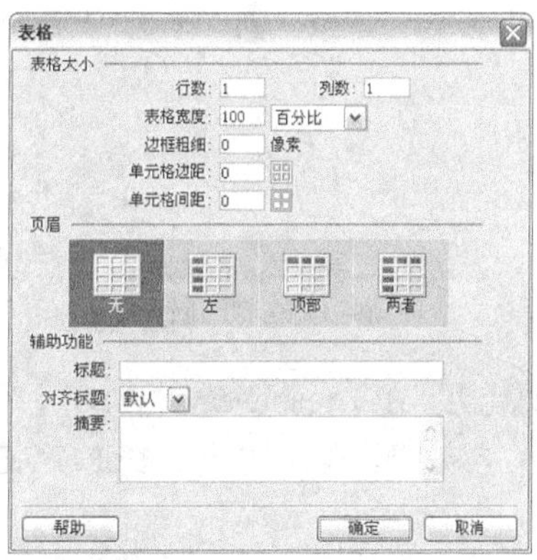

图 8-75

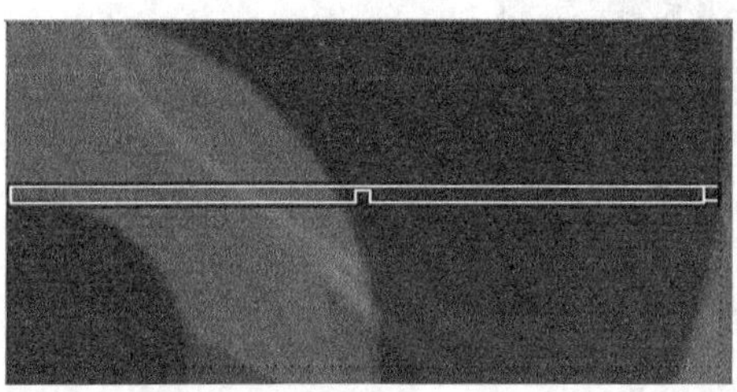

图 8-76

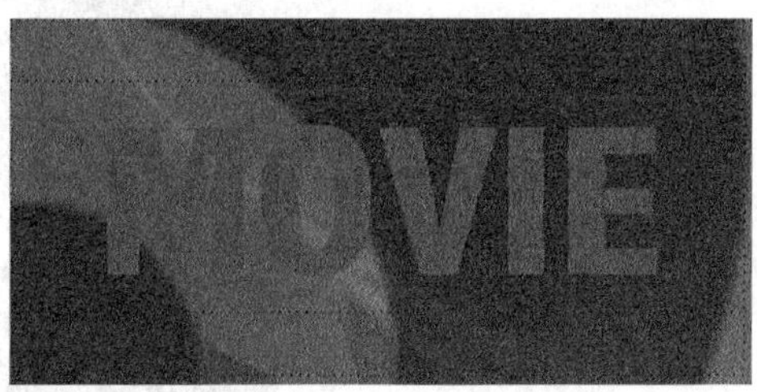

图 8-77

步骤 3 选择“窗口 > CSS 样式”命令，调出“CSS 样式”控制面板，单击面板下方的“新建

CSS 规则”按钮，弹出“新建 CSS 规则”对话框，在对话框中进行设置，如图 8-78 所示。单击“确定”按钮，弹出“.t1 的 CSS 规则定义”对话框，将颜色设为深红色（#AA1826），其他选项的设置如图 8-79 所示。

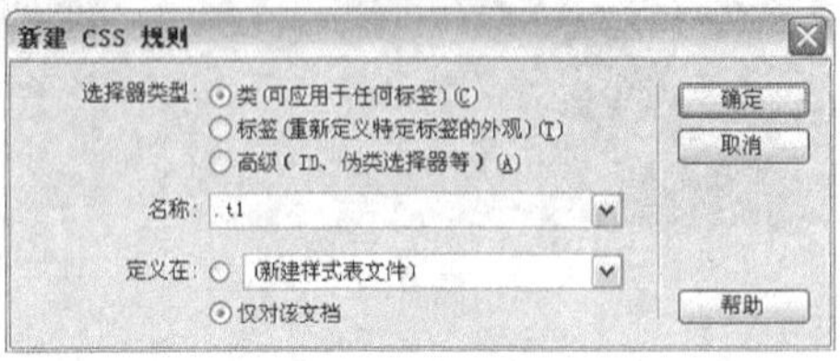

图 8-78

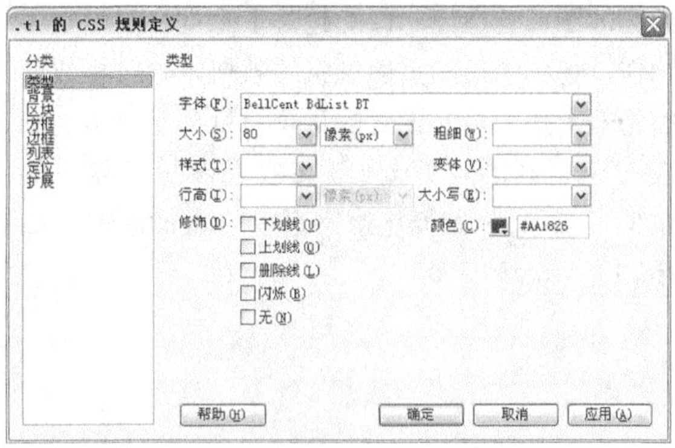

图 8-79

步骤 4 选择“分类”列表框中的“扩展”选项，在“过滤器”选项的下拉列表中选择“Glow”，将过滤器各参数值设置为“Glow(Color=#f95700, Strength=8)”，如图 8-80 所示，单击“确定”按钮。选中如图 8-81 所示的表格，在“属性”面板的“类”下拉列表中选择“t1”选项，应用样式。

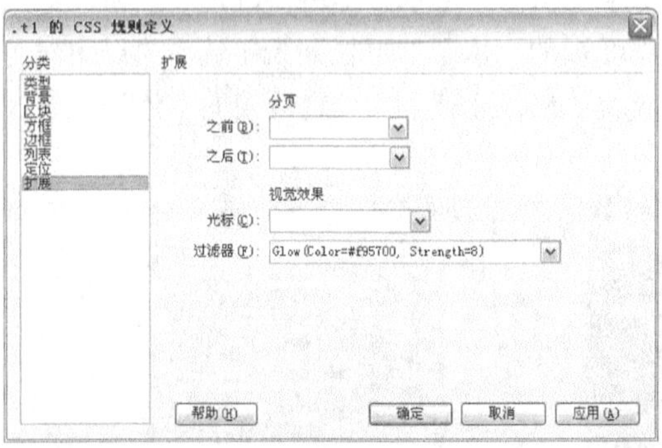

图 8-80

图 8-81

步骤 5 在 Dreamweaver CS3 中看不到过滤器的真实效果，只有在浏览器的状态下才能看到真实效果。保存文档，按<F12>键预览效果，如图 8-82 所示。

图 8-82

8.3.4 【相关工具】

1. 可应用过滤的 HTML 标签

CSS 过滤器不仅可以施加在图像上，而且可以施加在文字、表格、图层等网页元素上，但并不是所有的 HTML 标签都可以施加 CSS 过滤器，只有 BODY（网页主体）、BUTTON（按钮）、DIV（层）、IMG（图像）、INPUT（表单的输入元素）、MARQUEE（滚动）、SPAN（段落内的独立行元素）、TABLE（表格）、TD（表格内单元格）、TEXTAREA（表单的多行输入元素）、TFOOT（当做注脚的表格行）、TH（表格的表头）、THEAD（表格的表头行）、TR（表格的一行）等 HTML 标签上可以施加 CSS 过滤器。

提　示　打开"Table 的 CSS 规则定义"对话框，在"分类"列表框中选择"扩展"选项，在右侧"滤镜"选项的下拉列表中可以选择静态过滤器或动态过滤器。

2. CSS 的静态过滤器

静态过滤器使被施加的对象产生各种静态的特殊效果。IE 浏览器 4.0 以上版本支持以下 13 种静态过滤器。

① Alpha 过滤器：让对象呈现渐变的半透明效果，包含的选项及其功能如下。

Opacity：以百分比的方式设置图片的透明程度，值为 0~100，0 表示完全透明，100 表示完全不透明。

FinishOpacity：和 Opacity 选项一起以百分比的方式设置图片的透明渐进效果，值为 0~100，0 表示完全透明，100 表示完全不透明。

Style：设定渐进的显示形状。

StartX：设定渐进开始的 *X* 坐标值。

StartY：设定渐进开始的 *Y* 坐标值。

FinishX：设定渐进结束的 *X* 坐标值。

FinishY：设定渐进结束的 *Y* 坐标值。

② Blur 过滤器：让对象产生风吹的模糊效果，包含的选项及其功能如下。

Add：是否在应用 Blur 过滤器的 HTML 元素上显示原对象的模糊方向，0 表示不显示原对象，1 表示显示原对象。

Direction：设定模糊的方向，0 表示向上，90 表示向右，180 表示向下，270 表示向左。

Strength：以像素为单位设定图像模糊的半径大小，默认值是 5，取值范围是自然数。

③ Chroma 过滤器：将图片中的某个颜色变成透明的，包含 Color 选项，用来指定要变成透明的颜色。

④ DropShadow 过滤器：让文字或图像产生下落式的阴影效果，包含的选项及其功能如下。

Color：设定阴影的颜色。

OffX：设定阴影相对于文字或图像在水平方向上的偏移量。

OffY：设定阴影相对于文字或图像在垂直方向上的偏移量。

Positive：设定阴影的透明程度。

⑤ FlipH 和 FlipV 过滤器：在 HTML 元素上产生水平和垂直的翻转效果。

⑥ Glow 过滤器：在 HTML 元素的外轮廓上产生光晕效果，包含 Color 和 Strength 两个选项。Color 选项用于设定光晕的颜色，Strength 选项用于设定光晕的范围。

⑦ Gray 过滤器：让彩色图片产生灰色调效果。

⑧ Invert 过滤器：让彩色图片产生照片底片的效果。

⑨ Light 过滤器：在 HTML 元素上产生模拟光源的投射效果。

⑩ Mask 过滤器：在图片上加上遮罩色，包含 Color 选项，用于设定遮罩的颜色。

⑪ Shadow 过滤器：与 DropShadow 过滤器一样，让文字或图像产生下落式的阴影效果，但 Shadow 过滤器生成的阴影有渐进效果。

⑫ Wave 过滤器：在 HTML 元素上产生垂直方向的波浪效果，包含的选项及其功能如下。

Add：是否在应用 Wave 过滤器的 HTML 元素上显示原对象的模糊方向，0 表示不显示原对象，1 表示显示原对象。

Freq：设定波动的数量。

LightStrength：设定光照效果的光照程度，值为 0~100，0 表示光照最弱，100 表示光照最强。

Phase：以百分数的方式设定波浪的起始相位，值为 0~100。

Strength：设定波浪的摇摆程度。

⑬ Xray 过滤器：显示图片的轮廓，如同 X 光片的效果。

3. CSS 的动态过滤器

动态过滤器也叫做转换过滤器。Dreamweaver CS3 提供的动态过滤器可以设定产生翻换图片的效果。

① BlendTrans 过滤器：混合转换过滤器，在图片间产生淡入淡出效果，包含 Duration 选项，用于表示淡入淡出的时间。

② RevealTrans 过滤器：显示转换过滤器，提供更多的图像转换的效果，包含 Duration 和 Transition 选项。Duration 选项表示转换的时间，Transition 选项表示转换的类型。

8.3.5 【实战演练】——儿童玩具人偶网页

使用 DropShadow 滤镜制作文字阴影效果，使用 CSS 样式为图片添加边框效果。（最终效果参看光盘中的“Ch08 > 效果 > 儿童玩具人偶网页 > index.html”，如图 8-83 所示。）

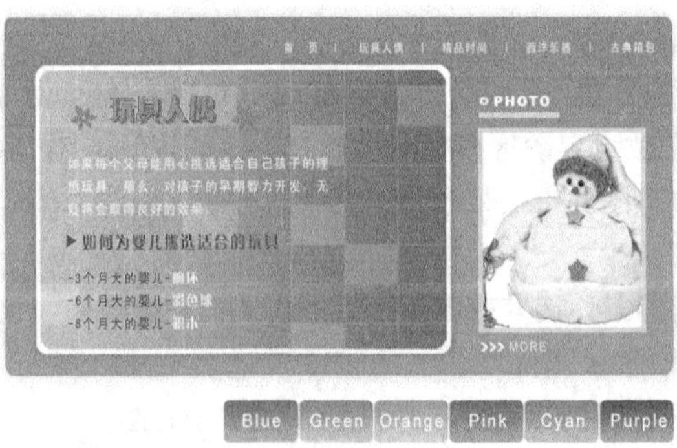

图 8-83

8.4 综合演练——精品房产网页

使用 Gray 滤镜制作图片黑白效果，使用 Invert 滤镜制作底片效果，使用 Xray 滤镜制作 X 光效果。（最终效果参看光盘中的“Ch08 > 效果 > 精品房产网页 > index.html”，如图 8-84 所示。）

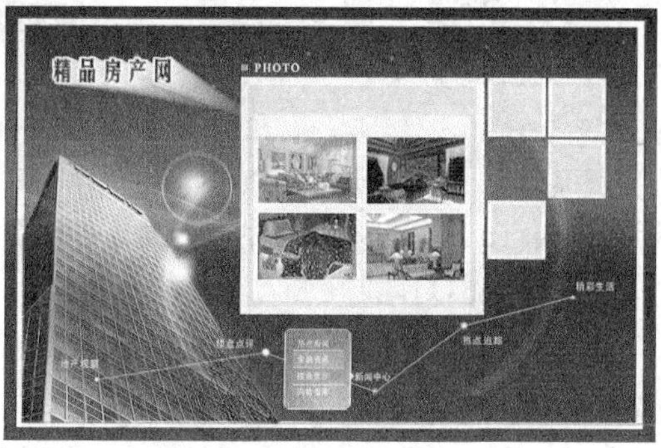

图 8-84

8.5 综合演练——时尚前风网页

使用 Alpha 滤镜制作图像透明效果。（最终效果参看光盘中的“Ch08 > 效果 > 时尚前风网页> index.html”，如图 8-85 所示。）

图 8-85

第9章 模板和库

每个网站都是由多个整齐、规范、流畅的网页组成的。为了保持站点中网页风格的统一，需要在每个网页中制作一些相同的内容，如相同栏目下的导航条、各类图标等。利用 Dreamweaver CS3 提供的模板和库功能，可实现上述操作。

课堂学习目标

- “资源”控制面板
- 模板
- 库

9.1 家居资讯网页

9.1.1 【案例分析】

家居资讯网是反映家居市场发展趋势、行业动态及供求关系的专业资讯网页，主要面向房地产开发商、装饰企业和材料经销商、物业管理等行业，成为连接用户与企业的纽带。在网页设计时要体现出家居资讯的丰富内容和独特品位。

9.1.2 【设计理念】

在网页设计、制作过程上，背景采用灰色系色彩，使页面体现出成熟稳重之感。导航栏放置在页面的右上角，方便客户浏览。中间是网页的核心信息，包括房产信息、家居展示图等。整个页面结构清晰，有利于客户查询和交易。（最终效果参看光盘中的“Ch09> 效果 > 家居资讯网页 > index.html”，如图 9-1 所示。）

图 9-1

9.1.3 【操作步骤】

1. 创建模板

步骤 1 选择“文件 > 打开”命令，在弹出的对话框中选择光盘中的“Ch09 > clip >家居资讯网页> index.html”文件，单击“打开”按钮打开文件，如图 9-2 所示。

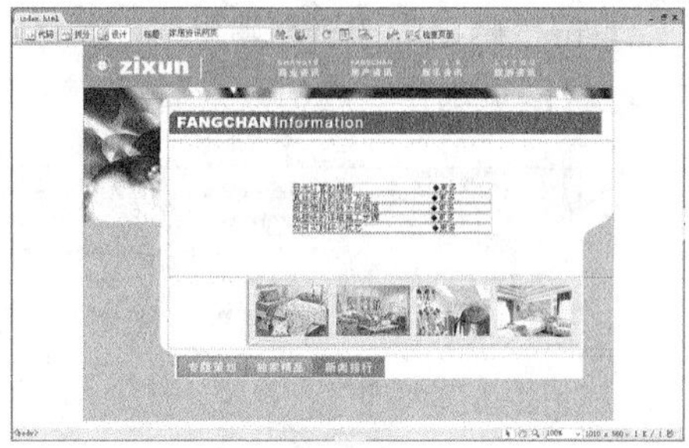

图 9-2

步骤 2 在“插入”面板的“常用”选项卡中，单击“模板”展开式按钮，选择“创建模板”按钮，在弹出的对话框中进行设置，如图 9-3 所示。单击“保存”按钮，弹出提示对话框，如图 9-4 所示，单击“是”按钮，将当前文档转换为模板文档，文档名称也随之改变，如图 9-5 所示。

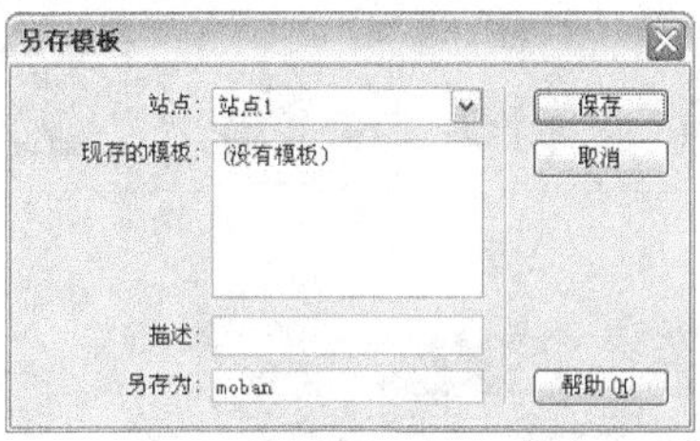

图 9-3

图 9-4

图 9-5

2. 创建可编辑区域

步骤 1 选中如图 9-6 所示的表格，在“插入”面板的“常用”选项卡中，单击“模板”展开式按钮，选择“重复区域”按钮，弹出“新建重复区域”对话框，在“名称”文本框中输入名称，如图 9-7 所示。单击“确定”按钮，效果如图 9-8 所示。

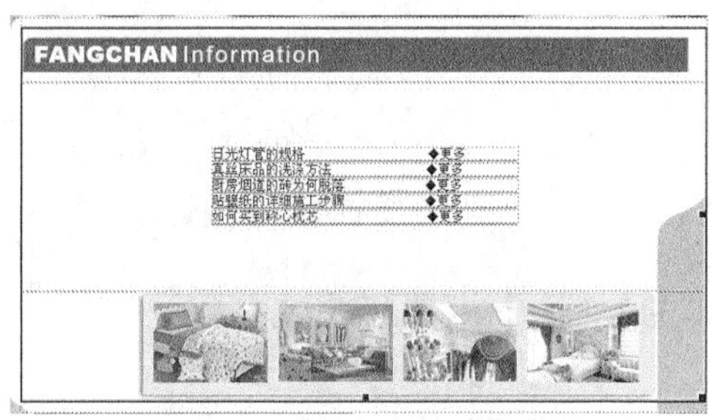

图 9-6

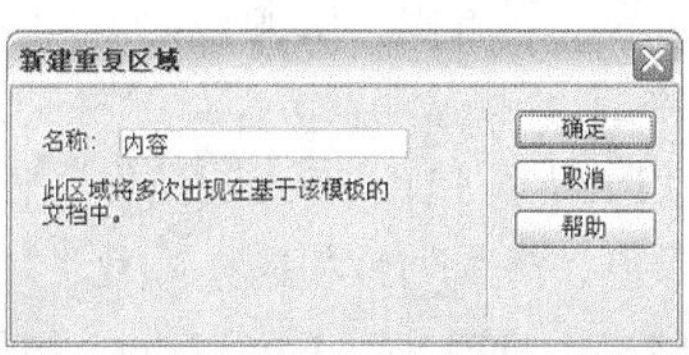

图 9-7

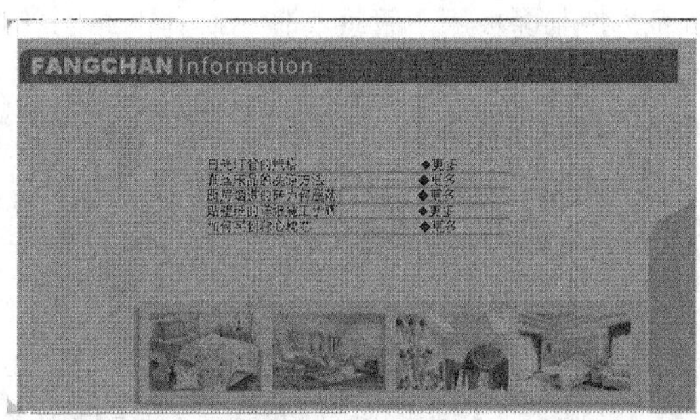

图 9-8

步骤 2 选中如图 9-9 所示表格，在“插入”面板的“常用”选项卡中，再次单击“模板”展开式按钮，选择“可编辑区域”按钮，弹出“新建可编辑区域”对话框，在“名称”文本框中输入名称，如图 9-10 所示。单击“确定”按钮创建可编辑区域，如图 9-11 所示。

步骤 3 选中如图 9-12 所示的图片，单击“插入”面板“常用”选项卡中的“可编辑区域”按钮，弹出“新建可编辑区域”对话框，在“名称”文本框中输入名称，如图 9-13 所示，单击“确定”按钮创建可编辑区域。

模板网页制作完成的效果如图 9-14 所示。

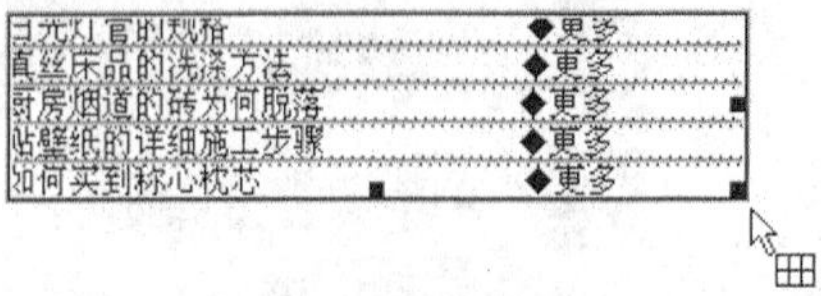

图 9-9

图 9-10

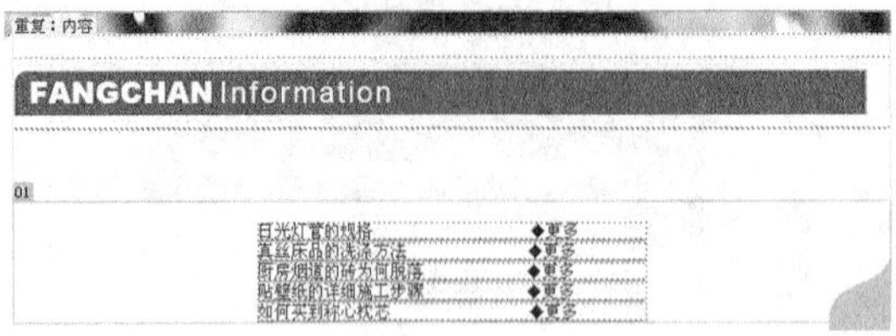

图 9-11

图 9-12

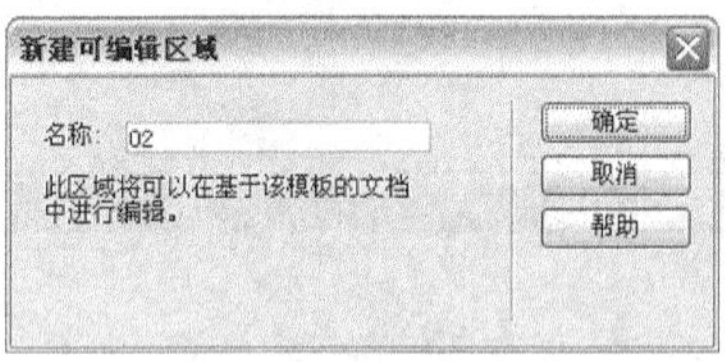

图 9-13

图 9-14

9.1.4 【相关工具】

1. “资源”控制面板

“资源”控制面板用于管理和使用制作网站的各种元素，如图像、影片文件等。选择“窗口 > 资源”命令或按<F11>键，调出“资源”控制面板，如图 9-15 所示。

“资源”控制面板提供了“站点”和“收藏”两种查看资源的方式，“站点”列表显示站点的所有资源，“收藏”列表仅显示用户曾明确选择的资源。在这两个列表中，资源被分成图像、颜色、URLS、Flash、Shockwave、影片、脚本、模板和库9 种类别，显示在“资源”控制面板的左侧。“图像”列表中只显示 GIF、JPEG 或 PNG 格式的图像文件；“颜色”列表显示站点的文档和样式表中使用的颜色，包括文本颜色、背景颜色和链接颜色；“URLS”列表显示当前站点文档中的外部链接，包括 FTP、gopher、HTTP、HTTPS、JavaScript、电子邮件

(mailto）和本地文件（file://）类型的链接；“Flash”列表显示任意版本的“*swf”格式文件，不显示 Flash 源文件；“Shockwave”列表显示的影片是任意版本的“*shockwave”格式文件；“影片”列表显示“*quicktime”或“*mpeg”式文件；“脚本”列表显示独立的 JavaScript 或 VBScript 文件；“模板”列表显示模板文件，方便用户在多个页面上重复使用同一页面布局；“库”列表显示定义的库项目。

在“模板”列表中，控制面板底部排列 5 个按钮，分别是“插入”按钮、“刷新站点列表”按钮、“编辑”按钮、“添加到收藏夹”按钮和“删除”按钮。“插入”按钮用于将“资源”面板中选定的元素直接插入到文档中；“刷新站点列表”按钮用于刷新站点列表；“新建模板”按钮用于建立新的模板；“编辑”按钮用于编辑当前选定的元素；“删除”按钮用于删除选定的元素。单击控制面板右上方的“菜单”按钮，弹出一个菜单，菜单中包括“资源”面板中的一些常用命令，如图 9-16 所示。

图 9-15

图 9-16

2. 创建模板

在 Dreamweaver CS3 中创建模板非常容易，如同制作网页一样。当用户创建模板之后，Dreamweaver CS3 自动把模板存储在站点的本地根目录下的“Templates”子文件夹中，使用文件扩展名为.dwt。如果此文件夹不存在，当存储一个新模板时，Dreamweaver CS3 将自动生成此子文件夹。

◎ 创建空模板

创建空模板有以下 3 种方法。

① 在打开的文档窗口中单击“插入”面板“常用”选项卡中的“创建模板”按钮，将当前文档转换为模板文档。

② 在“资源”控制面板中单击“模板”按钮，此时列表为模板列表，如图 9-17 所示。单击下方的“新建模板”按钮创建空模板，此时新的模板添加到“资源”控制面板的“模板”列表中，为该模板输入名称，如图 9-18 所示。

③ 在“资源”控制面板的“模板”列表中单击鼠标右键，在弹出的快捷菜单中选择“新建模板”命令。

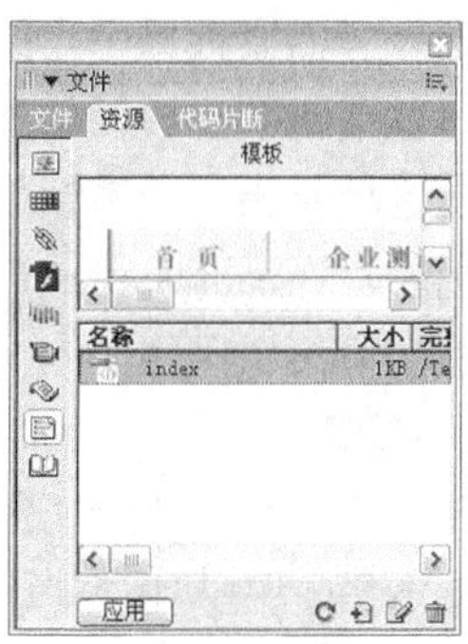

图 9-17

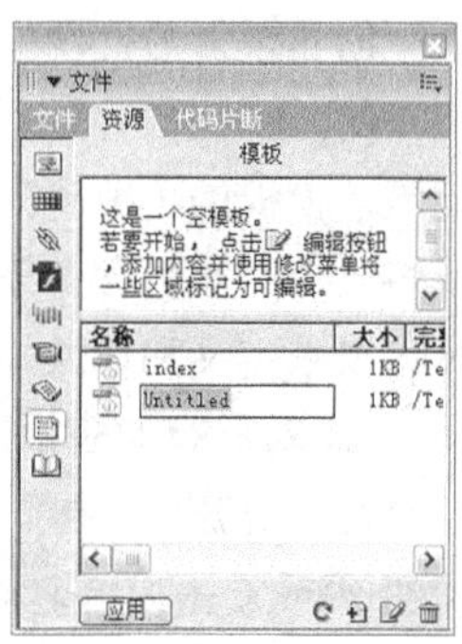

图 9-18

提　示　如果修改新建的空模板，则先在“模板”列表中选中该模板，然后单击“资源”控制面板右下方的“编辑”按钮。如果重命名新建的空模板，则单击“资源”控制面板右上方的菜单按钮，从弹出的菜单中选择“重命名”命令，然后输入新名称。

◎ **将现有文档存为模板**

具体操作步骤如下。

步骤 1　选择“文件 > 打开”命令，弹出“打开”对话框如图 9-19 所示，选择要作为模板的网页，然后单击“打开”按钮。

步骤 2　选择“文件 > 另存为模板”命令，弹出“另存模板”对话框，输入模板名称，如图 9-20 所示。

图 9-19

图 9-20

步骤 3　单击“保存”按钮，此时窗口标题栏显示“《模板》”字样，表明当前文档是一个模板文档，如图 9-21 所示。

图 9-21

3. 定义和取消可编辑区域

创建模板后，网站设计者需要根据用户的需求对模板的内容进行编辑，指定哪些内容是可以编辑的，哪些内容是不可以编辑的。模板的不可编辑区域是指基于模板创建的网页中固定不变的元素，模板的可编辑模板区域是指基于模板创建的网页中用户可以编辑的区域。当创建一个模板或将一个网页另存为模板时，Dreamweaver CS3 默认将所有区域标志为锁定，因此，用户要根据具体要求定义和修改模板的可编辑区域。

◎ **对已有的模板进行修改**

在“资源”控制面板的“模板”列表中选择要修改的模板名，单击控制面板右下方的“编辑”按钮或双击模板名后，就可以在文档窗口中编辑该模板了。

提　示　当模板应用于文档时，用户只能在可编辑区域中进行更改，无法修改锁定区域。

◎ **定义可编辑区域**

（1）选择区域

选择区域有以下两种方法。

① 在文档窗口中选择要设置为可编辑区域的文本或内容。

② 在文档窗口中将插入点放在要插入可编辑区域的地方。

（2）打开“新建可编辑区域”对话框

打开“新建可编辑区域”对话框有以下 4 种方法。

① 在“插入”面板的“常用”选项卡中，单击“模板”展开式按钮，选择“可编辑区域”按钮。

② 按<Ctrl＋Alt＋V>组合键。

③ 选择“插入记录 > 模板对象 > 可编辑区域”命令。

④ 在文档窗口中单击鼠标右键，在弹出的快捷菜单中选择“模板 > 新建可编辑区域”命令。

（3）创建可编辑区域

在“名称”文本框中为该区域输入唯一的名称，如图 9-22 所示，单击“确定”按钮创建可编辑区域，如图 9-23 所示。

可编辑区域在模板中由高亮显示的矩形边框围绕，该边框使用在“首选参数”对话框中设置的高亮颜色，该区域左上角的选项卡显示该区域的名称。

（4）使用可编辑区域的注意事项

① 不要在“名称”文本框中使用特殊字符。

图 9-22

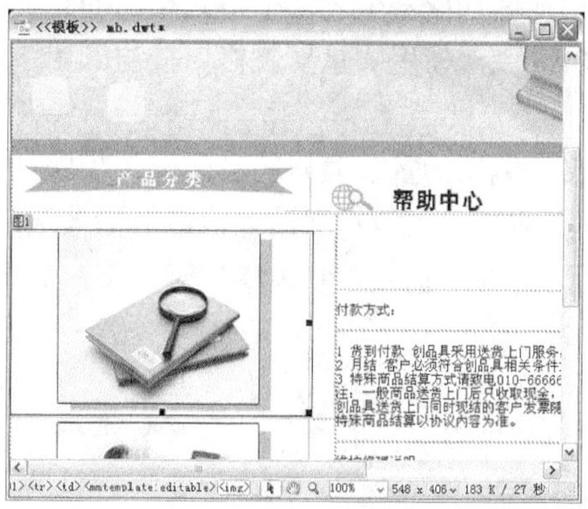

图 9-23

② 不能对同一模板中的多个可编辑区域使用相同的名称。

③ 可以将整个表格或单独的表格单元格标志为可编辑的，但不能将多个表格单元格标志为单个可编辑区域。如果选定<td>标签，则可编辑区域中包括单元格周围的区域；如果未选定，则可编辑区域将只影响单元格中的内容。

④ 层和层内容是单独的元素。使层可编辑时可以更改层的位置及其内容，而使层的内容可编辑时只能更改层的内容而不能更改其位置。

⑤ 在普通网页文档中插入一个可编辑区域，Dreamweaver CS3 会警告该文档将自动另存为模板。

⑥ 可编辑区域不能嵌套插入。

◎ **定义可编辑的重复区域**

重复区域是可根据需要在基于模板的页面中复制任意次数的模板部分。重复区域通常用于表格，但也可以为其他页面元素定义重复区域。但是重复区域不是可编辑区域，若要使重复区域中的内容可编辑，必须在重复区域内插入可编辑区域。

定义可编辑的重复区域的具体操作步骤如下。

步骤 1 选择区域。

步骤 2 打开“新建重复区域”对话框。

打开“新建重复区域”对话框有以下 3 种方法。

① 在“插入”面板的“常用”选项卡中，单击“模板”展开式按钮，选择“重复区域”按钮。

② 选择“插入记录 > 模板对象 > 重复区域”命令。

③ 在文档窗口中单击鼠标右键，在弹出的快捷菜单中选择“模板 > 新建重复区域”命令。

步骤 3 定义重复区域。在“名称”文本框中为模板区域输入唯一的名称，如图 9-24 所示，单击“确定”按钮，将重复区域插入到模板中。

步骤 4 选择重复区域或其一部分，如表格、行或单元格，定义可编辑区域，如图 9-25 所示。

提　示 在一个重复区域内可以继续插入另一个重复区域。

◎ **定义可编辑的重复表格**

有时网页的内容经常变化，此时可使用“重复表格”功能创建模板。利用此模板创建的网页可以方便地增加或减少表格中格式相同的行，满足内容变化的网页布局。要创建包含重复行格式的可编辑区域，使用“重复表格”按钮。用户可以定义表格属性，并设置哪些表格中的单元格可编辑。

定义可编辑的重复表格的具体操作步骤如下。

步骤 1 将插入点放在文档窗口中要插入重复表格的位置。

步骤 2 打开“插入重复表格”对话框，如图 9-26 所示。

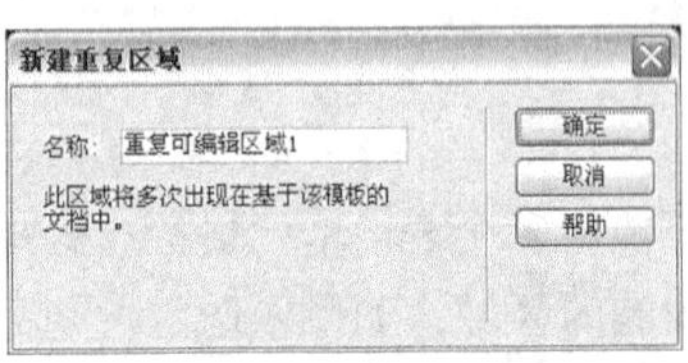

图 9-24

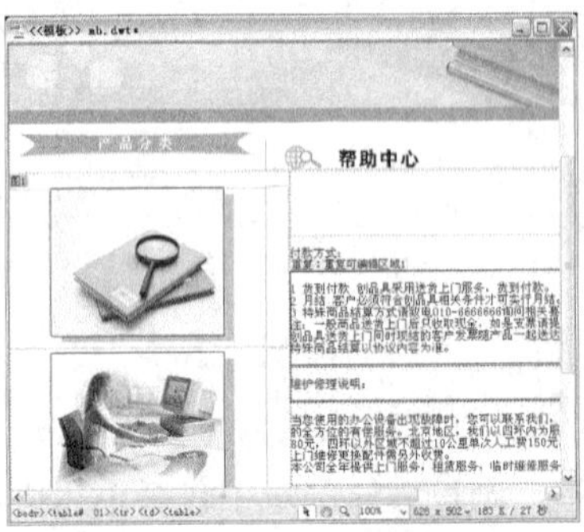

图 9-25

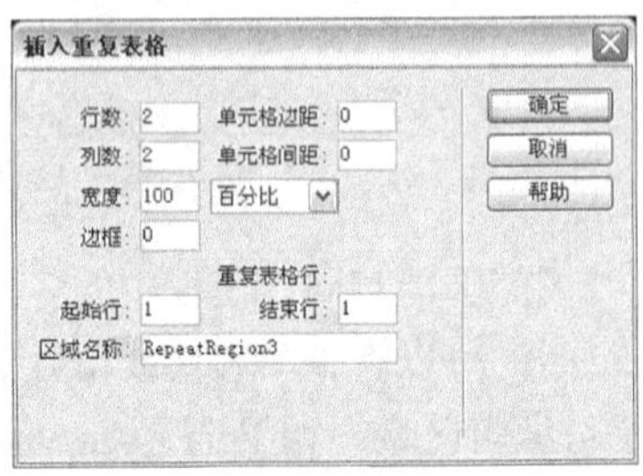

图 9-26

打开“插入重复表格”对话框有以下两种方法。

① 在“插入”面板的“常用”选项卡中，单击“模板”展开式按钮，选择“重复表格”按钮。

② 选择“插入记录 > 模板对象 > 重复表格”命令。

“插入重复表格”对话框中各选项的作用如下。

行数：设置表格具有的行的数目。

列数：设置表格具有的列的数目。

单元格边距：设置单元格内容和单元格边界之间的像素数。

单元格间距：设置相邻的表格单元格之间的像素数。

宽度：以像素为单位或以浏览器窗口宽度的百分比设置表格的宽度。

边框：以像素为单位设置表格边框的宽度。

重复表格行：设置表格中的哪些行包括在重复区域中。

起始行：将输入的行号设置为包括在重复区域中的第一行。

结束行：将输入的行号设置为包括在重复区域中的最后一行。

区域名称：为重复区域设置唯一的名称。

步骤 3 按需要输入新值，单击“确定”按钮，重复表格即出现在模板中，如图 9-27 所示。

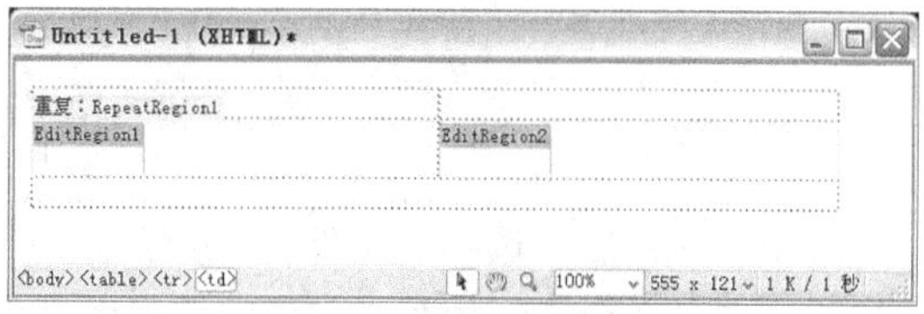

图 9-27

使用重复表格要注意以下几点。

① 如果没有明确指定单元格边距和单元格间距的值，则大多数浏览器按单元格边距设置为 1、单元格间距设置为 2 来显示表格。若要浏览器显示的表格没有边距和间距，将“单元格边距”选项和“单元格间距”选项设置为 0。

② 如果没有明确指定边框的值，则大多数浏览器按边框设置为 1 显示表格。若要浏览器显示的表格没有边框，将“边框”设置为 0。若要在边框设置为 0 时查看单元格和表格边框，则要选择“查看 > 可视化助理 > 表格边框”命令。

③ 重复表格可以包含在重复区域内，但不能包含在可编辑区域内。

◎ **取消可编辑区域标记**

使用“取消可编辑区域”命令可取消可编辑区域的标记，使之成为不可编辑区域。取消可编辑区域标记有以下两种方法。

① 先选择可编辑区域，然后选择“修改 > 模板 > 删除模板标记”命令，此时该区域变成不可编辑区域。

② 先选择可编辑区域，然后在文档窗口下方的可编辑区域标签上单击鼠标右键，在弹出的快捷菜单中选择“删除标签”命令，如图 9-28 所示，此时该区域变成不可编辑区域。

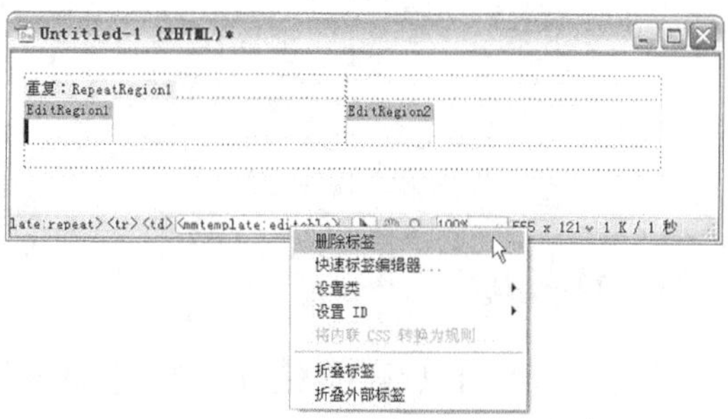

图 9-28

4. 创建基于模板的网页

创建基于模板的网页有两种方法，一是使用“新建”命令创建基于模板的新文档，二是应用“资源”控制面板中的模板来创建基于模板的网页。

◎ **使用新建命令创建基于模板的新文档**

选择“文件 > 新建”命令，打开“新建文档”对话框，单击“模板中的页”选项，切换到“从模板新建”窗口。在“站点”列表框中选择本网站的站点，如“未命名站点 1”，再从右侧的列表框中选择一个模板文件，如图 9-29 所示。单击“创建”按钮，创建基于模板的新文档。

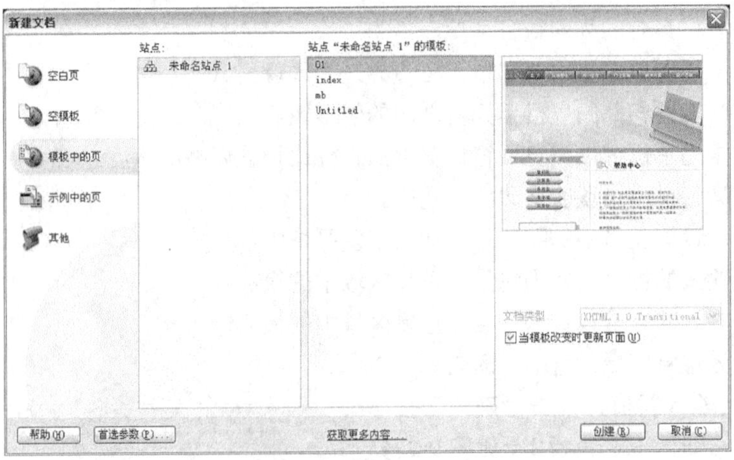

图 9-29

编辑完文档后，选择“文件 > 保存”命令，保存所创建的文档。在文档窗口中按照模板中的设置建立了一个新的页面，并可向编辑区域内添加信息，如图 9-30 所示。

◎ **应用“资源”控制面板中的模板创建基于模板的网页**

新建 HTML 文档，选择“窗口 > 资源”命令，启用“资源”控制面板。在“资源”控制面板中，单击左侧的“模板”按钮，再从模板列表中选择相应的模板，最后单击控制面板下方的“应用”按钮，在文档中应用该模板，如图 9-31 所示。

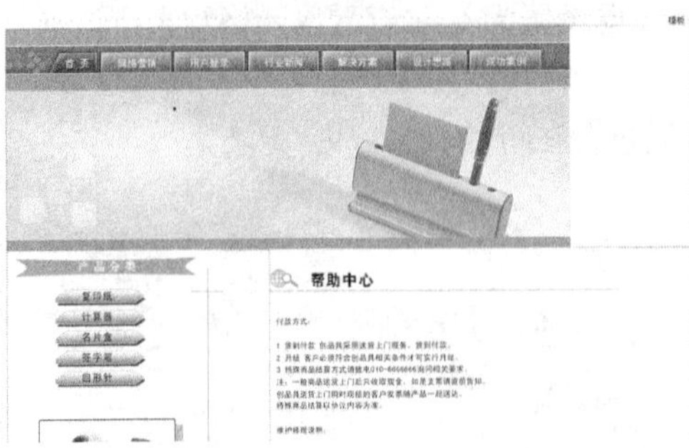

图 9-30

图 9-31

5. 管理模板

创建模板后可以重命名模板文件、修改模板文件和删除模板文件。

◎ **重命名模板文件**

具体操作步骤如下。

步骤 1 选择“窗口 > 资源”命令，调出“资源”控制面板，单击左侧的“模板”按钮，控制面板右侧显示本站点的模板列表，如图 9-32 所示。

步骤 2 在模板列表中，双击模板的名称使文本可选，然后输入一个新名称。

步骤 3 按<Enter>键使更改生效，此时弹出“更新文件”对话框，如图 9-33 所示。若更新网站中所有基于此模板的网页，单击“更新”按钮；否则，单击“不更新”按钮。

◎ **修改模板文件**

具体操作步骤如下。

步骤 1 选择“窗口 > 资源”命令，调出“资源”控制面板，单击左侧的“模板”按钮，控制面板右侧显示本站点的模板列表，如图 9-34 所示。

图 9-32

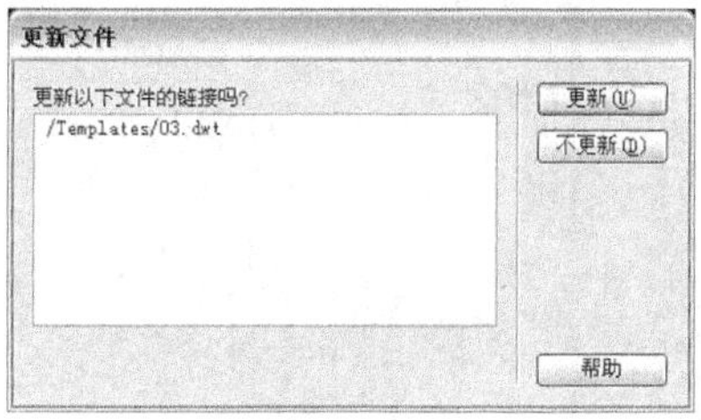

图 9-33

图 9-34

步骤 2 在模板列表中双击要修改的模板文件将其打开，根据需要修改模板内容。例如，将表格首行的背景色由粉色变成浅黄色，如图 9-35 所示。

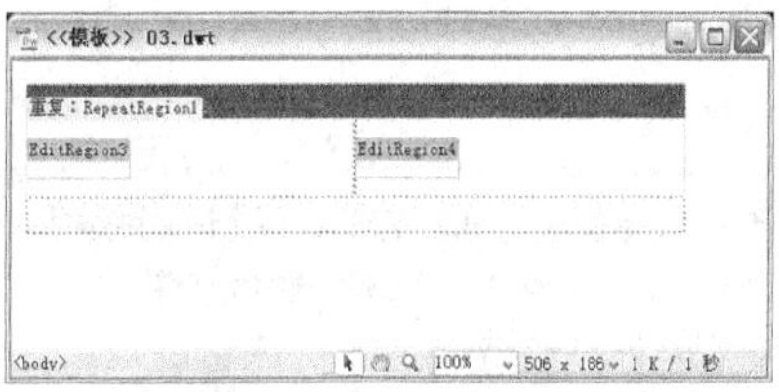

原图

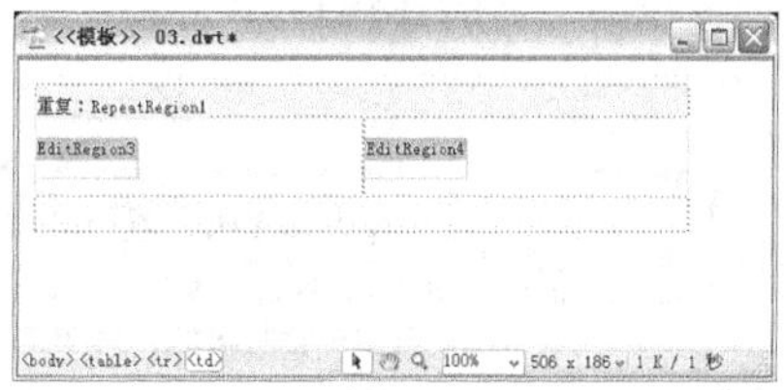

新图

图 9-35

◎ **更新站点**

用模板的最新版本更新整个站点或应用特定模板的所有网页的具体操作步骤如下。

步骤 1 打开“更新页面”对话框。选择“修改 > 模板 > 更新页面”命令，打开“更新页面”对话框，如图 9-36 所示。

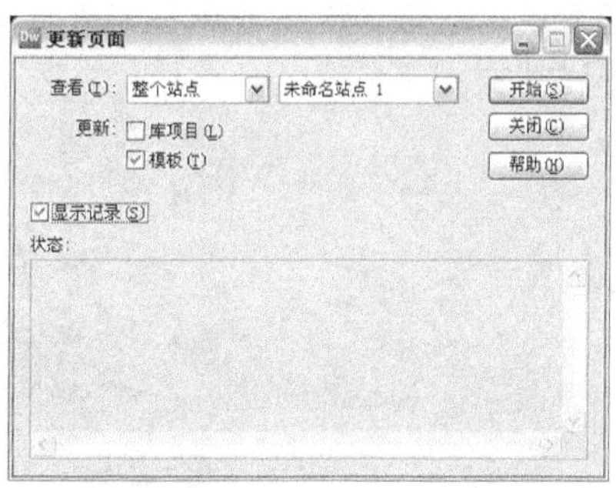

图 9-36

“更新页面”对话框中各选项的作用如下。

查看：设置是用模板的最新版本更新整个站点还是更新应用特定模板的所有网页。

更新：设置更新的类别。

显示记录：设置是否查看 Dreamweaver CS3 更新文件的记录。如果勾选该复选框，则 Dreamweaver CS3 将提供关于其试图更新的文件信息，包括是否成功更新的信息。

“开始”按钮：单击此按钮，Dreamweaver CS3 按照指示更新文件。

“关闭”按钮：单击此按钮，关闭“更新页面”对话框。

步骤 2 若用模板的最新版本更新整个站点，则在“查看”选项右侧的第 1 个下拉列表中选择“整个站点”，然后在第 2 个下拉列表中选择站点名称；若更新应用特定模板的所有网页，则在“查看”选项右侧的第 1 个下拉列表中选择“文件使用……”，然后在第 2 个下拉列表中选择相应的网页名称。

步骤 3 在“更新”选项组中选择“模板”复选框。

步骤 4 单击“开始”按钮，即可根据选择更新整个站点或应用特定模板的所有网页。

步骤 5 单击“关闭”按钮，关闭“更新页面”对话框。

◎ **删除模板文件**

选择“窗口 > 资源”命令，调出“资源”控制面板。单击左侧的“模板”按钮，控制面板右侧显示本站点的模板列表。单击模板的名称选择要删除的模板，单击控制面板下方的“删除”按钮，并确认要删除该模板，此时该模板文件从站点中删除。

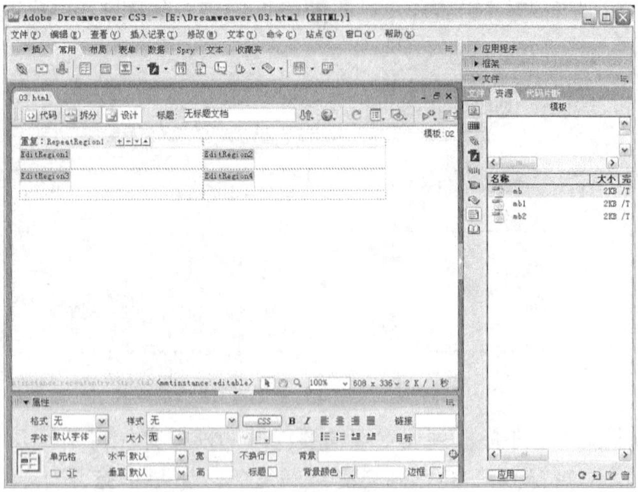

图 9-37

提　示 删除模板后，基于此模板的网页不会与此模板分离，它们还保留删除模板的结构和可编辑区域。例如，网页文件“03.HTM”应用模板 02，在删除模板文件“02.DWT”后仍保留删除模板的结构和可编辑区域，如图 9-37 所示。

9.1.5 【实战演练】——数码配件网页

使用“模板”按钮创建模板页，使用“可编辑区域”按钮和“重复区域”按钮制作可编辑区域和重复区域效果。（最终效果参看光盘中的“Ch09> 效果 > 数码配件网页 > index.html”，如图 9-38 所示。）

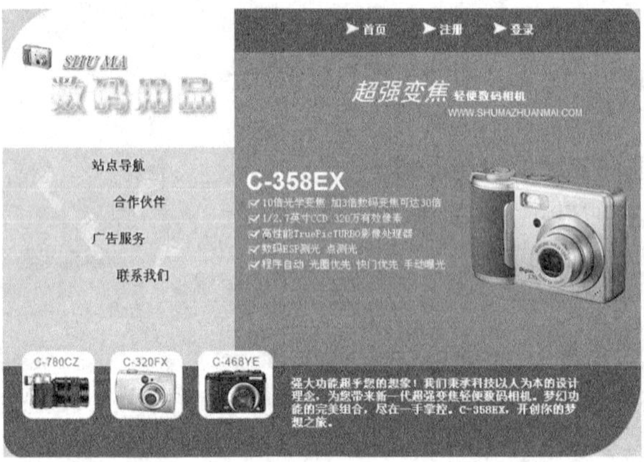

图 9-38

9.2 健康瑜珈网页

9.2.1 【案例分析】

瑜伽运用了一个古老而易于掌握的方法来提高人们生理、心理、情感和精神方面的能力，是一种达到身体、心灵与精神和谐统一的运动形式。本例是为瑜珈休闲健身俱乐部设计制作的网页，本俱乐部主要针对的客户是热衷于健身、减肥、减压，改变亚健康状态的人群。网页设计上希望能体现出瑜伽运动的健康与活力。

9.2.2 【设计理念】

在网页设计、制作过程中，整个页面以清新的绿色为基调，表现出恬静、舒爽的氛围。清晰明确的导航栏设计，体现出瑜伽这项古老运动的现代气息，令浏览者的视觉和身心感受到健康自然的安定。半透明的圆形与正在练习瑜伽的卡通人物的摆放，体现出在练习瑜珈时的优美空间与环境。右侧的内容区域对瑜珈的分类进行了详细介绍。整个页面的设计充分体现出了瑜伽运动在心灵与精神上的和谐统一。（最终效果参看光盘中的“Ch09> 效果 > 健康瑜珈网页 > index.html”，如图 9-39 所示。）

图 9-39

9.2.3 【操作步骤】

1. 创建库项目

步骤 1 选择“文件 > 打开”命令，在弹出的对话框中选择光盘中的“Ch09 > clip >健康瑜珈网页> index.html”文件，单击“打开”按钮打开文件，如图 9-40 所示。

步骤 2 选择“窗口 > 资源”命令，调出“资源”控制面板。在“资源”控制面板中，单击左侧的“库”按钮，进入“库”面板。选择如图 9-41 所示的表格，按住鼠标左键将其拖曳到“库”面板中，如图 9-42 所示，松开鼠标左键，选定的图像将添加为库项目，如图 9-43 所示。

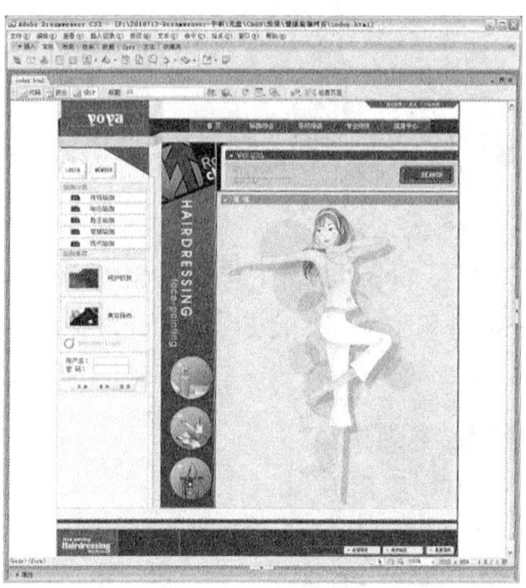

图 9-40

图 9-41

图 9-42

图 9-43

步骤 3 在可输入状态下，将其重命名为“logo”，按<Enter>键确认，如图 9-44 所示。

步骤 4 选择文档窗口左侧的表格，如图 9-45 所示。按住鼠标左键将其拖曳到“库”面板中，松开鼠标左键，选定的表格将其添加为库项目，将其重命名为“left”并按<Enter>键确认，如图 9-46 所示。

图 9-44

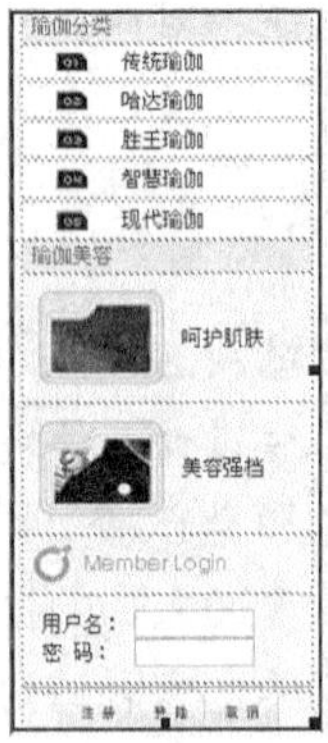

图 9-45

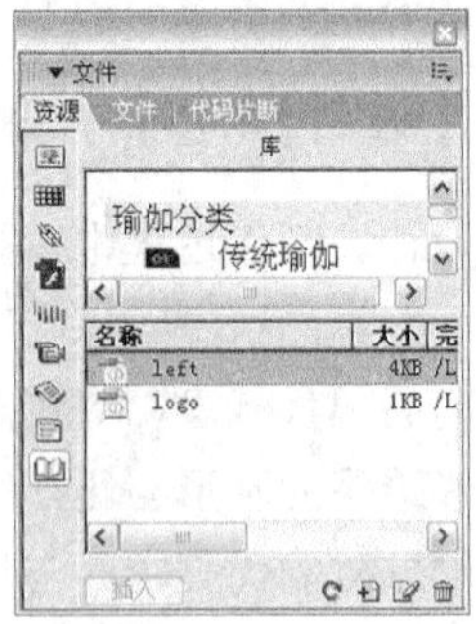

图 9-46

步骤 5 选中文档窗口下方的表格，如图 9-47 所示。按住鼠标左键将其拖曳到“库”面板中，松开鼠标左键，选定的表格添加为库项目，将其重命名为“bottom”并按<Enter>键确认，如图 9-48 所示。文档窗口中的效果如图 9-49 所示。

图 9-47

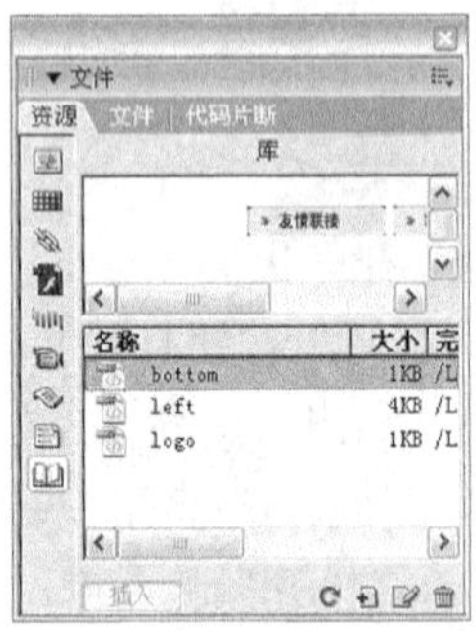

图 9-48

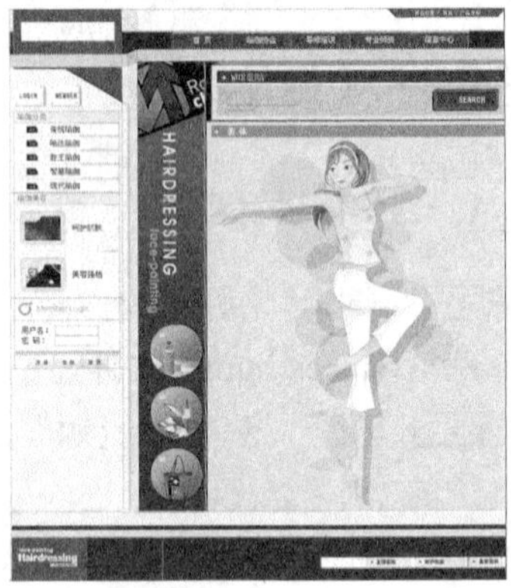

图 9-49

2. 利用库中注册的项目制作网页文档

步骤 1 选择“文件 > 打开”命令，在弹出的对话框中选择光盘中的“Ch09 > clip >健康瑜珈网页> index1.html”文件，单击“打开”按钮打开文件，如图 9-50 所示。

步骤 2 将光标置入上方的绿色表格中，如图 9-51 所示。选择“库”面板中的“logo”选项，如图 9-52 所示，按住鼠标左键将其拖曳到单元中，松开鼠标左键，效果如图 9-53 所示。

图 9-50

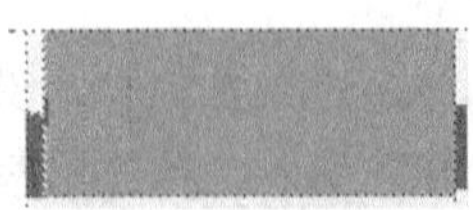

图 9-51

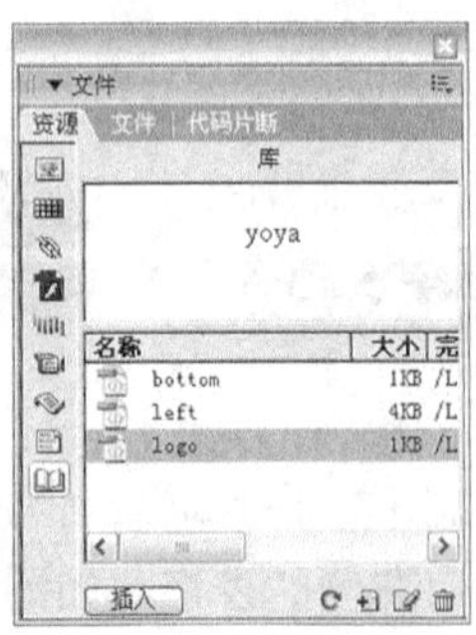

图 9-52

图 9-53

步骤 3 将光标置入单元格中，如图 9-54 所示。选择“库”面板中的“left”选项，如图 9-55 所示，按住鼠标左键将其拖曳到单元格中，松开鼠标左键，效果如图 9-56 所示。

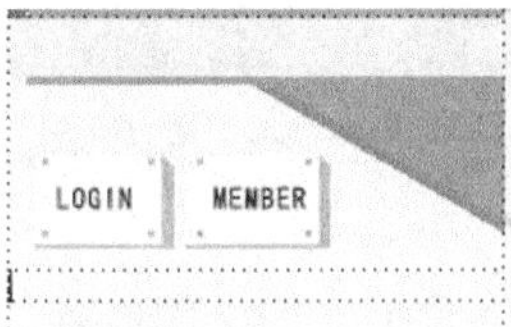

图 9-54

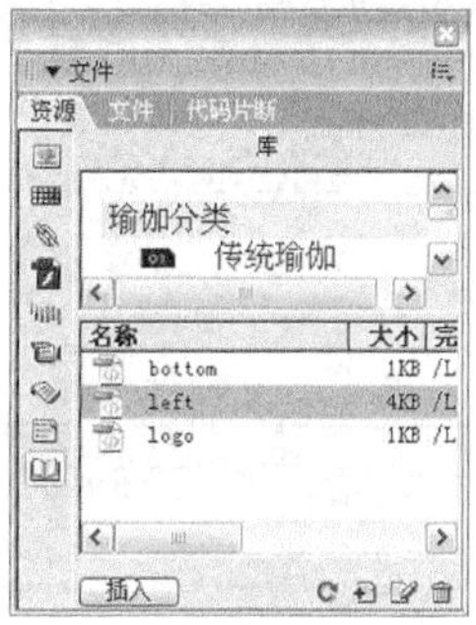

图 9-55

图 9-56

步骤 4 选择“库”面板中的“bottom”选项，如图 9-57 所示。按住鼠标左键将其拖曳到底部单元格中，效果如图 9-58 所示。

步骤 5 保存文档，按<F12>键预览效果，如图 9-59 所示。

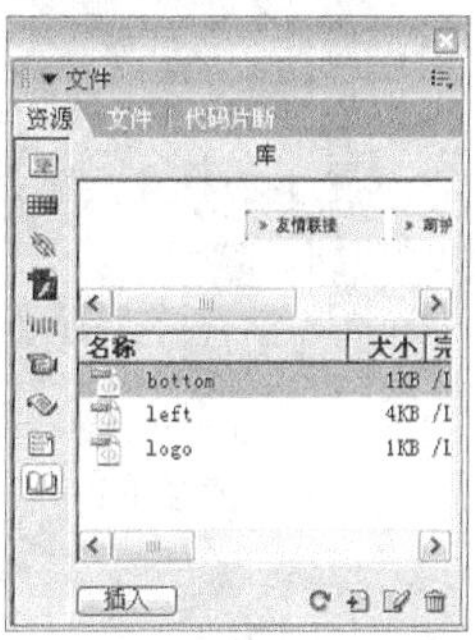

图 9-57

图 9-58

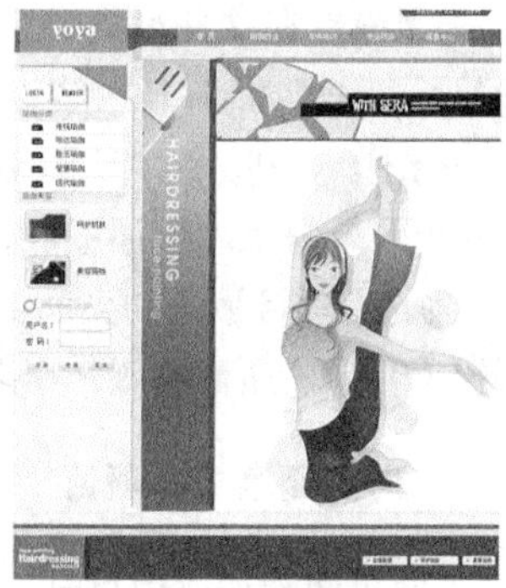

图 9-59

9.2.4 【相关工具】

1. 创建库文件

库项目可以包含文档<body>部分中的任意元素，包括文本、表格、表单、Java Applet、插件、ActiveX 元素、导航条、图像等。库项目只是一个对网页元素的引用，原始文件必须保存在指定的位置。

用户可以使用文档<body>部分中的任意元素创建库文件，也可新建一个空白库文件。

◎ 基于选定内容创建库项目

先在文档窗口中选择要创建为库项目的网页元素，然后创建库项目，并为新的库项目输入一个名称。

创建库项目有以下 4 种方法。

① 选择“窗口 > 资源”命令，调出“资源”控制面板。单击“库”按钮，进入“库”面板，按住鼠标左键将选定的网页元素拖曳到“资源”控制面板中，如图 9-60 所示。

② 单击“库”面板底部的“新建库项目”按钮。

③ 在“库”面板中单击鼠标右键，在弹出的快捷菜单中选择“新建库项”命令。

④ 选择“修改 > 库 > 增加对象到库”命令。

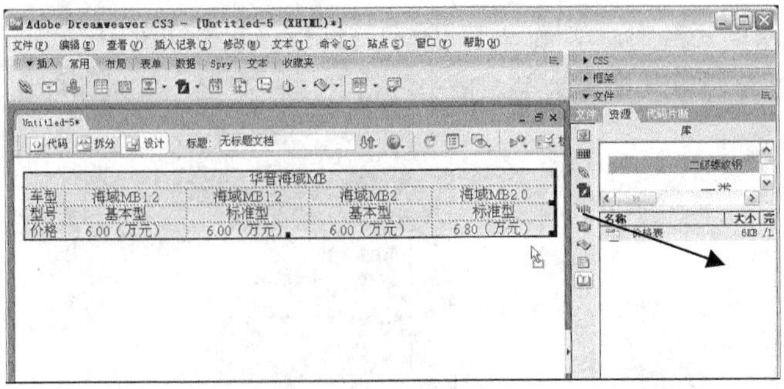

图 9-60

提　示　Dreamweaver CS3 在站点本地根文件夹的“Library”文件夹中，将每个库项目都保存为一个单独的文件（文件扩展名为.lbi）。

◎ **创建空白库项目**

创建空白库项目的具体操作步骤如下。

确保没有在文档窗口中选择任何内容。

步骤 1　选择“窗口 > 资源”命令，调出“资源”控制面板。单击“库”按钮，进入“库”面板。

步骤 2　单击“库”面板底部的“新建库项目”按钮，一个新的无标题的库项目被添加到面板的列表中，如图 9-61 所示。

步骤 3　为该项目输入一个名称，并按<Enter>键确定。

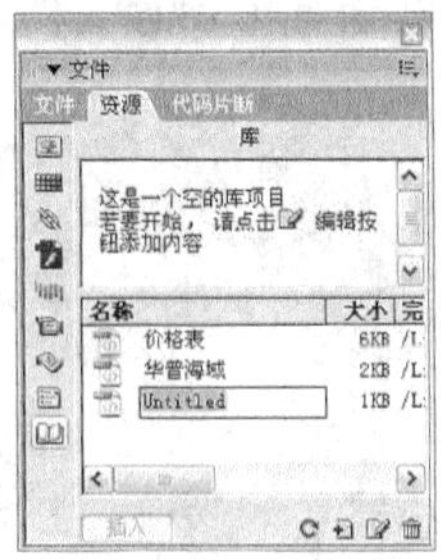

图 9-61

2. 向页面添加库项目

当向页面添加库项目时，将把实际内容以及对该库项目的引用一起插入到文档中，此时，无须提供原项目就可以正常显示。在页面中插入库项目的具体操作步骤如下。

步骤 1　将插入点放在文档窗口中的合适位置。

步骤 2　选择“窗口 > 资源”命令，调出“资源”控制面板。单击“库”按钮，进入“库”面板。将库项目插入到网页中，效果如图 9-62 所示。

将库项目插入到网页有以下两种方法。

① 将一个库项目从“库”面板拖曳到文档窗口中。

② 在“库”面板中选择一个库项目，然后单击面板底部的“插入”按钮。

提　示　若要在文档中插入库项目的内容而不包括对该项目的引用，则在从“资源”控制面板向文档中拖曳该项目时同时按<Ctrl>键，插入的效果如图 9-63 所示。如果用这种方法插入项目，则可以在文档中编辑该项目，但当更新该项目时，使用该库项目的文档不会随之更新。

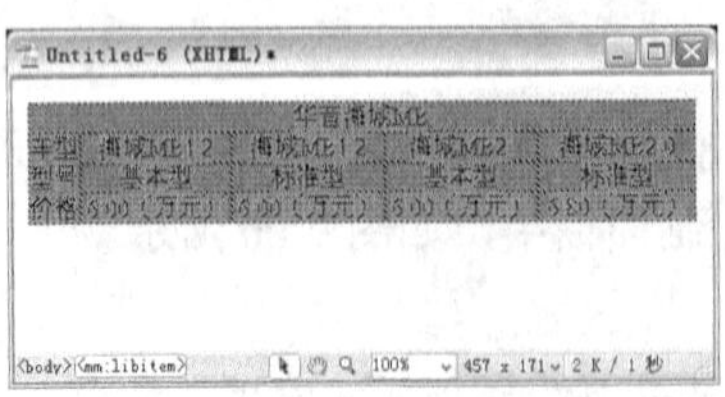

图 9-62

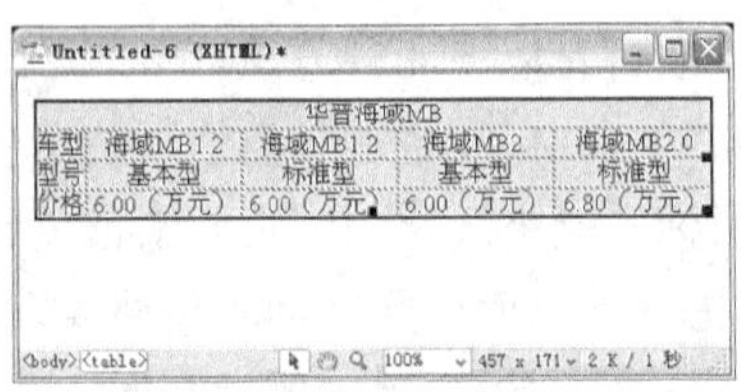

图 9-63

3. 更新库文件

当修改库项目时，会更新使用该项目的所有文档。如果选择不更新，那么文档将保持与库项目的关联，可以在以后进行更新。

对库项目的更改包括重命名项目、删除库项目、重新创建已删除的库项目、修改库项目和更新库项目。

◎ **重命名库项目**

重命名项目可以断开其与文档或模板的连接。重命名库项目的具体操作步骤如下。

步骤 1 选择“窗口 > 资源”命令，调出“资源”控制面板。单击“库”按钮，进入“库”面板。

步骤 2 在库列表中，双击要重命名的库项目的名称，使文本可选，然后输入一个新名称。

步骤 3 按<Enter>键使更改生效，此时弹出“更新文件”对话框，如图 9-64 所示。若要更新站点中所有使用该项目的文档，单击“更新”按钮；否则，单击“不更新”按钮。

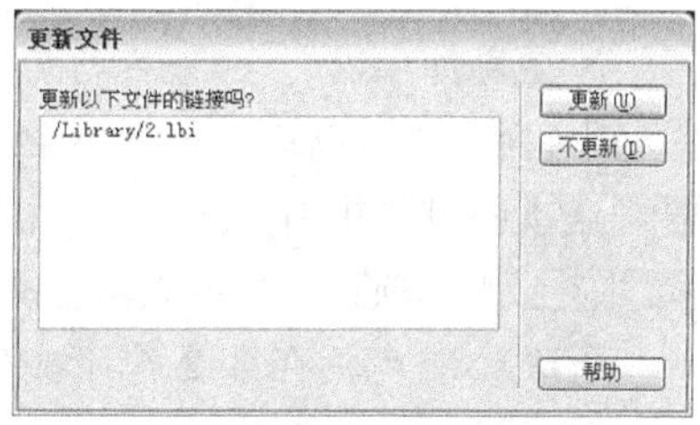

图 9-64

◎ **删除库项目**

先选择“窗口 > 资源”命令，调出“资源”控制面板。单击“库”按钮，进入“库”面板，然后删除选择的库项目。删除库项目有以下两种方法。

① 在“库”面板中单击选择库项目，单击面板底部的“删除”按钮，然后确认要删除该项目。

② 在“库”面板中单击选择库项目，然后按<Delete>键并确认要删除该项目。

提 示 删除一个库项目后，将无法使用“编辑 > 撤销”命令来找回它，只能重新创建。从库中删除库项目后，不会更改任何使用该项目的文档的内容。

◎ **重新创建已删除的库项目**

若网页中已插入了库项目，但该库项目被误删，此时，可以重新创建库项目。重新创建已删除库项目的具体操作步骤如下。

步骤 1 在网页中选择被删除的库项目的一个实例。

步骤 2 选择“窗口 > 属性”命令，调出“属性”面板，如图 9-65 所示。单击“重新创建”按钮，则“库”面板中显示该库项目。

图 9-65

◎ **修改库项目**

步骤 3 选择“窗口 > 资源”命令，调出“资源”控制面板，单击左侧的“库”按钮，面板右侧显示本站点的库列表，如图 9-66 所示。

步骤 4 在库列表中双击要修改的库或选择要修改的库后单击面板底部的“编辑”按钮来打

开库项目，如图 9-67 所示，用户可以根据需要修改库内容。

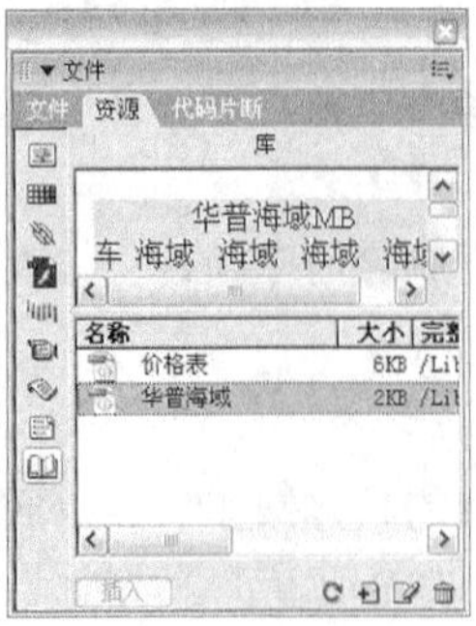

图 9-66

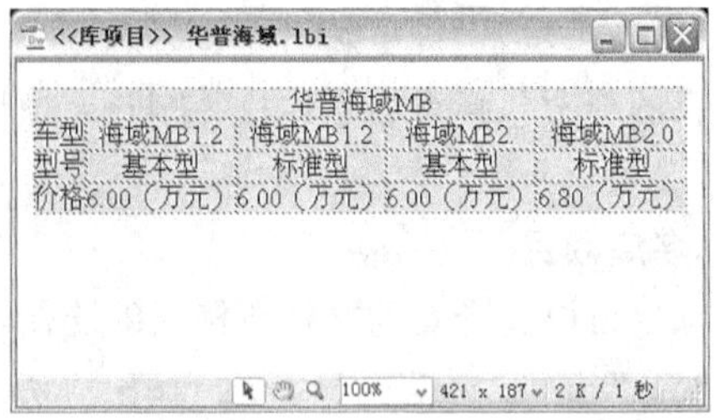

图 9-67

◎ **更新库项目**

用库项目的最新版本更新整个站点或插入该库项目的所有网页的具体操作步骤如下。

步骤 1 打开“更新页面”对话框。

步骤 2 用库项目的最新版本更新整个站点，则在“查看”选项右侧的第 1 个下拉列表中选择“整个站点”，然后在第 2 个下拉列表中选择站点名称。若更新插入该库项目的所有网页，则在“查看”选项右侧的第 1 个下拉列表中选择“文件使用……”，然后在第 2 个下拉列表中选择相应的网页名称。

步骤 3 在“更新”选项组中选择“库项目”复选框。

步骤 4 单击“开始”按钮，即可根据选择更新整个站点或应用特定模板的所有网页。

步骤 5 单击“关闭”按钮关闭“更新页面”对话框。

9.2.5 【实战演练】——茶文化网页

使用“库”面板添加库项目，使用库中的项目制作其他网页文档。（最终效果参看光盘中的“Ch09> 效果 > 茶文化网页 > index.html”，如图 9-68 所示。）

图 9-68

9.3 综合演练——个人网页

使用“库”面板添加库项目，使用库中的项目制作其他网页文档。（最终效果参看光盘中的“Ch09> 效果 > 个人网页”，如图 9-69 所示。）

图 9-69

9.4 综合演练——新品家居网页

使用“模板”按钮创建模板页，使用“可编辑区域”按钮和“重复区域”按钮制作可编辑区域和重复区域。（最终效果参看光盘中的“Ch09> 效果 > 新品家居网页 > index.html”，如图 9-70 所示。）

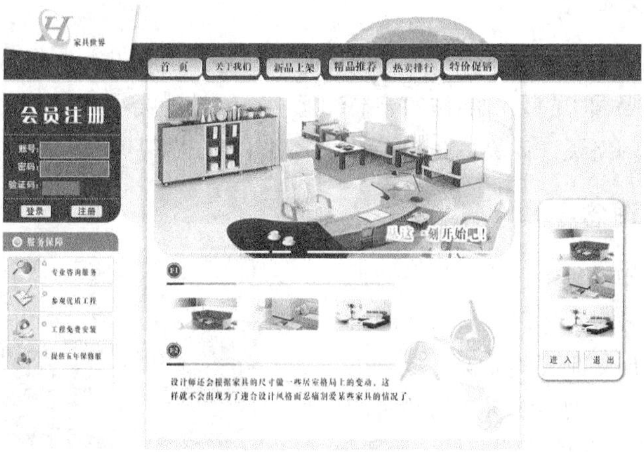

图 9-70

第10章 使用表单

随着网络的普及，越来越多的人在网上拥有自己的个人网站。一般情况下，个人网站的设计者除了想宣传自己外，还希望收到他人的反馈信息。表单为网站设计者提供了通过网络接收用户数据的平台，如注册会员页、网上订货页、检索页等，都是通过表单来收集用户信息。因此，表单是网站管理者与浏览者间沟通的桥梁。

课堂学习目标

- 使用表单和文本域
- 应用复选框和单选按钮
- 创建列表和菜单
- 创建文件域和提交按钮

10.1 咖啡厅会员注册网页

10.1.1 【案例分析】

爱喝咖啡的人越来越多，咖啡除了它苦中有乐的口感，还有引人入胜的香气以及提神醒脑的作用。本例是为喜爱喝咖啡的人群制作的会员注册网，网站的会员可以享受多重优惠，网站还为会员提供了最便捷的网络预订体验。在网页设计上要体现出清新自然，简洁美观的风格。

10.1.2 【设计理念】

在网页设计、制作过程中，将背景设计为蓝色到浅黄色的渐变效果，体现清新自然的氛围。标志的设计体现出咖啡屋的品位。导航栏的内容结构清晰明确。中间是咖啡屋的写实照片，环境优雅宜人。下方是简单的会员注册表。网页的整体设计简单大方，颜色清朗明快，充满时尚的生活气息。（最终效果参看光盘中的"Ch10 > 效果 > 咖啡厅会员注册网页 > index.html"，如图 10-1 所示。）

图 10-1

10.1.3 【操作步骤】

1. 插入表单和表格并设置表格的属性

步骤 1 选择“文件 > 打开”命令，在弹出的对话框中选择光盘中的“Ch10 > clip >咖啡厅会员注册网页> index.html”文件，单击“打开”按钮打开文件，如图 10-2 所示。

步骤 2 将光标置入单元格中，如图 10-3 所示。在“插入”面板的“表单”选项卡中单击“表单”按钮插入表单，如图 10-4 所示。

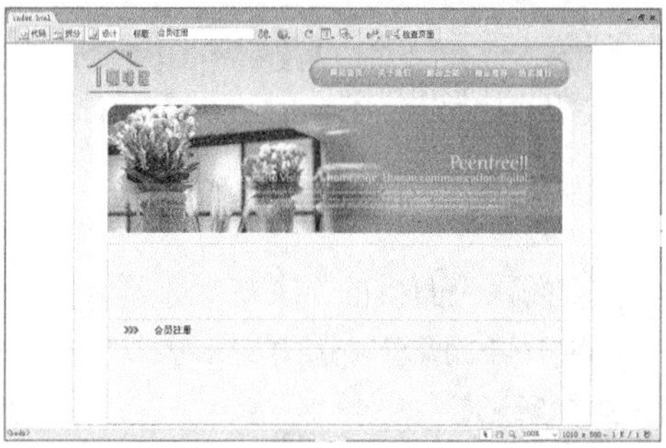

图 10-2

图 10-3

图 10-4

步骤 3 在“插入”面板的“常用”选项卡中单击“表格”按钮，在弹出的“表格”对话框中进行设置，如图 10-5 所示，单击“确定”按钮。在“属性”面板的“对齐”下拉列表中选择“居中对齐”选项，使表格居中对齐显示，效果如图 10-6 所示。

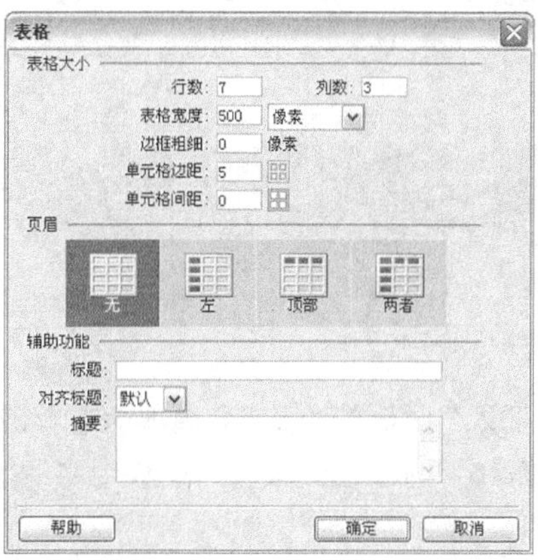

图 10-5

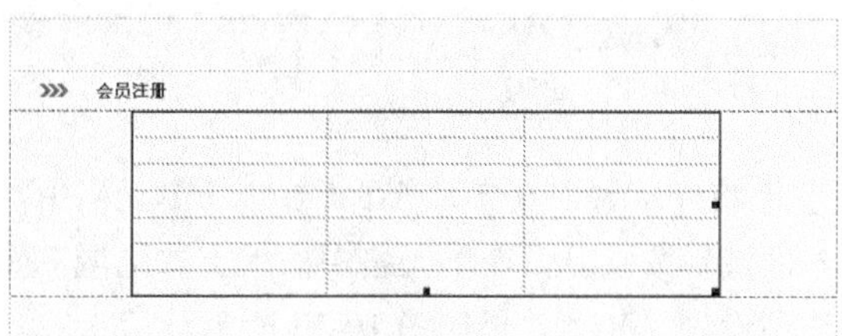

图 10-6

步骤 4 选中如图 10-7 所示的单元格。在“属性”面板中单击“合并所选单元格”按钮，将所选单元格合并，宽度设为 20，效果如图 10-8 所示。选中左侧的单元格，如图 10-9 所示。在“属性”面板的“水平”下拉列表中选择“右对齐”选项，“宽”选项的数值框中输入“100”，效果如图 10-10 所示。

步骤 5 分别在第 1 列单元格中输入需要的文字，效果如图 10-11 所示。

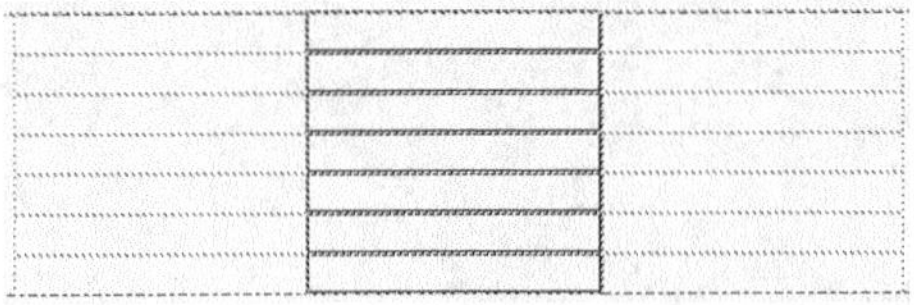

图 10-7

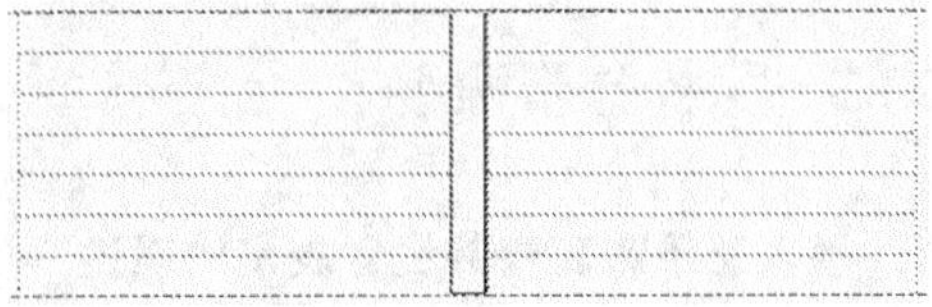

图 10-8

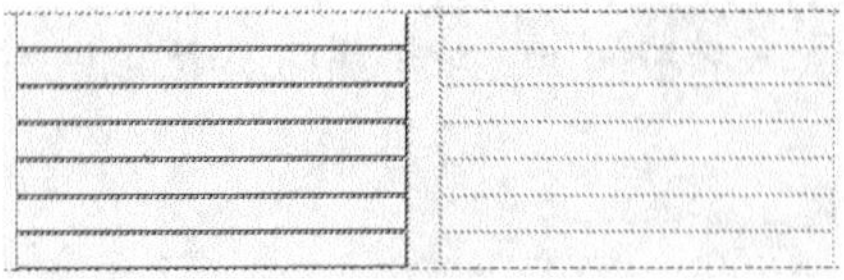

图 10-9

图 10-10

图 10-11

2. 插入文本域

步骤 1 将光标置入第 1 行第 3 列单元格中，在“插入”面板的“表单”选项卡中单击“文本字段”按钮，在单元格中插入文本字段，如图 10-12 所示。选中文本字段，在“属性”面板中将“字符宽度”选项设为“25”，如图 10-13 所示。

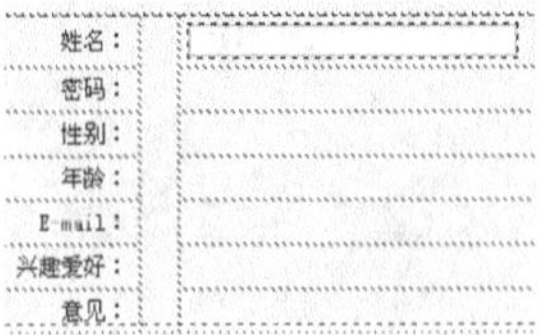

图 10-12

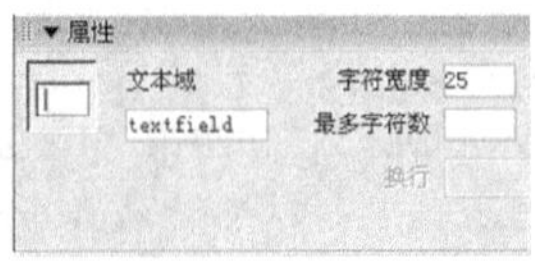

图 10-13

步骤 2 使用相同的方法，在其他单元格中插入文本字段，设置适当的字符宽度，效果如图 10-14 所示。选中“密码”右侧的文本字段，在“属性”面板的“类型”选项组中选择“密码”单选按钮，如图 10-15 所示。

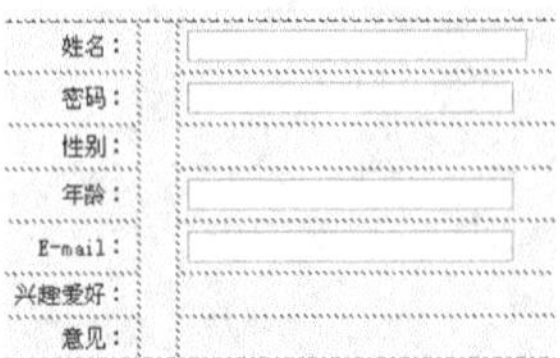

图 10-14

图 10-15

步骤 3 将光标置入文字“意见”右侧的单元格中，在“插入”面板的“表单”选项卡中单击“文本区域”按钮，在单元格中插入文本区域，如图 10-16 所示。在“属性”面板中将“行数”选项设为“3”，效果如图 10-17 所示。

图 10-16

图 10-17

步骤 4 在文字“性别”右侧的单元格中输入文字“男”、“女”，如图 10-18 所示。将光标置入文字“男”的前面，在“插入”面板的“表单”选项卡中单击“单选按钮”按钮，插入一个单选按钮，在“属性”面板中选择“已勾选”单选按钮，效果如图 10-19 所示。用相同的方法在文字“女”的前面插入一个单选按钮，效果如图 10-20 所示。

图 10-18

图 10-19

图 10-20

步骤 5 将光标置入“兴趣爱好”右侧的单元格中，在“插入”面板的“表单”选项卡中单击“复选框”按钮，在单元格中插入复选框，在复选框的后面输入文字“体育”，如图 10-21 所示。使用相同的方法再次插入复选框，并分别输入文字，效果如图 10-22 所示。

步骤 6 保存文档，按<F12>键预览效果，如图 10-23 所示。

图 10-21

图 10-22

图 10-23

10.1.4 【相关工具】

1. 创建表单

在文档中插入表单的具体操作步骤如下。

步骤 1 在文档窗口中，将插入点放在希望插入表单的位置。

步骤 2 执行“表单”命令，文档窗口中出现一个红色的虚轮廓线用来指示表单域，如图 10-24 所示。

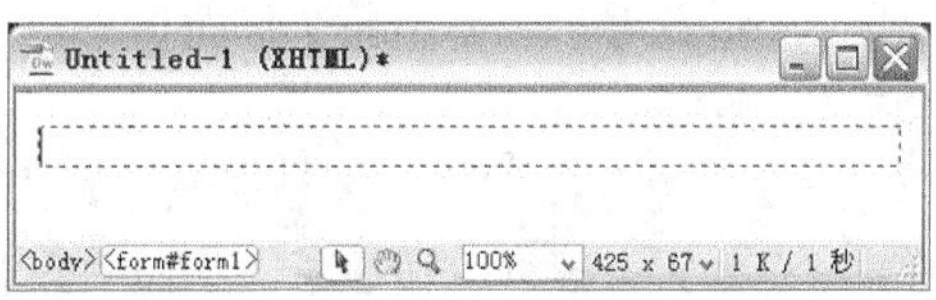

图 10-24

执行“表单”命令有以下两种方法。

① 单击“插入”面板“表单”选项卡中的“表单”按钮，或直接拖曳“表单”按钮到文档中。

② 选择“插入记录 > 表单 > 表单”命令。

提 示 一个页面中包含多个表单，每一个表单都是用<form>和</form>标记来标志的。在插入表单后，如果没有看到表单的轮廓线，可选择“查看 > 可视化助理 > 不可见元素”命令来显示表单的轮廓线。

2. 表单的属性

在文档窗口中选择表单，“属性”面板中出现如图 10-25 所示的表单属性。

图 10-25

表单“属性”面板中各选项的作用如下。

表单名称：是<form>标记的 name 参数，用于标志表单的名称，每个表单的名称都不能相同。命名表单后，用户就可以使用 JavaScript 或 VBScript 等脚本语言引用或控制该表单。

动作：是<form>标记的 action 参数，用于设置处理该表单数据的动态网页路径。用户可以在此选项中直接输入动态网页的完整路径，也可以单击选项右侧的“浏览文件”按钮，选择处理该表单数据的动态网页。

方法：是<form>标记的 method 参数，用于设置将表单数据传输到服务器的方法。可供选择的方法有 POST 方法和 GET 方法两种。POST 方法是在 HTTP 请求中嵌入表单数据，并将其传输到服务器，所以，POST 方法适合于向服务器提交大量数据的情况；GET 方法是将值附加到请求的 URL 中，并将其传输到服务器。GET 方法有 255 个字符的限制，所以适合于向服务器提交少量数据的情况。通常，系统默认为 POST 方法。

MIME 类型：是<form>标记的 enctype 参数，用于设置对提交给服务器处理的数据使用的 MIME 编码类型。MIME 编码类型默认设置为“application/x-www-form-urlencode”，通常与 POST 方法协同使用。如果要创建文件上传域，则指定为“multipart/form-data MIME”类型。

目标：是<form>标记的 target 参数，用于设置一个窗口，在该窗口中显示处理表单后返回的数据。目标值有以下几种。

“_blank”选项：表示在未命名的新浏览器窗口中打开要链接到的网页。

“_parent”选项：表示在父级框架或包含该链接的框架窗口中打开链接网页。一般使用框架时才选用此选项。如果包含链接的框架不是嵌套的，则链接文件加载到整个浏览器窗口中。

“_self”选项：默认选项，表示在当前窗口中打开要链接到的网页。

“_top”选项：表示在整个浏览器窗口中打开链接网页并删除所有框架。一般使用多级框架时才选用此选项。

一般不使用 GET 方法发送长表单，因为 URL 的长度被限制在 8 192 个字符以内。如果发送的数据量太大，数据将被截断，从而导致意外地丢失或失败的处理结果。如果要收集用户名和密码、信用卡号或其他机密信息，POST 方法看起来比 GET 方法更安全。但实际上由 POST 方法发送的信息是未被加密的，容易被黑客获取。若要确保安全性，则需要通过安全的连接与安全的服务器相连。

3. 单行文本域

通常使用表单的文本域来接收用户输入的信息，文本域包括单行文本域、多行文本域和密码文本域 3 种。一般情况下，当用户输入较少的信息时，使用单行文本域接收；当用户输入较多的信息时，使用多行文本域接收；当用户输入密码等保密信息时，使用密码文本域接收。

◎ 插入单行文本域

要在表单域中插入单行文本域，先将光标放在表单轮廓内需要插入单行文本域的位置，然后插入单行文本域，如图 10-26 所示。

插入单行文本域有以下两种方法。

① 单击“插入”面板“表单”选项卡中的“文本字段”按钮，在文档窗口的表单中出现一个单行文本域。

② 选择“插入记录 > 表单 > 文本域”命令，在文档窗口的表单中出现一个单行文本域。

在“属性”面板中显示单行文本域的属性，如图 10-27 所示，用户可根据需要设置该单行文本域的各项属性。

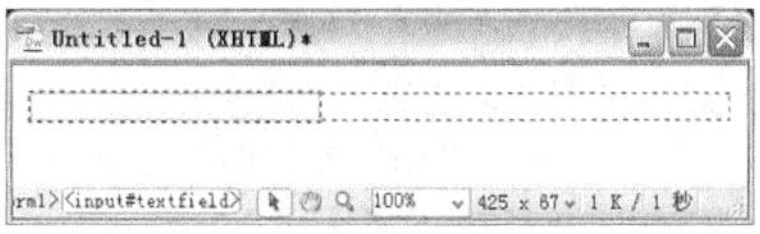

图 10-26

图 10-27

◎ **插入多行文本域**

若要在表单域中插入多行文本域，先将光标放在表单轮廓内需要插入多行文本域的位置，然后插入多行文本域，如图 10-28 所示。

插入多行文本域有以下两种方法。

① 单击“插入”面板“表单”选项卡中的“文本区域”按钮，在文档窗口的表单中出现一个多行文本域。

② 选择“插入记录 > 表单 > 文本区域”命令，在文档窗口的表单中出现一个多行文本域。

在“属性”面板中显示多行文本域的属性，如图 10-29 所示，用户可根据需要设置该多行文本域的各项属性。

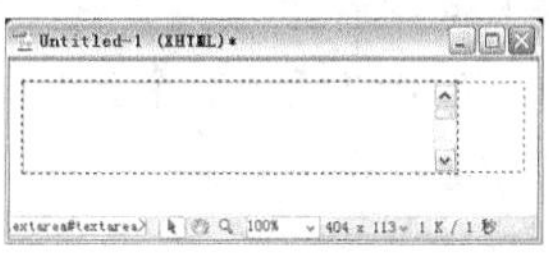

图 10-28

图 10-29

◎ **插入密码文本域**

若要在表单域中插入密码文本域，则只需在表单轮廓内插入一个单行或多行密码文本域，如图 10-30 所示。

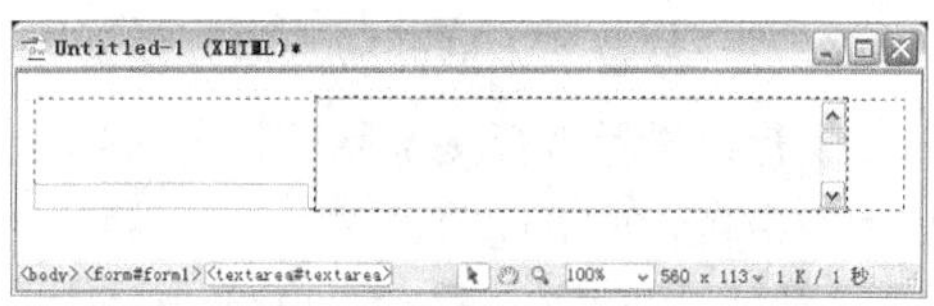

图 10-30

插入密码文本域有以下两种方法。

① 单击“插入”面板“表单”选项卡中的“文本字段”按钮或“文本区域”按钮，在文档窗口的表单中出现一个单行或多行文本域。

② 选择“插入记录 > 表单 > 文本域”或“文本区域”命令，在文档窗口的表单中出现一个单行或多行文本域。

在“属性”面板的“类型”选项组中选择“密码”单选钮，此时，多行文本域或单行文本域就变成密码文本域，如图 10-31 所示。

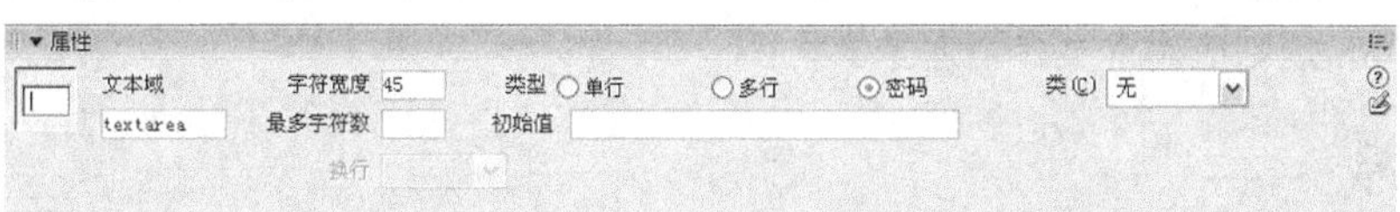

图 10-31

◎ **文本域属性**

选中表单中的文本域，“属性”面板中出现该文本域的属性，当插入的是单行或密码文本域时，“属性”面板如图 10-32 所示；当插入的是多行文本域时，“属性”面板如图 10-33 所示。“属性”面板中各选项的作用如下。

图 10-32

图 10-33

文本域：用于标志该文本域的名称，每个文本域的名称都不能相同。它相当于表单中的一个变量名，服务器通过这个变量名来处理用户在该文本域中输入的值。

字符宽度：设置文本域中最多可显示的字符数。当设置“字符宽度”选项后，若是多行文本域，标签中增加 cols 属性，否则标签增加 size 属性。如果用户的输入超过字符宽度，则超出的字符将不被表单指定的处理程序接收。

最多字符数：设置单行、密码文本域中最多可输入的字符数。当设置“最多字符数”选项后，标签增加 maxlength 属性。如果用户的输入超过最大字符数，则表单产生警告声。

“类型”选项组用于设置域文本的类型，可在单行、多行或密码 3 个类型中任选 1 个。

单行：将产生一个<input>标签，它的 type 属性为 text，这表示此文本域为单行文本域。

多行：将产生一个<textarea>标签，这表示此文本域为多行文本域。

密码：将产生一个<input>标签，它的 type 属性为 password，这表示此文本域为密码文本域，即在此文本域中接收的数据均以“*”显示，以保护它不被其他人看到。

行数：设置文本域的域高度。设置后标签中会增加 rows 属性。

换行：设置多行文本域是否自动换行显示。此选项在文本域中输入较多信息时使用，在其下拉列表中包含如下选项。

“默认”和“关”选项：当用户输入的内容超过文本区域的右边界时，输入的文本将向左侧滚动。用户必须按< Return >键才能将插入点移动到文本区域的下一行。

“虚拟”选项：在文本区域中设置自动换行。当用户输入的内容超过文本区域的右边界时，文本自动换到下一行，但当数据提交时，数据不自动换行。

“实体”选项：在文本区域设置自动换行。它与“虚拟”选项的差别是，当数据提交时，也对这些数据自动换行。

“初始值”选项：设置文本域的初始值，即在首次载入表单时文本域中显示的值。

类：将 CSS 规则应用于文本域对象。

4. 隐藏域

隐藏域在网页中不显示，只是将一些必要的信息存储并提交给服务器。插入隐藏域的操作类似于在高级语言中定义和初始化变量，对于初学者而言，不建议使用隐藏域。

若要在表单域中插入隐藏域，先将光标放在表单轮廓内需要插入隐藏域的位置，然后插入隐藏域，如图 10-34 所示。

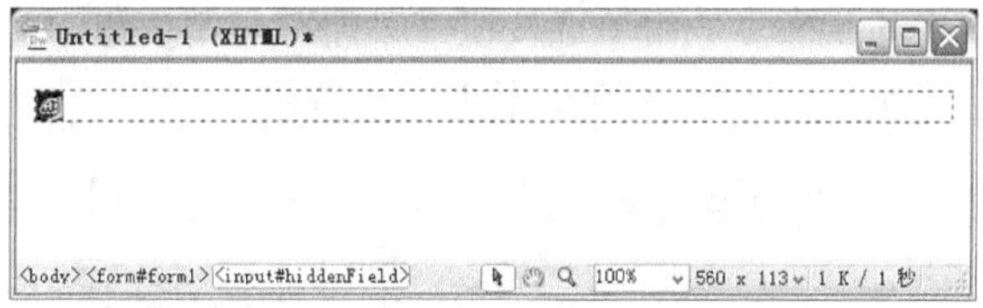

图 10-34

插入隐藏域有以下两种方法。

① 单击“插入”面板“表单”选项卡中的“隐藏域”按钮，在文档窗口的表单中出现一个隐藏域。

② 选择“插入记录 > 表单 > 隐藏域”命令，在文档窗口的表单中出现一个隐藏域。

在“属性”面板中显示隐藏域的属性，如图 10-35 所示，用户可以根据需要设置该隐藏域的各项属性。

图 10-35

隐藏域“属性”面板中各选项的作用如下。

隐藏区域：设置变量的名称。每个变量的名称必须是唯一的。

值：设置变量的值。

5. 单选按钮

为了使单选按钮的布局更加合理，通常采用逐个插入单选按钮的方式。若要在表单域中插入单选按钮，先将光标放在表单轮廓内需要插入单选按钮的位置，然后插入单选按钮，如图 10-36 所示。

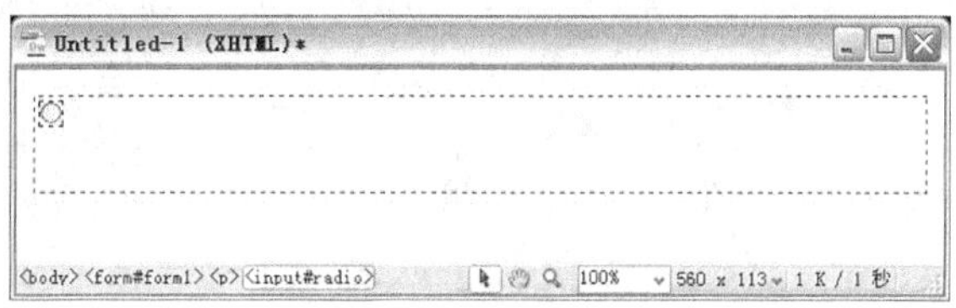

图 10-36

插入单选按钮有以下两种方法。

① 单击“插入”面板“表单”选项卡中的“单选按钮”按钮，在文档窗口的表单中出现一个单选按钮。

② 选择“插入记录 > 表单 > 单选按钮”命令，在文档窗口的表单中出现一个单选按钮。

在“属性”面板中显示单选按钮的属性，如图 10-37 所示，用户可以根据需要设置该单选按钮的各项属性。

图 10-37

单选按钮“属性”面板中各选项的作用如下。

单选按钮：用于输入该单选按钮的名称。

选定值：设置此单选按钮代表的值，一般为字符型数据，即当选定该单选按钮时，表单指定的处理程序获得的值。

初始状态：设置该单选按钮的初始状态。即当浏览器中载入表单时，该单选按钮是否处于被选中的状态。一组单选按钮中只能有一个按钮的初始状态被选中。

类：将 CSS 规则应用于单选按钮。

6. 单选按钮组

先将光标放在表单轮廓内需要插入单选按钮组的位置，然后打开“单选按钮组”对话框，如图 10-38 所示。

打开“单选按钮组”对话框有以下两种方法。

① 单击“插入”面板“表单”选项卡中的“单选按钮组”按钮。

② 选择“插入记录 > 表单 > 单选按钮组”命令。

“单选按钮组”对话框中各选项的作用如下。

名称：用于输入该单选按钮组的名称，每个单选按钮组的名称都不能相同。

“加号”按钮和“减号”按钮：用于向单选按钮组内添加或删除单选按钮。

“向上”按钮和“向下”按钮：用于重新排序单选按钮。

标签：设置单选按钮右侧的提示信息。

值：设置此单选按钮代表的值，一般为字符型数据，即当用户选定该单选按钮时，表单指定的处理程序获得的值。

换行符或表格：使用换行符或表格来设置这些按钮的布局方式。

用户可根据需要设置该按钮组的每个选项，单击“确定”按钮，在文档窗口的表单中出现单选按钮组，如图 10-39 所示。

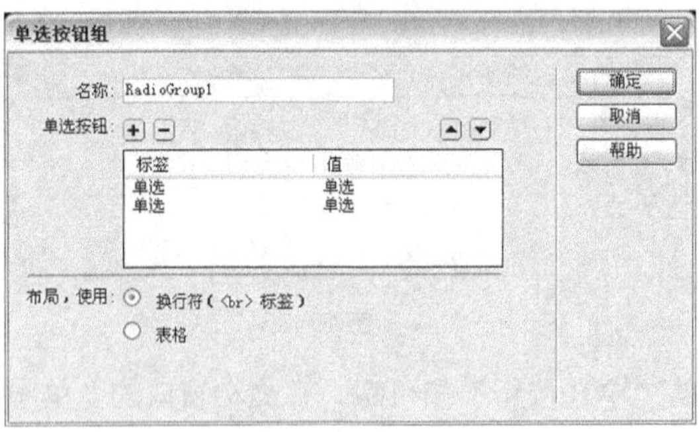

图 10-38

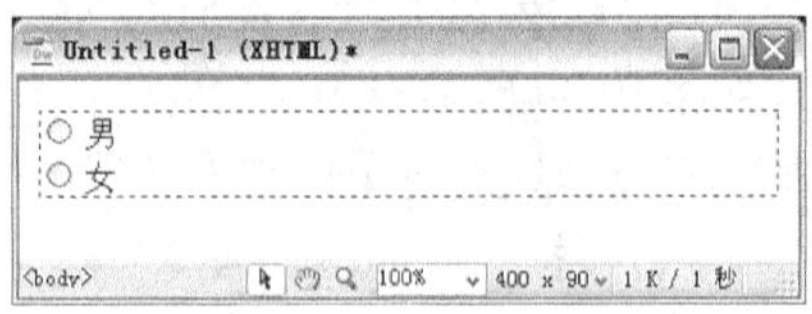

图 10-39

7. 复选框

为了使复选框的布局更加合理，通常采用逐个插入复选框的方式。若要在表单域中插入复选框，先将光标放在表单轮廓内需要插入复选框的位置，然后插入复选框，如图 10-40 所示。

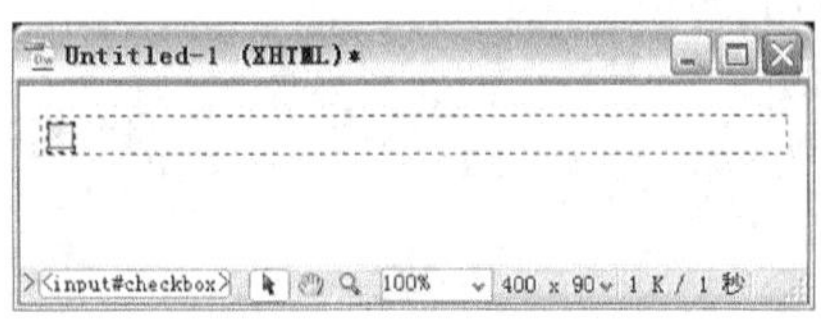

图 10-40

插入复选框有以下两种方法。

① 单击“插入”面板“表单”选项卡中的“复选框”按钮，在文档窗口的表单中出现一个复选框。

② 选择“插入记录 > 表单 > 复选框”命令，在文档窗口的表单中出现一个复选框。

在“属性”面板中显示复选框的属性，如图 10-41 所示，用户可以根据需要设置该复选框的各项属性。

图 10-41

“属性”面板中各选项的作用如下。

复选框名称：用于输入该复选框组的名称。一组复选框中每个复选框的名称相同。

选定值：设置此复选框代表的值，一般为字符型数据，即当选定该复选框时，表单指定的处理程序获得的值。

初始状态：设置复选框的初始状态，即当浏览器中载入表单时，该复选框是否处于被选中的状态。一组复选框中可以有多个按钮的初始状态为被选中。

类：将 CSS 规则应用于复选框。

10.1.5 【实战演练】——化妆品用户登录网页

使用单行文本域按钮制作生日文本域，使用复选框按钮制作提示信息效果，使用单选按钮组制作血型组选项。(最终效果参看光盘中的“Ch10 > 效果 > 化妆品用户登录网页 > index.html”，如图 10-42 所示。)

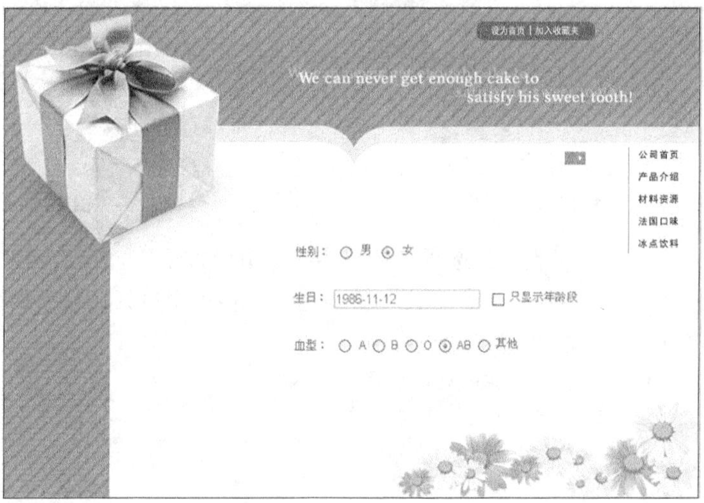

图 10-42

10.2 儿童会员注册网页

10.2.1 【案例分析】

筷乐餐饮是是中国餐饮业的领军企业之一，面向全国，拥有百家连锁店。本例是为筷乐餐饮店制作的儿童会员注册网页，所有儿童会员可获得餐厅提供的定期免费用餐券。在网页设计上要体现出餐饮店的经营理念和企业文化。

10.2.2 【设计理念】

在网页设计、制作过程中，使用橘色和黄色作为网页背景，充分体现饮食的特点，令人心情愉悦、胃口大开。中间的儿童会员注册区域设计新颖独特，能吸引儿童的参与和消费。整个网页设计活泼生动，简洁大方。（最终效果参看光盘中的“Ch10 > 效果 > 儿童会员注册网页 > index.html”，如图 10-43 所示。）

图 10-43

10.2.3 【操作步骤】

步骤 1 选择“文件 > 打开”命令，在弹出的对话框中选择光盘中的“Ch10 > clip >儿童会员注册网页> index.html”文件，单击“打开”按钮打开文件，如图 10-44 所示。将光标置入单元格中，如图 10-45 所示。

图 10-44

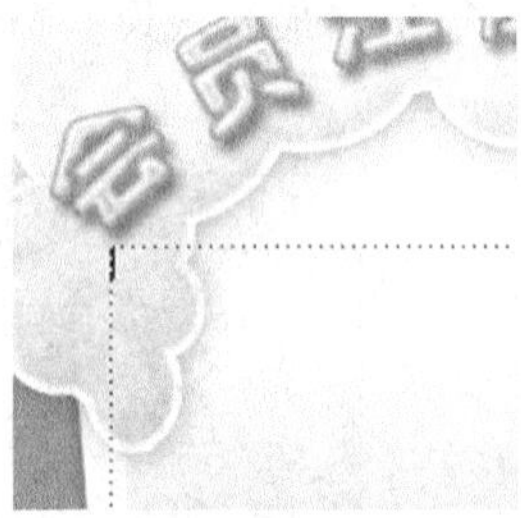

图 10-45

步骤 2 在“插入”面板的“表单”选项卡中单击“表单”按钮，在“插入”面板的“常用”选项卡中单击“表格”按钮，在弹出的“表格”对话框中进行设置，如图 10-46 所示。单击“确定”按钮，效果如图 10-47 所示。

图 10-46

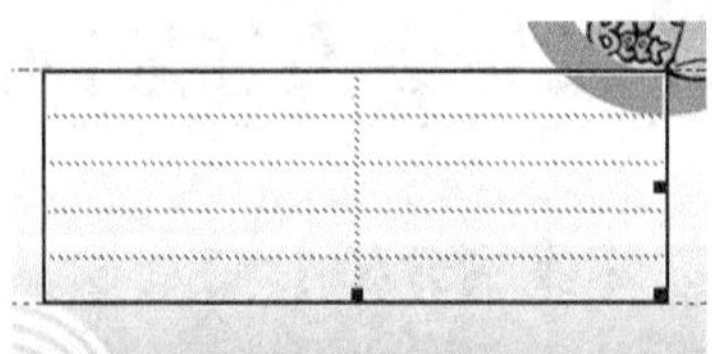

图 10-47

步骤 3 选中第 1 列所有单元格，在“属性”面板的“水平”下拉列表中选择“居中对齐”选项，“宽”选项设为“50”，效果如图 10-48 所示。分别在第 1 列单元格中输入文字，如图 10-49

所示。

图 10-48

图 10-49

步骤 4 将光标置入文字“昵称：”的右侧，在“插入”面板的“表单”选项卡中单击“文本字段”按钮，在“属性”面板中将“字符宽度”选项设为“15”，效果如图 10-50 所示。将光标置入文字“性别”的右侧单元格中，输入文字“男”、“女”，分别在文字的前面插入单选按钮，效果如图 10-51 所示。

步骤 5 将光标置入文字“来自：”右侧的单元格中，在“插入”面板的“表单”选项卡中单击“列表/菜单”按钮，插入列表菜单，如图 10-52 所示。

图 10-50

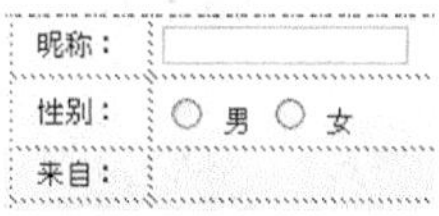

图 10-51

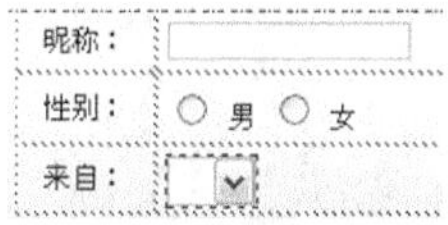

图 10-52

步骤 6 在“属性”面板中单击“列表值”按钮，弹出“列表值”对话框，在对话框中添加如图 10-53 所示的内容，添加完成后单击“确定”按钮，效果如图 10-54 所示。

步骤 7 将光标置入文字“照片：”右侧的单元格中，单击“插入”面板“表单”选项卡中的“文件域”按钮，在文档窗口中的单元格中出现一个文件域，如图 10-55 所示。将光标置入文件域下面的空白单元格中，单击两次“插入”面板“表单”选项卡中的“按钮”按钮，插入两个提交按钮，如图 10-56 所示。

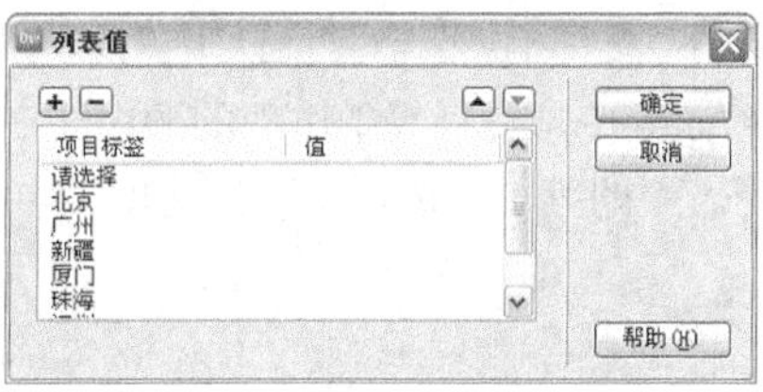

图 10-53

图 10-54

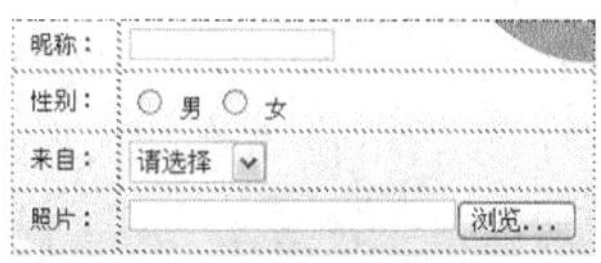

图 10-55

图 10-56

步骤 8 选中第 2 个“提交”按钮，在“属性”面板的“动作”选项组中选择“重设表单”单选钮，效果如图 10-57 所示。

步骤 9 保存文档，按<F12>键预览效果，如图 10-58 所示。

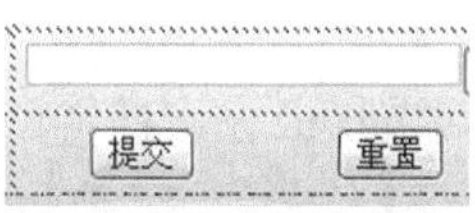

图 10-57

图 10-58

10.2.4 【相关工具】

1. 创建列表和菜单

◎ **插入下拉菜单**

若要在表单域中插入下拉菜单，先将光标放在表单轮廓内需要插入菜单的位置，然后插入下拉菜单，如图 10-59 所示。

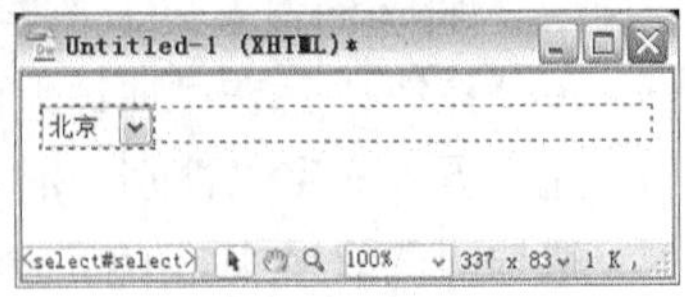

图 10-59

插入下拉菜单有以下两种方法。

① 单击“插入”面板“表单”选项卡中的“列表/菜单”按钮，在文档窗口的表单中出现下拉菜单。

② 选择“插入记录 > 表单 > 列表/菜单”命令，在文档窗口的表单中出现下拉菜单。

在“属性”面板中显示下拉菜单的属性，如图 10-60 所示，用户可以根据需要设置该下拉菜单。

图 10-60

下拉菜单“属性”面板中各选项的作用如下。

列表/菜单：用于输入该下拉菜单的名称。每个下拉菜单的名称都必须是唯一的。

类型：设置菜单的类型。若添加下拉菜单，则选择“菜单”单选钮；若添加可滚动列表，则选择“列表”单选钮。

“列表值”按钮：单击此按钮，弹出如图 10-61 所示的“列表值”对话框，在该对话框中单击“加号”按钮或“减号”按钮向下拉菜单中添加或删除列表项。菜单项在列表中出现的顺序与在“列表值”对话框中出现的顺序一致。在浏览器载入页面时，列表中的第 1 个选项是默认选项。

初始化时选定：设置下拉菜单中默认选择的菜单项。

◎ **插入滚动列表**

若要在表单域中插入滚动列表，先将光标放在表单轮廓内需要插入滚动列表的位置，然后插入滚动列表，如图 10-62 所示。

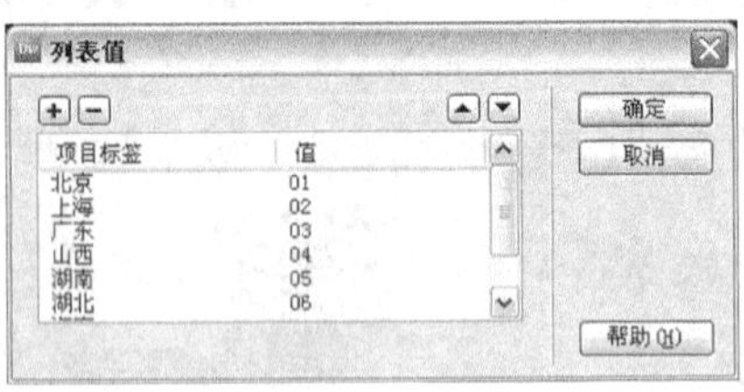

图 10-61

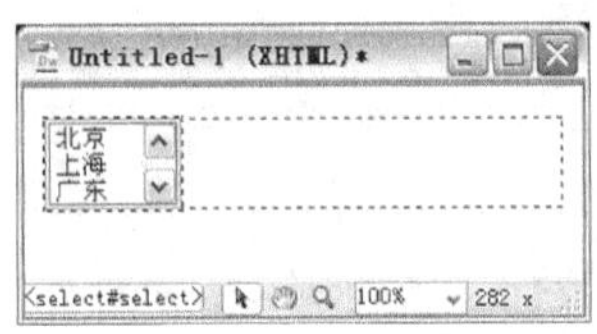

图 10-62

插入滚动列表有以下两种方法。

① 单击“插入”面板“表单”选项卡中的“列表/菜单”按钮，在文档窗口的表单中出现滚动列表。

② 选择“插入记录 > 表单 > 列表/菜单”命令，在文档窗口的表单中出现滚动列表。

在“属性”面板中显示滚动列表的属性，如图 10-63 所示，用户可以根据需要设置该滚动列表。

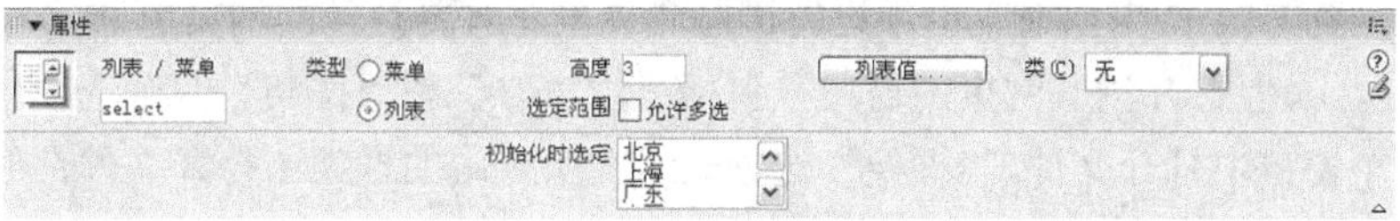

图 10-63

滚动列表“属性”面板中各选项的作用如下。

列表/菜单：用于输入该滚动列表的名称。每个滚动列表的名称都必须是唯一的。

类型：设置菜单的类型。若添加下拉菜单，则选择“菜单”单选钮；若添加滚动列表，则选择“列表”单选钮。

高度：设置滚动列表的高度，即列表中一次最多可显示的项目数。

选定范围：设置用户是否可以从列表中选择多个项目。

初始化时选定：设置可滚动列表中默认选择的菜单项。若在“选定范围”选项中选择“允许多选”复选框，则可在按住<Ctrl>键的同时单击选择“初始化时选定”域中的一个或多个初始化选项。

“列表值”按钮：单击此按钮，弹出如图 10-64 所示的“列表值”对话框，在该对话框中单击“加号”按钮+或“减号”按钮−向下拉菜单中添加或删除列表项。菜单项在列表中出现的顺序与在“列表值”对话框中出现的顺序一致。在浏览器中载入页面时，列表中的第 1 个选项是默认选项。

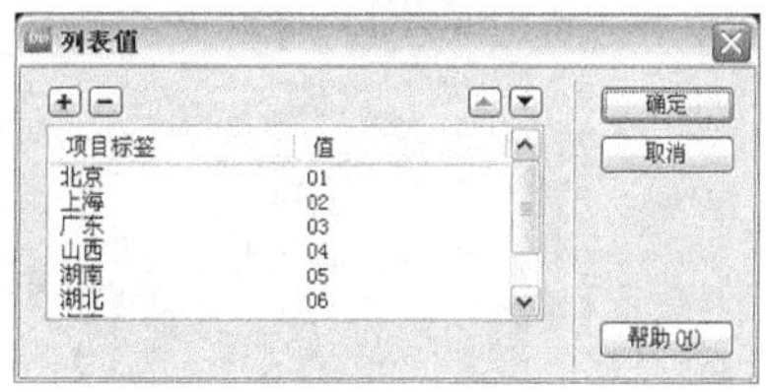

图 10-64

2. 创建跳转菜单

利用跳转菜单，设计者可将某个网页的 URL 地址与菜单列表中的选项建立关联。当用户浏览网页时，只要从跳转菜单列表中选择一菜单项，就会打开相关联的网页。

在网页中插入跳转菜单的具体操作步骤如下。

步骤 1 将光标放在表单轮廓内需要插入跳转菜单的位置。

步骤 2 选择“插入跳转菜单”命令，弹出“插入跳转菜单”对话框，如图 10-65 所示。

打开“插入跳转菜单”对话框有以下两种方法。

① 在“插入”面板的“表单”选项卡中单击“跳转菜单”按钮。

② 选择“插入记录 > 表单 > 跳转菜单”命令。

“插入跳转菜单”对话框中各选项的作用如下。

“加号”按钮+和“减号”按钮−：添加或删除菜单项。

“向上”按钮▲和“向下”按钮▼：在菜单项列表中移动当前菜单项，设置该菜单项在菜单列表中的位置。

图 10-65

菜单项：显示所有菜单项。

文本：设置当前菜单项的显示文字，它会出现在菜单列表中。

选择时，转到 URL：为当前菜单项设置浏览者单击它时要打开的网页地址。

打开 URL：设置打开浏览网页的窗口，包括“主窗口”和“框架”两个选项。“主窗口”选项表示在同一个窗口中打开文件，“框架”选项表示在所选中的框架中打开文件，但选择“框架”选项前应先给框架命名。

菜单 ID：设置菜单的名称，每个菜单的名称都不能相同。

菜单之后插入前往按钮：设置在菜单后是否添加“前往”按钮。

更改 URL 后选择第一个项目：设置浏览者通过跳转菜单打开网页后，该菜单项是否是第一个菜单项目。

在对话框中进行设置，如图 10-66 所示。单击“确定”按钮完成设置，效果如图 10-67 所示。

步骤 3 保存文档，在 IE 浏览器中单击“前往”按钮，网页就可以跳转到其关联的网页上，效果如图 10-68 所示。

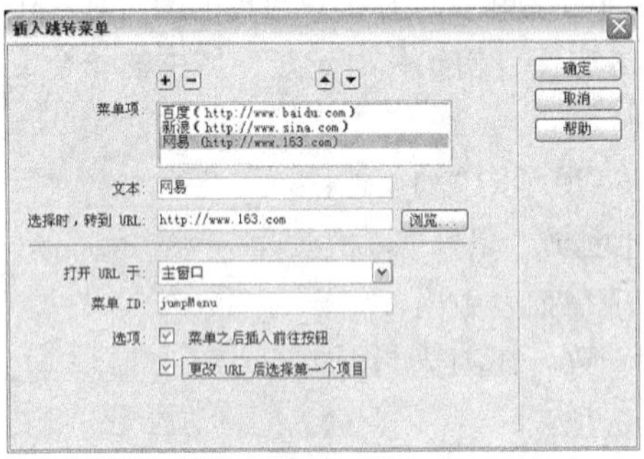

图 10-66

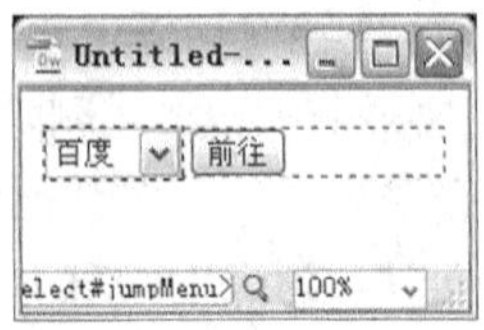

图 10-67

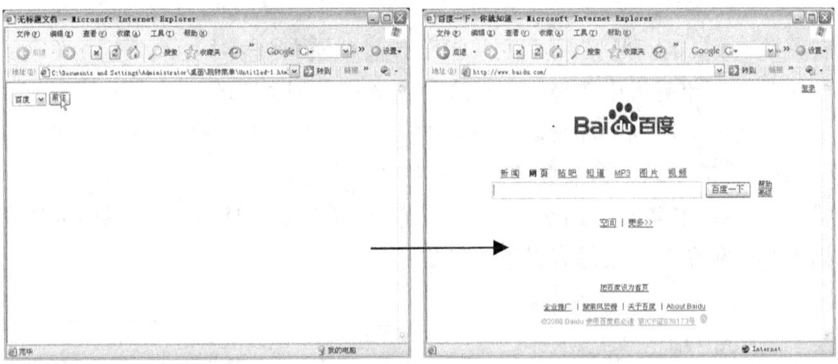

图 10-68

3. 创建文件域

网页中要实现上传文件的功能，需要在表单中插入文件域。文件域的外观与其他文本域类似，只是文件域还包含一个“浏览”按钮，如图 10-69 所示。用户浏览时可以手动输入要上传的文件路径，也可以使用“浏览”按钮定位并选择该文件。

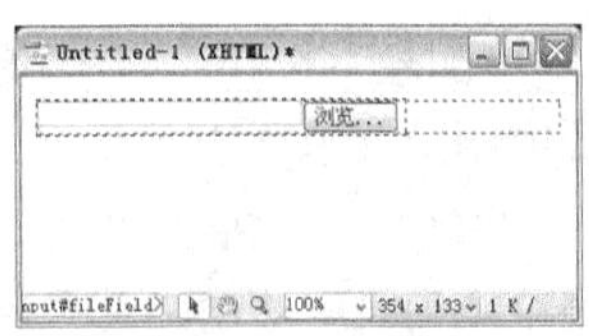

图 10-69

提 示 文件域要求使用 POST 方法将文件从浏览器传输到服务器上，该文件被发送服务器的地址由表单的“操作”文本框所指定。

若要在表单域中插入文件域，则先将光标放在表单轮廓内需要插入文件域的位置，然后插入文件域，如图 10-70 所示。

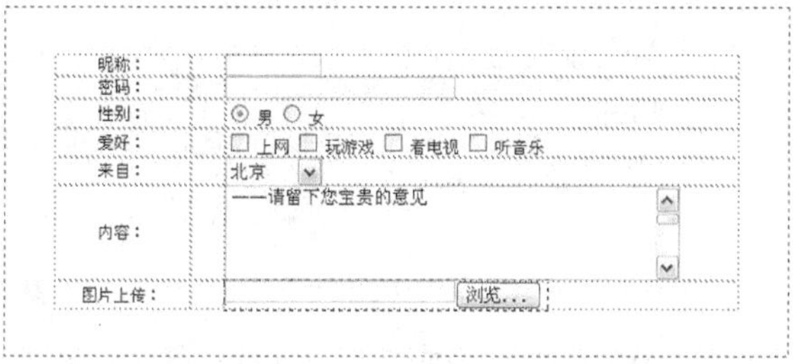

图 10-70

插入文件域有以下两种方法。

① 将光标置于单元格中，单击“插入”面板“表单”选项卡中的“文件域”按钮，在文档窗口中的单元格中出现一个文件域。

② 选择“插入记录 > 表单 > 文件域”命令，在文档窗口的表单中出现一个文件域。

在“属性”面板中显示文件域的属性，如图 10-71 所示，用户可以根据需要设置该文件域的各项属性。

图 10-71

文件域“属性”面板各选项的作用如下。

文件域名称：设置文件域对象的名称。

字符宽度：设置文件域中最多可输入的字符数。

最多字符数：设置文件域中最多可容纳的字符数。如果用户通过“浏览”按钮来定位文件，则文件名和路径可超过指定的“最多字符数”的值。但是，如果用户手工输入文件名和路径，则文件域仅允许键入“最多字符数”值所指定的字符数。

类：将 CSS 规则应用于文件域。

提 示 在使用文件域之前，要与服务器管理员联系，确认允许使用匿名文件上传，否则此选项无效。

4. 创建图像域

普通的按钮很不美观，为了设计需要，常使用图像代替按钮。通常使用图像按钮来提交数据。

插入图像按钮的具体操作步骤如下。

步骤 1 将光标放在表单轮廓内需要插入的位置。

步骤 2 打开“选择图像源文件”对话框，选择作为按钮的图像文件，如图 10-72 所示。

打开“选择图像源文件”对话框有以下两种方法。

① 单击“插入”面板“表单”选项卡中的“图像域”按钮。

② 选择“插入 > 表单 > 图像域”命令。

步骤 3 在“属性”面板中出现如图 10-73 所示的图像按钮的属性，可以根据需要设置该图像按钮的各项属性。

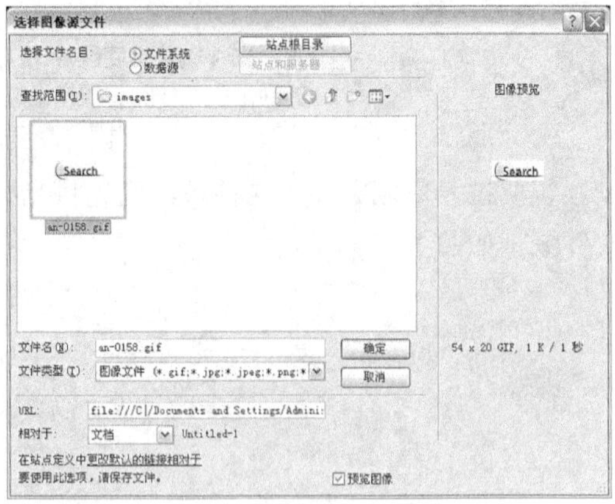

图 10-72

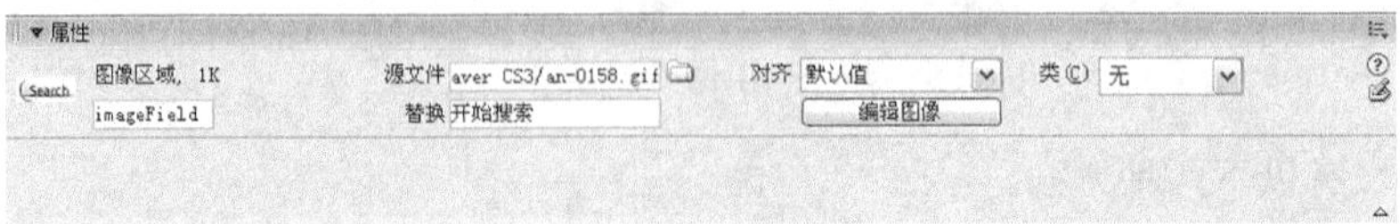

图 10-73

图像按钮“属性”面板中各选项的作用如下。

图像区域：为图像按钮指定一个名称。“提交”和“重置”是两个保留名称，“提交”是通知表单将表单数据提交给处理程序或脚本，“重置”是将所有表单域重置为其原始值。

源文件：设置要为按钮使用的图像。

替换：用于输入描述性文本，一旦图像在浏览器中载入失败，将在图像域的位置显示文本。

对齐：设置对象的对齐方式。

“编辑图像”按钮：启动默认的图像编辑器并打开该图像文件进行编辑。

类：将 CSS 规则应用于图像域。

步骤 4 若要将某个 JavaScript 行为附加到该按钮上，则选择该图像，然后在“行为”控制面板中选择相应的行为。

步骤 5 完成设置后保存并预览网页，效果如图 10-74 所示。

5. 提交、无、重置按钮

按钮的作用是控制表单的操作。一般情况下，表单中设有“提交”按钮、“重置”按钮和“普通”按钮 3 种按钮。“提交”按钮的作用是将表单数据提交到表单指定的处理程序中进行处理；“重置”按钮的作用是将表单的内容还原为初始状态。

若要在表单域中插入按钮，先将光标放在表单轮廓内需要插入按钮的位置，然后插入按钮，如图 10-75 所示。

插入按钮有以下两种方法。

① 单击“插入”面板“表单”选项卡中的“按钮”按钮，在文档窗口的表单中出现一个按钮。

② 选择“插入 > 表单 > 按钮”命令，在文档窗口的表单中出现一个按钮。

在“属性”面板中显示按钮的属性，如图 10-76 所示，用户可以根据需要设置该按钮的各项属性。

图 10-74

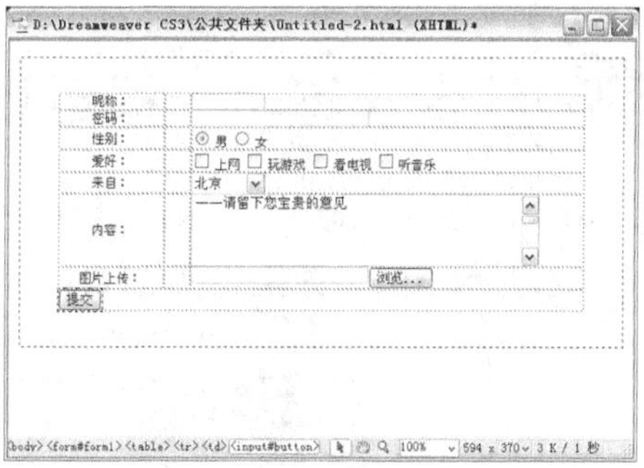

图 10-75

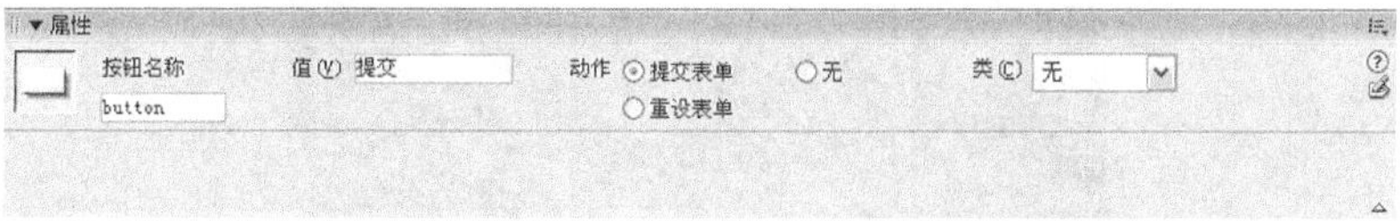

图 10-76

按钮“属性”面板中各选项的作用如下。

按钮名称：用于输入该按钮的名称，每个按钮的名称都不能相同。

值：设置按钮上显示的文本。

“动作”选项组用设置用户单击按钮时将发生的操作，包括“提交表单”、“重设表单”和“无”3 个单选钮。

提交表单：当用户单击按钮时，将表单数据提交到表单指定的处理程序处理。

重设表单：当用户单击按钮时，将表单域内的各对象值还原为初始值。

无：当用户单击按钮时，选择为该按钮附加的行为或脚本。

类：将 CSS 规则应用于按钮。

10.2.5 【实战演练】——旅游用户登录网页

使用单行文本域按钮制作用户名和密码效果，使用列表菜单按钮制作出生日期效果，使用图像域按钮制作提交按钮。（最终效果参看光盘中的“Ch10 > 效果 > 旅游用户登录网页 > index.html”，如图 10-77 所示。）

图 10-77

10.3 综合演练——星运奇缘网页

使用单行文本域按钮制作用户名和密码效果，使用单选按钮组制作星座选项组效果。（最终效果参看光盘中的“Ch10 > 效果 > 星运奇缘网页 > index.html”，如图 10-78 所示。）

图 10-78

10.4 综合演练——家居购物订单网页

使用单行文本域、列表菜单、单选按钮、复选框和提交按钮制作订单页面效果。（最终效果参看光盘中的“Ch10 > 效果 > 家居购物订单网页 > index.html”，如图 10-79 所示。）

图 10-79

第11章 使用行为

Dreamweaver CS3 的行为是将内置的 JavaScript 代码放置在文档中，以实现 Web 页的动态效果。下面从如何使用行为并为其应用相应的事件来讨论如何实现网页动态、交互的效果。

课堂学习目标

- 行为的使用
- 动作的使用

11.1 美丽女人购物网页

11.1.1 【案例分析】

美丽女人购物网是全球最大的中文女性网上购物网站，在线销售超过 60 万种品牌服装以及时尚饰品，是女性购买时尚女装、配饰、家居、健康美容等用品的首选。在网页设计上要表现出时尚柔情的女性魅力，并方便浏览者浏览和购买自己喜欢的时尚产品。

11.1.2 【设计理念】

在网页设计、制作过程中，采用紫红色和彩色条状图形作为背景颜色，充分演绎现代女性对自由、浪漫、感性和健康的追求。左侧是时尚的女性图案，使用了插画的绘制手法，表现出时尚高贵的女性气质。右上方是女性时尚产品的导航栏，为女性提供了海量的时尚产品。右下方通过文字的编排，把女性的魅力展现于页面之上。（最终效果参看光盘中的“Ch11> 效果 > 美丽女人购物网页 > index.html”，如图 11-1 所示。）

图 11-1

11.1.3 【操作步骤】

步骤 1 选择“文件 > 打开”命令，在弹出的对话框中选择光盘中的“Ch11 > clip >美丽女人购物网页> index.html”文件，单击“打开”按钮打开文件，如图 11-2 所示。

步骤 2 选择左上方的图片，如图 11-3 所示。在“属性”面板的“链接”文本框中输入“#”，制作空链接效果，如图 11-4 所示。

图 11-2

图 11-3

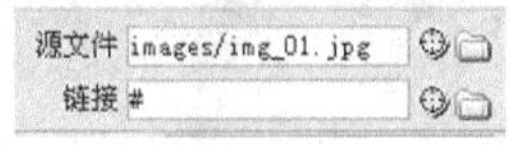

图 11-4

步骤 3 选择“窗口 > 行为”命令，调出“行为”控制面板，单击“添加行为”按钮 +，在弹出的菜单中选择“弹出信息”命令，在弹出的对话框中进行设置，如图 11-5 所示。单击“确定”按钮，面板中的显示如图 11-6 所示。

图 11-5

图 11-6

步骤 4 在“行为”控制面板中单击“事件”中的下拉按钮，选择“onMouseOver”事件，如图 11-7 所示。保存文档，按<F12>键预览效果，当鼠标滑过链接图片时，将弹出提示对话框，如图 11-8 所示。

图 11-7

图 11-8

11.1.4 【相关工具】

1. 行为

无论是直接编写代码还是添加 Dreamweaver CS3 行为，都要求用户了解行为、事件驱动和 VBScript 的基础知识。只有掌握了这些基本知识和原理，才能随心所欲地设计、制作出具有友好的交互界面和吸引用户的网页。

行为可理解成在网页中选择的一系列动作，以实现用户与网页间的交互。行为代码是 Dreamweaver CS3 提供的内置代码，运行于客户端的浏览器中。

简单地说，行为是动作和触发该动作的事件的结合体。动作是 Dreamweaver CS3 系统内置的选择指定任务的 JavaScript 代码。事件是附加在浏览器元素上的特殊过程，每个浏览器都提供一组事件。事件可以与“行为”控制面板的相应动作相关联。本章学习的重点就是将网页元素中的事件与“行为”控制面板中的动作相关联。

实际上，事件是浏览器生成的消息，用以告诉计算机该网页用户选择了哪些操作。当某网页元素的某个事情发生时，Dreamweaver CS3 系统内的事件处理机制会自动选择该对象事件过程中的行为代码，以完成用户指定的操作。

可附加行为的网页元素有整个文档（<body>标签）、链接对象、图像、表单元素或其他 HTML 元素。需要注意的是，一定不能将行为直接附加到纯文本上，必须用块标签<div>包含文本后才能将动作附加到该文本上。

图 11-9

2. 事件

事件是附加在浏览器中元素上的特殊过程，每个浏览器都提供一组事件。事件可以与单击“行为”控制面板的“添加行为”按钮 + 后弹出菜单中列出的动作相关联。实际上，事件是浏览器生成的消息，以通知计算机该网页的访问者选择了某种操作。当某个事情发生时，系统有一个事件处理机制会自动选择事件过程中的行为代码。

行为一定要与相应的事件相关联，因此，必须知道每个事件都在哪种情况下触发选择。事件菜单中罗列出许多事件和所支持的浏览器版本，如图 11-9 所示。

表 11-1 中列出常用的事件，并说明每个事件都适用于哪些网页对象及触发时间。

常用事件、浏览器版本、事件触发时间和适用对象

	事　件	浏览器版本	事件触发时间	适用对象
一般事件	onClick	IE3.0、Netscape2.0	当用户单击鼠标时产生	与绝大多数 HTML 标签一起使用
	onDblClick	IE4.0、Netscape4.0	当用户在指定元素上双击鼠标时产生	与绝大多数 HTML 标签一起使用
	onMouseUP	IE4.0、Netscape4.0	当一个被按下的鼠标按键被释放时产生	与绝大多数 HTML 标签一起使用
	onMouseDown	IE4.0、Netscape4.0	当用户按下鼠标按键时产生	与绝大多数 HTML 标签一起使用
	onMouseOver	IE3.0、Netscape2.0	当鼠标指针首次指向特定元素时产生	与绝大多数 HTML 标签一起使用
	onMouseMove	IE4.0、Netscape4.0	当用户在指向一个特定元素并移走鼠标指针时产生	与绝大多数 HTML 标签一起使用
	onMouseOut	IE4.0、Netscape3.0	当鼠标指针从特定元素移走时产生	与绝大多数 HTML 标签一起使用
	onKeyDown	IE4.0、Netscape4.0	当用户按下任意键时产生	与绝大多数 HTML 标签一起使用
	onKeyUp	IE4.0、Netscape4.0	当用户按下一个键后并释放它时产生	与绝大多数 HTML 标签一起使用
	onKeyPress	IE4.0、Netscape4.0	当用户按下或释放任意键时产生	与绝大多数 HTML 标签一起使用

续表

	事　件	浏览器版本	事件触发时间	适用对象
页面相关事件	onAbort	IE4.0、Netscape3.0	当用户终止一个完整图像下载时产生	一般与整个文档（BODY）或框架（FRAMESET）一起使用
	onLoad	IE3.0、Netscape2.0	当图像或页面结束载入时产生	一般与整个文档（BODY）或框架（FRAMESET）一起使用
	onUnload	IE3.0、Netscape2.0	当用户离开页面时产生	一般与整个文档（BODY）或框架（FRAMESET）一起使用
	onError	IE4.0、Netscape3.0	当图像或页面载入发生错误时产生	
	onMove	IE4.0、Netscape4.0	当一个窗口或一个框架移动时产生	与绝大多数 HTML 标签一起使用
	onResize	IE4.0、Netscape4.0	当用户调整浏览器窗口或一个框架时产生	一般与整个文档（BODY）或框架（FRAMESET）一起使用
	onScroll	IE4.0、Netscape	当浏览器滚动条上移或下移时产生	一般与整个文档（BODY）或框架（FRAMESET）一起使用
	onStop	IE5.0、Netscape		
	onBeforeUnload	IE4.0、Netscape		
表单相关事件	OnChange	IE3.0、Netscape2.0	当指定元素的内容被用户改变时产生	一般与文本（INPUT 或 TEXTAREA）、列表/菜单（SELECT）一起使用
	onFocus	IE3.0、Netscape2.0	当指定的元素成为用户的交互中心时产生	一般与文本（INPUT 或 TEXTAREA）、列表/菜单（SELECT）一起使用
	onBlur	IE3.0、Netscape2.0	当前指定元素不再是用户的交互中心时产生	一般与整个文档（BODY）或框架（FRAMESET）一起使用
	onSubmit	IE3.0、Netscape2.0	当用户离开提交表单时产生	一般与表单（FORM）一起使用
	onReset	IE4.0、Netscape3.0	当一个提交表单的内容被重置到默认值时产生	一般与表单（FORM）一起使用
滚动字幕事件	onBounce	IE4.0、Netscape	当一个 MARQUEE 内的内容到达 MARQUEE 显示范围之外时产生	与 MARQUEE 标签一起使用
	onStart	IE4.0、Netscape	当 MARQUEE 元素开始显示内容时产生	与 MARQUEE 标签一起使用
	onFinish	IE4.0、Netscape	当 MARQUEE 元素完成要显示的内容时产生	与 MARQUEE 标签一起使用
编辑事件	OnBeforeCopy	IE5.0、Netscape	当选择内容要复制到浏览者系统的剪贴板前产生	
	OnBeforeCut	IE5.0、Netscape	当选择内容要剪切到浏览者系统的剪贴板前产生	
	OnBeforeEditFocus	IE5.0、Netscape	当元素要进入编辑状态时产生	与常用的 HTML 标签一起使用
	OnBeforePaste	IE5.0、Netscape	当剪贴板的内容要粘贴到页面时产生	
	OnBeforeUpdate	IE5.0、Netscape	当粘贴剪贴板的内容时通知目标对象	
	OnContextMenu	IE5.0、Netscape	当选择下拉菜单或快捷菜单时产生	
	OnCopy	IE5.0、Netscape	当选择内容被复制时产生	
	OnCut	IE5.0、Netscape	当选择内容被剪切时产生	
	OnDrag	IE5.0、Netscape	当某个对象被拖曳时产生	

续表

	事　　件	浏览器版本	事件触发时间	适用对象
	OnDragDrop	IE5.0、Netscape4.0	一个外部对象被拖进当前窗口或帧时产生	
	OnDragEnd	IE4.0、Netscape	当鼠标按钮被释放时产生	
	OnDragEnter	IE5.0、Netscape	当对象被拖进它的容器范围内时产生	
编辑事件	OnDragLeave	IE5.0、Netscape	当对象从它的容器范围内被脱离时产生	
	OnDragOver	IE5.0、Netscape	当对象被拖曳到其他的容器范围内时产生	
	OnDragStart	IE4.0、Netscape	当对象被拖曳时产生	
	OnDrop	IE5.0、Netscape	在拖曳过程结束释放鼠标按键时产生	
	OnLoseCapture	IE5.0、Netscape	当对象失去焦点时产生	
	OnPaste	IE5.0、Netscape	当内容被粘贴时产生	
	OnSelect	IE4.0、Netscape	当内容被选择时产生	
	OnSelectStart	IE4.0、Netscape	当内容选择开始时产生	
事件	OnAfterPrint	IE5.0、Netscape	当文件打印后产生	与常用的 HTML 标签一起使用
	OnBeforePrint	IE5.0、Netscape	当文件即将打印时产生	
	OnFilterChange	IE4.0、Netscape	当某个对象的滤镜效果发生变化时产生	
	OnHelp	IE4.0、Netscape	当浏览者按下 F1 键或选择帮助菜单时产生	
	OnPropertyChange	IE5.0、Netscape	当对象的属性之一发生变化时产生	
	OnReadyStateChange	IE5.0、Netscape	当对象的初始化属性发生变化时产生	

3. “行为”控制面板

用户习惯于使用“行为”控制面板为网页元素指定动作和事件。在文档窗口中选择“窗口 > 行为”命令，调出“行为”控制面板，如图 11-10 所示。

图 11-10

◎ **“行为”控制面板的组成**

“行为”控制面板由以下几部分组成。

“添加行为”按钮：单击此按钮会弹出菜单，在菜单中选择所需的动作。此时，动作附加到当前选择的网页元素中。菜单中灰色的选项说明当前选择的元素不能产生该动作。

“删除事件”按钮：在控制面板中删除所选的事件和动作。

“增加事件值”按钮、“降低事件值”按钮：控制在面板中通过上、下移动所选择的动作来调整动作的顺序。在“行为”控制面板中，所有事件和动作按照它们在控制面板中的显示顺序选择，设计时要根据实际情况调整动作的顺序。

“显示设置事件”按钮：显示所选动作及其相关事件，可在列表左侧修改所选事件。

“显示所有事件”按钮：显示所有事件和已选的相关动作，可在列表左侧修改所选事件。

“事件”和“动作”列表：显示用户为某网页元素指定的动作及与该动作相关的事件。如果同一个事件有多个动作，则通过在列表上出现的顺序选择这些动作。如果“行为”列表中没有显示任何行为，则没有行为附加到当前所选的网页元素上。当用户通过“添加行为”按钮为某网页元素指定动作后，可在“行为”面板中单击该动作前的事件列表选择相应的事件。

◎ **修改浏览器版本**

较早版本的浏览器所支持的事件少，因此，在设计网页前要选择合适的浏览器版本以应用更多的行为。用户只需在“行为”控制面板中单击“添加行为”按钮 +，在弹出的菜单中选择合适的浏览器版本即可实现，如图 11-11 所示。

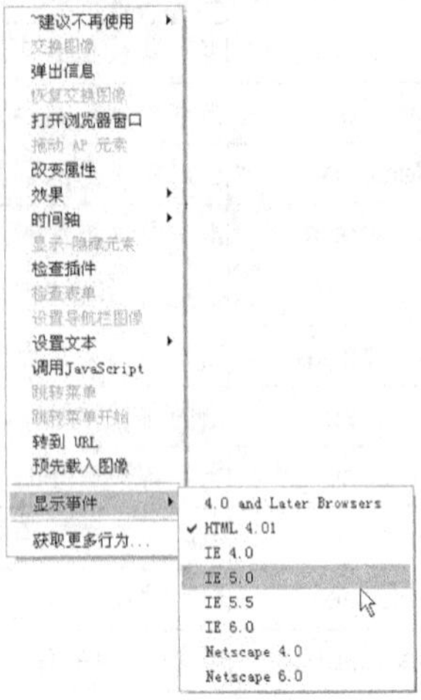

图 11-11

提　示　菜单中某些灰色的动作只能在较高版本的浏览器中使用。

4. 应用行为

通常情况下，选择某网页元素后在“行为”控制面板中选择一个动作，再将它与一个事件关联，行为便附加到页面元素上。行为运行于浏览器中，而不是服务器上。一个事件可以选择多个动作，在实际运作中，系统根据设置的次序逐次选择动作。

◎ **将行为附加到网页元素上**

具体操作步骤如下。

步骤 1　在文档窗口中选择一个元素，如一个图像或一个链接。若要将行为附加到整个页，则单击文档窗口左下侧的标签选择器中的 <body> 标签。

步骤 2　选择“窗口 > 行为”命令，调出“行为”控制面板。

步骤 3　单击“添加行为”按钮 + 并从弹出的菜单中选择一个动作，如图 11-12 所示，系统将弹出相应的参数设置对话框，在其中进行设置后，单击“确定”按钮。

步骤 4　在“行为”面板的“事件”列表中显示动作的默认事件，单击该事件，会出现下拉箭头按钮，单击按钮，弹出包含全部事件的事件列表，如图 11-13 所示。用户可根据需要选择相应的事件。

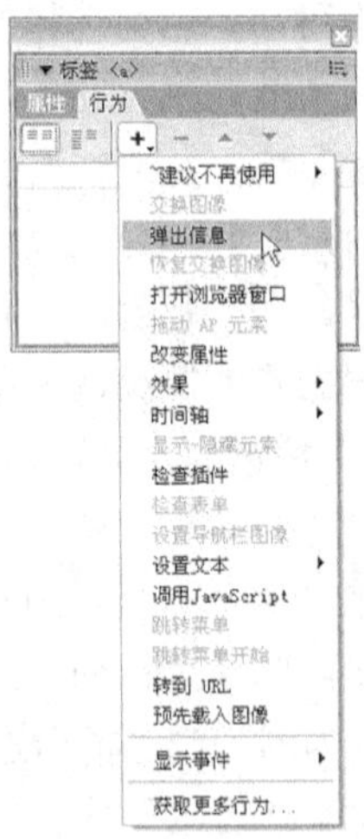

图 11-12

图 11-13

提 示 Dreamweaver CS3 提供的所有动作都可以用于 IE 4.0 和更高版本的浏览器中。某些动作不能用于较早版本的浏览器中。

◎ 将行为附加到文本上

一般情况下，不能将行为直接附加到纯文本上，因为它不是一个 HTML 对象。若要将行为附加到文本上，最简单的方法就是向文本添加一个空链接，然后将行为附加到该链接上。

添加空链接有以下两种方法。

① 在“属性”面板的“链接”文本框中输入“javascript:;”，如图 11-14 所示。

图 11-14

② 在“属性”面板的“链接”文本框中输入“#”，如图 11-15 所示。

图 11-15

将某个行为附加到所选的文本上，具体操作步骤如下。

步骤 1 为文本添加一个空链接。

步骤 2 选择“窗口 > 行为”命令，调出“行为”控制面板。

步骤 3 选中链接文本，单击“添加行为”按钮 +，从弹出的菜单中选择一个动作，如选择“弹出信息”动作，并在弹出的对话框中设置该动作的参数，如图 11-16 所示。

步骤 4 在“行为”控制面板的“事件”列表中显示动作的默认事件，单击该事件，会出现下拉箭头按钮 ▾，单击 ▾ 按钮，弹出包含全部事件的事件列表，如图 11-17 所示。用户可根据需要选择相应的事件。

图 11-16

图 11-17

如果不想让附加行为的文本显示为链接状态，可以更改链接颜色并删除下画线，但这样站点访问者就无法知道该文本是否可以点击。更改链接文本外观的具体操作步骤如下。

步骤 1 选择“查看 > 代码”命令，切换到“代码”视图。

步骤 2 查找该文本的链接，并在该链接的<a href>标签中，插入以下属性：style="text-decoration:none; color:black"，如图 11-18 所示。这些属性设置的含义是禁用下画线并将文本的颜色设置为黑色。

例如，当单击“动态文字”文字时弹出问候的消息框。设置相应的行为和事件并改变文字的外观后，效果如图 11-19 所示。

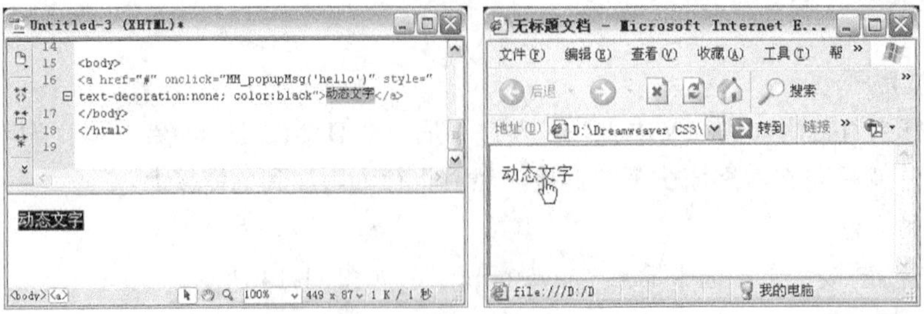

图 11-18

图 11-19

11.1.5 【实战演练】——儿童美食网页

使用弹出信息命令制作当浏览儿童美食网页时，弹出提示信息。（最终效果参看光盘中的“Ch11> 效果 > 儿童美食网页 > index.html”，如图 11-20 所示。）

图 11-20

11.2 车行天下网页

11.2.1 【案例分析】

汽车已经成为了人们不可缺少的交通工具。本例是为一家汽车公司制作展示和销售网页，页面的设计要表现出汽车的精美设计和澎湃动力。

11.2.2 【设计理念】

在网页设计、制作过程中，采用蓝色作为背景，通过闪电图形和汽车内部的构造作为装饰，充分体现出汽车的极佳速度和性能。左侧为网页菜单，便于客户浏览。下方是厂家最新推出的汽车展示图和广告语。整个设计现代时尚，精致完美。（最终效果参看光盘中的“Ch11> 效果 > 车行天下网页 > index.html”，如图 11-21 所示。）

图 11-21

11.2.3 【操作步骤】

步骤 1 选择“文件 > 打开”命令，在弹出的对话框中选择光盘中的“Ch11 > clip >车行天下网页> index.html”文件，单击“打开”按钮打开文件，如图 11-22 所示。单击窗口下方“标签选择器”中的<body>标签，选择整个网页文档，效果如图 11-23 所示。

图 11-22

图 11-23

步骤 2 选择“窗口 > 行为”命令，调出“行为”控制面板，单击“添加行为”按钮 +，在弹出的菜单中选择“设置文本 > 设置状态栏文本”命令，弹出“设置状态栏文本”对话框。在“消息”文本框中输入内容，如图 11-24 所示，单击“确定”按钮。在“行为”控制面板中单击“事件”中的下拉按钮，选择“onLoad”事件，如图 11-25 所示。

步骤 3 保存文档，按<F12>键预览效果，状态栏中显示设置的文本，如图 11-26 所示。

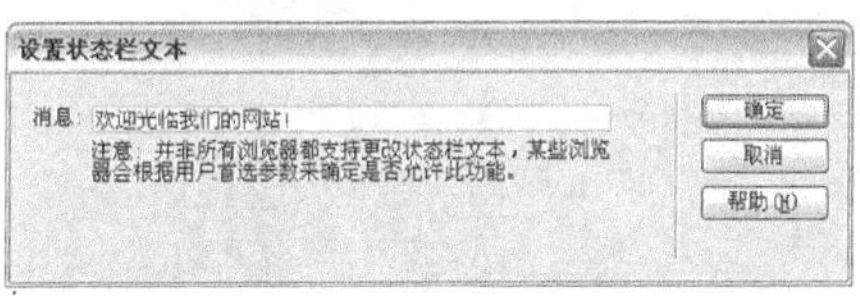

图 11-24

图 11-25

图 11-26

11.2.4 【相关工具】

1. 调用 JavaScript

“调用 JavaScript”动作的功能是当发生某个事件时选择自定义函数或 JavaScript 代码行。

使用“调用 JavaScript”动作的具体操作步骤如下。

步骤 1 选择一个网页元素对象，如“刷新”按钮，如图 11-27 所示。调出“行为”控制面板。

步骤 2 在“行为”控制面板中，单击“添加行为”按钮 +，从弹出的菜单中选择“调用 JavaScript”动作，弹出“调用 JavaScript”对话框，如图 11-28 所示，在“JavaScript”文本框中输入 JavaScript 代码或用户想要触发的函数名。例如，当用户单击“刷新”按钮时刷新网页，可以输入“window.location.reload()”；当用户单击“关闭”按钮时关闭网页，可以输入“window.close()”。单击“确定”按钮完成设置。

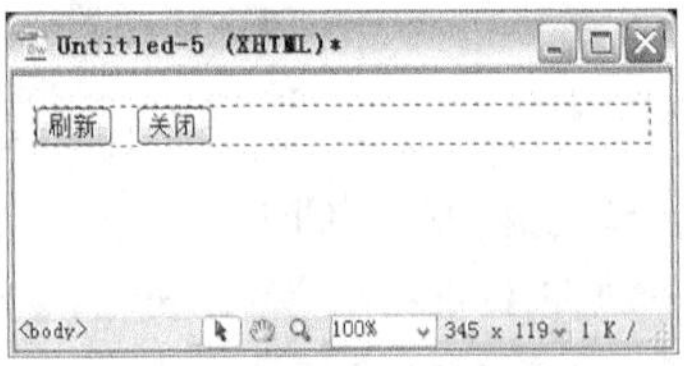

图 11-27

图 11-28

步骤 3 如果不是默认事件，则单击该事件，会出现下拉箭头按钮，单击按钮，弹出包含全部事件的事件列表，用户可根据需要选择相应的事件，如图 11-29 所示。

步骤 4 按<F12>键浏览网页，当单击“关闭”按钮时，用户看到的效果如图 11-30 所示。

2. 打开浏览器窗口

“打开浏览器窗口”动作的功能是在一个新的窗口中打开指定网页。此行为可以指定新窗口的属性、特性和名称，是否可以调整窗口大小，是否具有菜单栏等。

提 示 由于浏览器的类型和版本决定了支持的行为事件的种类，因此，首先要选择浏览器的类型和版本。单击动作菜单中的“显示事件”命令，打开下一级菜单，如图 11-31 所示。由于当前的很多系统浏览器都使用 IE6.0，因此在此选择 IE6.0。

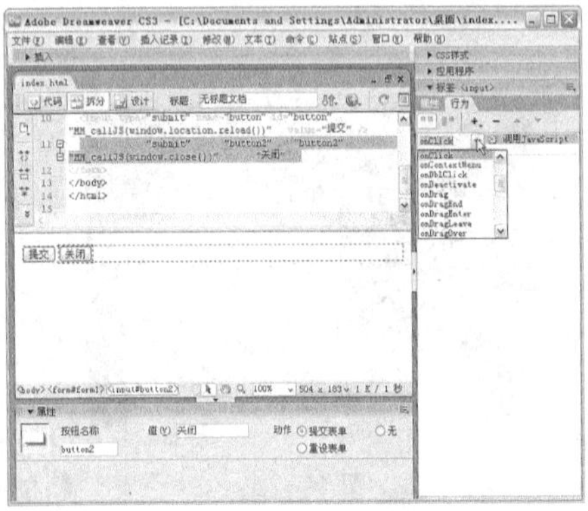

图 11-29

图 11-30

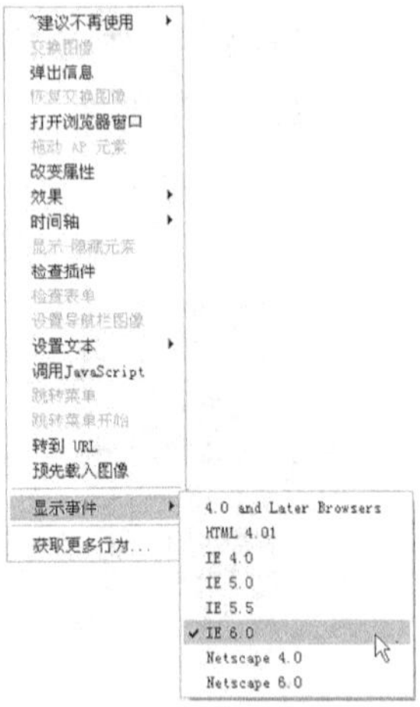

图 11-31

使用“打开浏览器窗口”动作的具体操作步骤如下。

步骤 1 打开一个网页文件，如图 11-32 所示。选择一张图片，如图 11-33 所示。

图 11-32

图 11-33

步骤 2 调出“行为”控制面板，单击“添加行为”按钮 +，并从弹出的菜单中选择“打开浏览器窗口”命令，弹出“打开浏览器窗口”对话框。在对话框中根据需要设置相应参数，如图 11-34 所示，单击“确定”按钮完成设置。

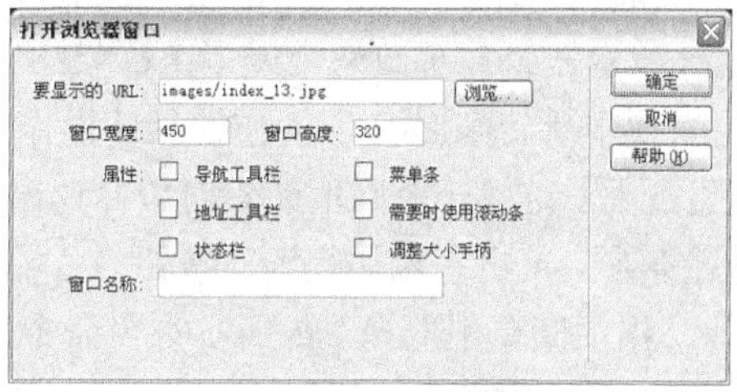

图 11-34

对话框中各选项的作用如下。

要显示的 URL：是必选项，用于设置要显示网页的地址。

窗口宽度和窗口高度：以像素为单位设置窗口的宽度和高度。

属性：选项组用于设定窗口的外观。

导航工具栏：设置是否在浏览器顶部显示导航工具栏。导航工具栏包括“后退”、“前进”、“主页”、“重新载入”等一组按钮。

地址工具栏：设置是否在浏览器顶部显示地址栏。

状态栏：设置是否在浏览器窗口底部显示状态栏，用以显示提示、状态等信息。

菜单条：设置是否在浏览器顶部显示菜单，包括“文件”、“编辑”、“查看”、“转到”、“帮助”等菜单项。

需要时使用滚动条：设置在浏览器的内容超出可视区域时，是否显示滚动条。

调整大小手柄：设置是否能够调整窗口的大小。

窗口名称：输入新窗口的名称。因为通过 JavaScript 使用链接指向新窗口或控制新窗口，所以应该对新窗口进行命名。

提　示 如果不指定该窗口的任何属性，在打开时它的大小和属性与打开它的窗口相同。

步骤 3 添加行为时，系统自动为用户选择了事件“onBeforeUnload”。需要调整事件，单击该事件，会出现下拉箭头按钮，单击按钮，选择“onMouseOver（鼠标指针经过）”选项，“行为”控制面板中事件立即改变，如图 11-35 所示。

步骤 4 使用相同的方法，为其他图片添加行为。

步骤 5 按<F12>键浏览网页，当鼠标指针经过小图片时，会弹出一个窗口显示大图片，如图 11-36 所示。

图 11-35

图 11-36

3. 转到 URL

"转到 URL"动作的功能是在当前窗口或指定的框架中打开一个新页。此操作尤其适用于通过一次单击操作更改两个或多个框架的内容。

使用"转到 URL"动作的具体操作步骤如下。

步骤 1 选择一个网页元素对象并调出"行为"控制面板。

步骤 2 单击"添加行为"按钮 +，并从弹出的菜单中选择"转到 URL"命令，弹出"转到 URL"对话框，如图 11-37 所示。在对话框中根据需要设置相应选项，单击"确定"按钮完成设置。

图 11-37

对话框中各选项的作用如下。

打开在：列表自动列出当前框架集中所有框架的名称以及主窗口。如果没有任何框架，则主窗口是唯一的选项。

URL：单击"浏览"按钮选择要打开的文档，或输入网页文件的地址。

步骤 3 如果不是默认事件，则单击该事件，会出现下拉箭头按钮，单击按钮，弹出包含全部事件的事件列表，用户可根据需要选择相应的事件。

步骤 4 按<F12>键浏览网页。

4. 播放声音

"播放声音"动作的功能是在完全加载网页后播放声音或当鼠标指针对某个网页元素操作时播放声音。

使用"播放声音"动作的具体操作步骤如下。

步骤 1 选择一个网页元素对象并调出"行为"控制面板。

步骤 2 在"行为"控制面板中单击"添加行为"按钮 +，并从弹出的菜单中选择"播放声音"命令，弹出"播放声音"对话框，如图 11-38 所示。在对话框的"播放声音"选项中设置声音文件的路径和文件名，单击"确定"按钮完成设置。

图 11-38

步骤 3 如果不是默认事件，则单击该事件，会出现下拉箭头按钮，单击按钮，弹出包含全部事件的事件列表，用户可根据需要选择相应的事件。

步骤 4 按<F12>键浏览网页。

5. 控制 Shockwave 或 Flash

Shockwave 电影是 Adobe 公司开发的网上交互多媒体的标准，是用 Director 软件创建的交互式多媒体文件，能快速地下载并能被大多流行浏览器播放。当用户插入一个 Shockwave 电影时，Dreamweaver CS3 将同时使用 object 标签和 embed 标签，以便在所有的浏览器类型中获得最佳的效果。

"控制 Shockwave 或 Flash"动作的功能是播放、停止、后退或转到 Adobe Shockwave 或

Adobe Flash SWF 文件中的帧。

使用“控制 Shockwave 或 Flash”动作的具体操作步骤如下。

步骤 1 选择一个 Flash 对象或 Shockwave 对象并调出“行为”控制面板。

步骤 2 在“行为”控制面板中单击“添加行为”按钮 +，并从弹出的菜单中选择“控制 Shockwave 或 Flash”命令，弹出“控制 Shockwave 或 Flash”对话框，如图 11-39 所示。在对话框中根据需要设置相应选项，单击“确定”按钮完成设置。

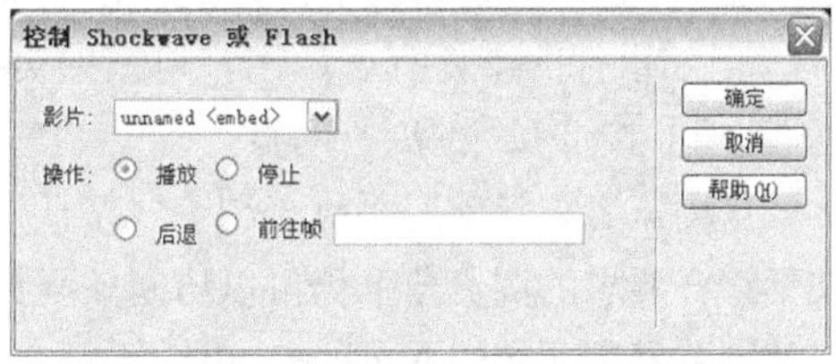

图 11-39

对话框中各选项的作用如下。

影片：用于选择一个影片。

操作：设置是否播放、停止、后退或转到影片中的某帧。若选择“播放”单选钮，则从动作发生的帧开始播放影片。

步骤 3 如果不是默认事件，则单击该事件，会出现下拉箭头按钮，单击按钮，弹出包含全部事件的事件列表，用户可根据需要选择相应的事件。

步骤 4 按<F12>键浏览网页。

6. 检查浏览器

“检查浏览器”动作的功能是根据访问者浏览器类型和版本的不同将它们转到不同的页。例如，使用 IE 4.0 浏览器浏览的用户访问一个网页，使用 Netscape Navigator 4.0 浏览器浏览的用户访问另一个网页。

使用“检查浏览器”动作的具体操作步骤如下。

步骤 1 选择一个网页元素对象并调出“行为”控制面板。

步骤 2 在“行为”控制面板中单击“添加行为”按钮 +，并从弹出的菜单中选择“～建议不再使用 >检查浏览器”命令，弹出“检查浏览器”对话框，如图 11-40 所示。在对话框中根据需要设置相应选项，单击“确定”按钮完成设置。

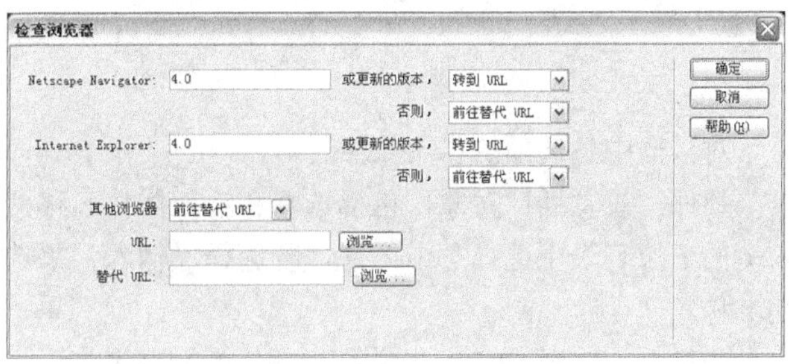

图 11-40

对话框中各选项的作用如下。

Netscape Navigator：设置一个 Netscape Navigator 版本。其右边的下拉列表，用以设置如果客户浏览器是 Netscape Navigator 版本或更高版本时应该进行的操作，如果是其他情况时应该进行的操作，其选项包括“转到 URL”、“前往替代 URL”和“留在此页”。

Internet Explorer：设置一个 Internet Explorer 版本。其右边的下拉列表，用以设置如果客户浏览器是 Internet Explorer 版本或更高版本时应该进行的操作，如果是其他情况时应该进行的操作，其选项值包括“转到 URL”、“前往替代 URL”和“留在此页”。

其他浏览器：设置如果浏览器既不是 Netscape Navigator 也不是 Internet Explorer 时应该进行的操作。当用户使用 Netscape Navigator 和 Internet Explorer 之外的浏览器时，选择“留在此页”

选项。

URL：设置一个网页地址，当浏览器检查正确时跳转到该网页。

替代 URL：设置一个网页地址，当浏览器检查不正确时跳转到该网页。

步骤 3 如果不是默认事件，则单击该事件，会出现下拉箭头按钮，单击按钮，弹出包含全部事件的事件列表，用户可根据需要选择相应的事件。

步骤 4 按<F12>键浏览网页。

当浏览者访问使用“检查浏览器”行为的网页时，若浏览者的浏览器已关闭 JavaScript 功能，在不符合要求的浏览器上仍可以访问该网页时，则可通过以下两种方法实现，一是将此行为附加到任何浏览器都兼容的网页的<body>标签，二是将此行为附加到一个空链接（<a href="javascript:;">）并让该动作根据访问者浏览器的类型和版本确定链接的目标。

7. 检查插件

“检查插件”动作的功能是根据用户是否安装了指定的插件这一情况，将它们转到不同的页。

使用“检查插件”动作的具体操作步骤如下。

步骤 1 选择一个网页元素对象并调出“行为”控制面板。

步骤 2 在“行为”控制面板中单击“添加行为”按钮，并从弹出的菜单中选择“检查插件”命令，弹出“检查插件”对话框，如图 11-41 所示。在对话框中根据需要设置相应选项，单击“确定”按钮完成设置。

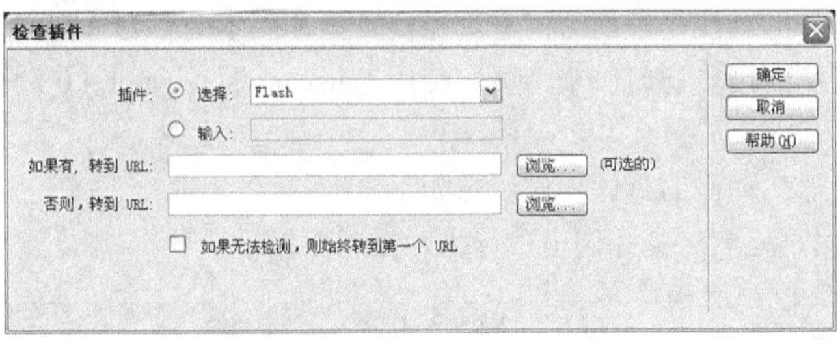

图 11-41

对话框中各选项的作用如下。

插件：设置插件对象，包括选择和输入插件名称两种方式。若选择“选择”单选钮，则从其右侧的下拉列表中选择一个插件。若选择“输入”单选钮，则在其右侧的文本框中输入插件的确切名称。

如果有，转到 URL：为具有该插件的浏览者指定一个网页地址。若要让具有该插件的浏览者停留在同一页上，则将此选项空着。

否则，转到 URL：为不具有该插件的浏览者指定一个替代网页地址。若要让具有和不具有该插件的浏览者停留在同一网页上，则将此选项空着。在 Windows 上的 IE 浏览器检测不到大多数插件，默认情况下，当不能实现检测时，浏览者被发送到“否则，转到 URL”文本框中列出的 URL。

如果无法检测，则始终转到第一个 URL：当不能实现检测时，若想让浏览者被发送到“如果有，转到 URL”选项指定的网页，则选择此复选框。通常，若插件内容对于用户的网页而言是不必要的，则保留此复选框的未选中状态。

步骤 3 如果不是默认事件，则单击该事件，会出现下拉箭头按钮，单击按钮，弹出包含全部事件的事件列表，用户可根据需要选择相应的事件。

步骤 4 按<F12>键浏览网页。

8. 检查表单

“检查表单”动作的功能是检查指定文本域的内容，以确保用户输入了正确的数据类型。若使用 onBlur 事件将“检查表单”动作分别附加到各文本域，则在用户填写表单时对域进行检查。若使用 onSubmit 事件将“检查表单”动作附加到表单，则在用户单击“提交”按钮时，同时对多个文本域进行检查。将“检查表单”动作附加到表单，能防止将表单中任何指定文本域内的无效数据提交到服务器。

使用“检查表单”动作的具体操作步骤如下。

步骤 1 选择文档窗口下部的表单<form>标签，调出“行为”控制面板。

步骤 2 在“行为”控制面板中单击“添加行为”按钮 ，并从弹出的菜单中选择“检查表单”命令，弹出“检查表单”对话框，如图 11-42 所示。在对话框中根据需要设置相应选项，单击“确定”按钮完成设置。

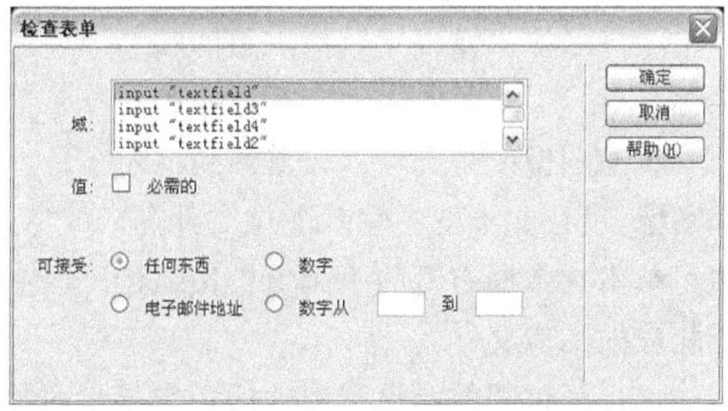

图 11-42

对话框中各选项的作用如下。

域：在列表框中选择表单内需要进行检查的其他对象。

值：设置在“域”选项中选择的表单对象的值是否在用户浏览表单时必须设置。

“可接受”选项组用于设置“域”选项中选择的表单对象允许接受的值，允许接受的值包含以下几种类型。

任何东西：设置检查的表单对象中可以包含任何特定类型的数据。

电子邮件地址：设置检查的表单对象中可以包含一个“@”符号。

数字：设置检查的表单对象中只包含数字。

数字从…到…：设置检查的表单对象中只包含特定范围内的数字。

步骤 3 如果不是默认事件，则单击该事件，会出现下拉箭头按钮 ，单击 按钮，弹出包含全部事件的事件列表，用户可根据需要选择相应的事件。

步骤 4 按<F12>键浏览网页。

在用户提交表单时，如果要检查多个表单对象，则 onSubmit 事件自动出现在“行为”面板控制的“事件”弹出菜单中。如果要分别检查各个表单对象，则检查默认事件是否是 onBlur 或 onChange 事件。当用户从要检查的表单对象移开鼠标指针时，这两个事件都触发“检查表单”动作。它们之间的区别是 onBlur 事件不管用户是否在该表单对象中输入内容都会发生，而 onChange 事件只有在用户更改了该表单对象的内容时才发生。当表单对象是必须检查的表单对象时，最好使用 onBlur 事件。

9. 设置导航栏图像

“设置导航栏图像”动作的功能是将某个图像设置为导航栏图像，当单击导航栏按钮时显示的 URL 所指网页。

使用“设置导航栏图像”动作的具体操作步骤如下。

步骤 1 在文档窗口选择图像并调出“行为”控制面板。

步骤 2 在“行为”控制面板中单击“添加行为”按钮 +，并从弹出的菜单中选择“设置导航栏图像”命令，弹出“设置导航栏图像”对话框，如图 11-43 所示。在对话框中根据需要设置相应选项，单击“确定”按钮完成设置。

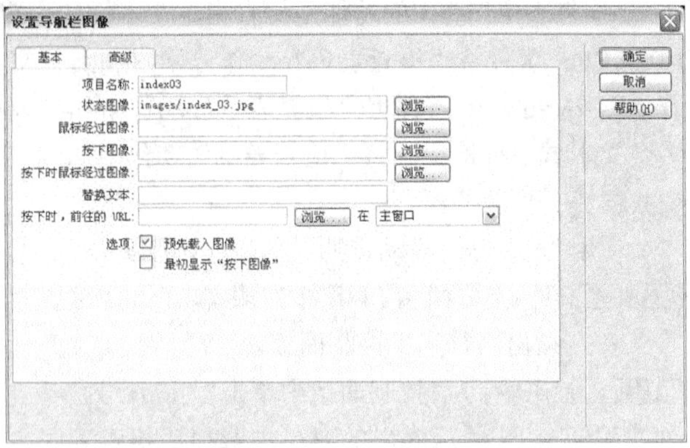

图 11-43

对话框中各选项的作用如下。

“基本”选项卡的内容如图 11-43 所示，主要设置图像编辑选项。

项目名称：设置导航栏项目的唯一名称。

状态图像：必选项，设置最初显示的图像。可在文本框中输入图像文件名，也可单击文本框右侧的“浏览”按钮选择相应的图像文件。

鼠标经过图像：设置当一般图像显示时如果用户鼠标指针滑过项目所显示的图像。可在文本框中输入图像文件名，也可单击“浏览”按钮选择相应的图像文件。

按下图像：设置用户单击项目后显示的图像。可在文本框中输入图像文件名，也可单击文本框右侧的“浏览”按钮选择相应的图像文件。

按下时鼠标经过图像：设置当用户将鼠标指针滑过并按下图像时所显示的图像。可在文本框中输入图像文件名，也可单击文本框右侧的“浏览”按钮选择相应的图像文件。

替换文本：输入项目的描述性文字。在纯文本浏览器或设为手动下载图像的浏览器中，替代文本出现在应显示图像的位置。

按下时，前往的 URL：设置要打开的链接文件。可在文本框中输入跳转的 URL 地址，也可单击文本框右侧的“浏览”按钮选择相应的文件。

选项：用以提高图像的显示速度，包括“预先载入图像”和“最初显示‘按下图像’”两个复选框。若选择“预先载入图像”复选框，则可提高图像的显示速度；若选择“最初显示‘按下图像’”复选框，则当页面加载时，默认显示“按下图像”中设置的图像。

“高级”选项卡的内容如图 11-44 所示，主要用来为某个导航栏按钮设置多个图像。

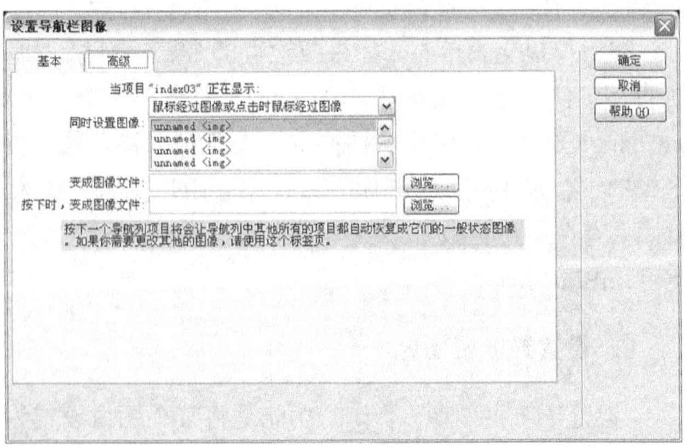

图 11-44

当项目‘XXX’正在显示：在下拉列表中选择设置当图像翻转时文档中其他图像（在“同时设置图像”列表中）的对应翻转图像。包括“点击图像”和“鼠标经过图像或按下时鼠标经过图像”两个选项。

点击图像：若在一个用户单击了所选的图像之后要显示为另一个图像，则选择该选项。

鼠标经过图像或点击时鼠标经过图像：若在鼠标指针滑过所选的图像时显示为另一个图像，则选择该选项。

同时设置图像：在列表框中，选择页面上要设置的另一个图像。

变成图像文件：设置图像按钮要显示的图像文件。

按下时，变成图像文件：设置鼠标指针滑过图像按钮时显示的图像文件。

步骤 3 如果不是默认事件，则单击该事件，会出现下拉箭头按钮，单击按钮，弹出包含全部事件的事件列表，用户可根据需要选择相应的事件。

步骤 4 按<F12>键浏览网页。

10. 交换图像

“交换图像”动作通过更改<img>标签的 src 属性将一个图像和另一个图像进行交换。“交换图像”动作主要用于创建当鼠标指针经过时产生动态变化的按钮。

使用“交换图像”行为的具体操作步骤如下。

步骤 1 若文档中没有图像，则选择“插入 > 图像”命令或单击“插入”面板“常用”选项卡中的“图像”按钮来插入一个图像。若当鼠标指针经过一个图像要使多个图像同时变换成相同的图像时，则需要插入多个图像。

步骤 2 选择一个将交换的图像对象，并调出“行为”控制面板。

步骤 3 在“行为”控制面板中单击“添加行为”按钮，并从弹出的菜单中选择“交换图像”命令，弹出“交换图像”对话框，如图 11-45 所示。

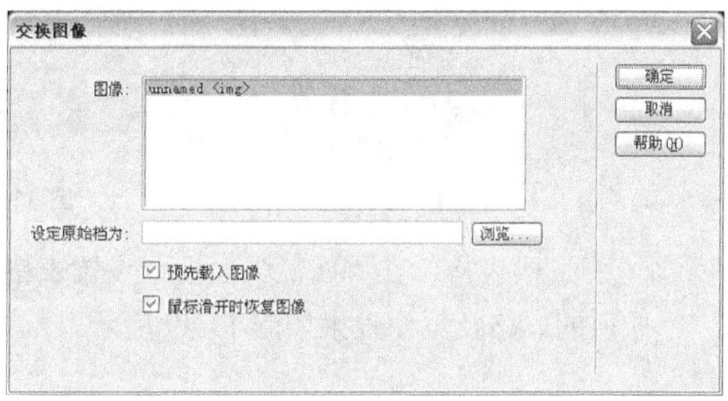

图 11-45

对话框中各选项的作用如下。

图像：选择要更改其源的图像。

设定原始档为：输入新图像的路径和文件名或单击“浏览”按钮选择新图像文件。

预先载入图像：设置是否在载入网页时将新图像载入到浏览器的缓存中。若选择此复选框，则防止由于下载而导致图像出现的延迟。

鼠标滑开时恢复图像：设置是否在鼠标指针滑开时恢复图像。若选择此复选框，则会自动添加“恢复交换图像”动作，将最后一组交换的图像恢复为它们以前的源文件，这样就会出现连续的动态效果。

用户可根据需要从“图像”选项框中，选择要更改其源的图像；在“设定原始档为”文本框中输入新图像的路径和文件名或单击“浏览”按钮选择新图像文件；选择“预先载入图像”和“鼠标滑开时恢复图像”复选框，然后单击“确定”按钮完成设置。

步骤 4 如果不是默认事件，则单击该事件，会出现下拉箭头按钮，单击按钮，弹出包含全部事件的事件列表，用户可根据需要选择相应的事件。

步骤 5 按<F12>键浏览网页。

提 示 因为只有 src 属性受此动作的影响，所以用户应该换入一个与原图像具有相同高度和宽度的图像。否则，换入的图像显示时会被压缩或扩展，以使其适应原图像的尺寸。

11. 显示隐藏层

“显示-隐藏层”动作的功能是显示、隐藏或恢复一个或多个层的默认可见性。利用此动作可制作下拉菜单等特殊效果。

使用“显示-隐藏层”动作的具体操作步骤如下。

步骤 1 新建一个空白页面。

步骤 2 在页面中插入一个 1 列 3 行的表格，将插入点放在单元格中。单击“插入”面板“常用”选项卡中的“图像”按钮，弹出如图 11-46 所示的“选择图像源文件”对话框，在每个单元格中插入一幅图片。

图 11-46

步骤 3 分别选中每个图片，在“属性”面板中将其“宽”、“高”分别设为“179”、“131”，为每张图片设置空链接，如图 11-47 所示。

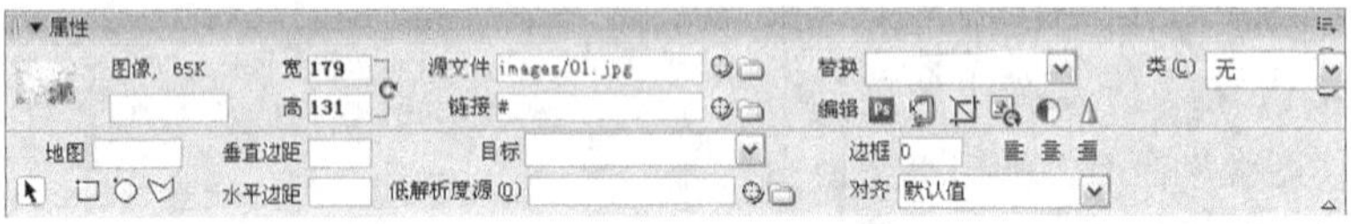

图 11-47

步骤 4 选中表格，在“属性”面板中设置表格的“间距”为“10”，如图 11-48 所示，设置完成后的表格及页面效果如图 11-49 所示。

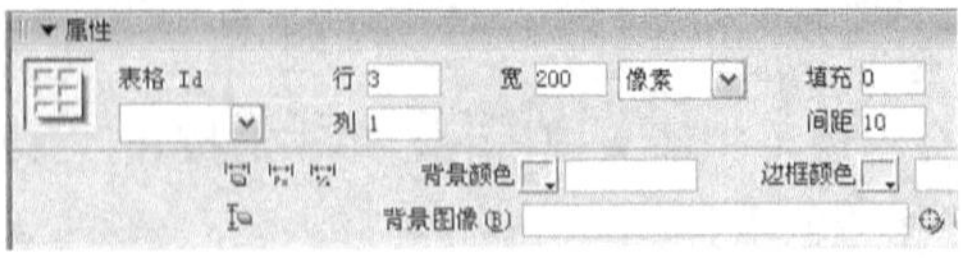

图 11-48

图 11-49

步骤 5 在“插入”面板的“布局”选项卡中选择“绘制 AP Div”按钮，在文档窗口右侧创建一个层，并插入第 1 幅图片的原图像，如图 11-50 所示。

步骤 6 使用相同的方法，在第 1 个层的位置上再插入 3 个层，然后分别在这 3 个层中插入左侧小图的原图像并调整其位置，如图 11-51 所示。

图 11-50

图 11-51

步骤 7　选择左侧表格中的第 1 幅图片，在“行为”面板中单击“添加行为”按钮 +，并从弹出的菜单中选择“显示-隐藏元素”命令，弹出“显示-隐藏元素”对话框，如图 11-52 所示。

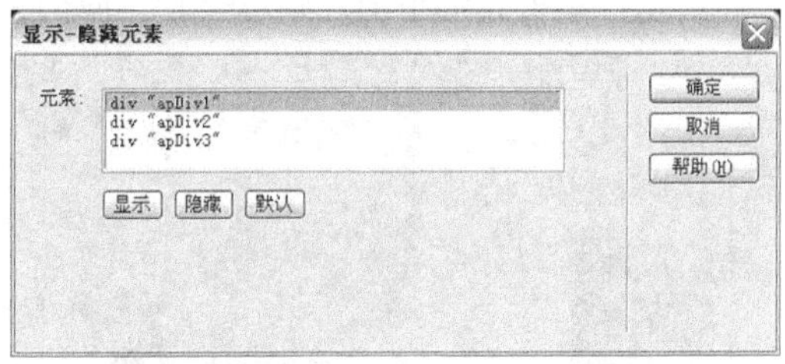

图 11-52

对话框中各选项的作用如下。

“元素”列表框：显示和选择要更改其可见性的层。

“显示”按钮：单击此按钮以显示在“元素”选项中选择的层。

“隐藏”按钮：单击此按钮以隐藏在“元素”选项中选择的层。

“默认”按钮：单击此按钮以恢复层的默认可见性。

步骤 8　选择第 1 幅图片的大图所在的层，单击“显示”按钮，然后分别选择其他不显示的层并单击“隐藏”按钮将它们设为隐藏状态，如图 11-53 所示。

步骤 9　单击“确定”按钮，在“行为”控制面板中即可显示“显示-隐藏元素”行为“onClick”事件，如图 11-54 所示。

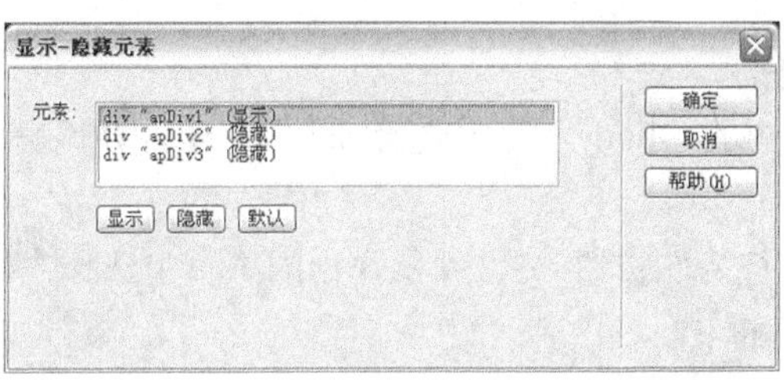

图 11-53

图 11-54

步骤 10　重复步骤 7～步骤 9，将左侧小图片对应的大图片所在的层设置为“显示”，而将其他层“隐藏”，并设置其行为事件。

步骤 11　为了在预览网页时显示基本图片，可选定<body>标记，如图 11-55 所示。

步骤 12　在“行为”控制面板中打开“显示-隐藏元素”对话框，将“apDiv1”层指定为显示状态，将其他层隐藏，如图 11-56 所示，单击“确定”按钮完成设置。

图 11-55

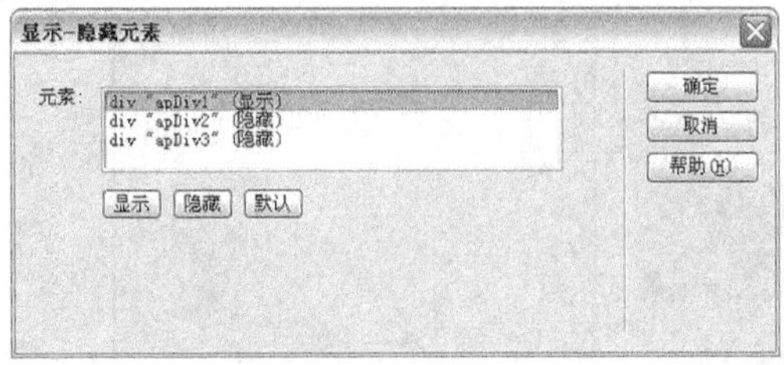

图 11-56

步骤 13 在“行为”控制面板中的事件为“onload”。

步骤 14 按<F12>键，可预览效果，这时，在浏览器中会显示“apDiv1”的基本图片，如图 11-57 所示。单击其他小图片则可显示相应的大图片，如图 11-58 所示。

图 11-57

图 11-58

12. 拖动层

“拖动层”动作的功能是允许访问者的拖曳层操作，使用此动作可以创建拼板游戏、滑块控件和其他可移动的界面元素。此动作可以指定浏览者拖曳层的方向（水平、垂直或任意方向），将层拖曳到的目标，层在距目标一定数目的像素范围内是否靠齐到目标，当层接触到目标时应该选择的操作等。

使用“拖动层”动作的具体操作步骤如下。

步骤 1 通过单击文档窗口底部标签选择器中的 <body> 标签选择 body 对象，并调出“行为”控制面板。

步骤 2 在“行为”控制面板中单击“添加行为”按钮 +，并从弹出的菜单中选择“拖动 AP 元素”命令，弹出“拖动 AP 元素”对话框。

对话框中各选项的作用如下。

“基本”选项卡如图 11-59 所示。

AP 元素：选择可拖曳的层。

移动：包括“限制”和“不限制”两个选项。若选择“限制”选项，则右侧出现限制移动的 4 个文本框。在“上”、“下”、“左”、“右”文本框中输入值（以像素为单位），以确定限制移动的矩形区域范围。“不限制”选项表示不限制图层的移动，适用于拼板游戏和其他拖放游戏。一般情况下，对于滑块控件和可移动的布景等，如文件抽屉、窗帘和小百叶窗，通常选择限制移动。

放下目标：设置用户将图层自动放下的位置坐标。

靠齐距离：设置图层自动靠齐到目标时与目标的最小距离。

“高级”选项卡的内容如图 11-60 所示，主要用于定义层的拖动控制点，在拖动层时跟踪层的移动以及当放下层时触发的动作。

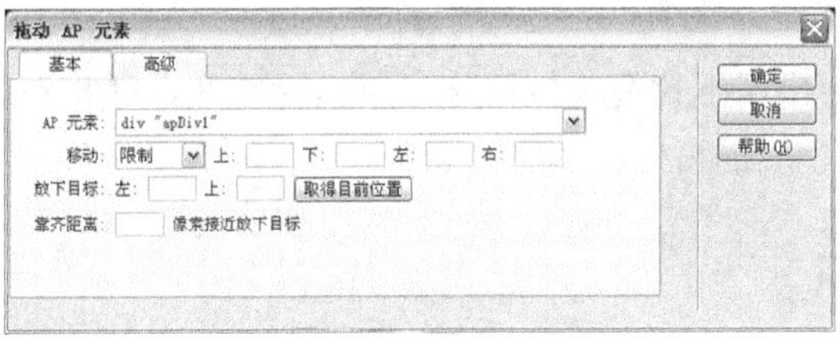

图 11-59

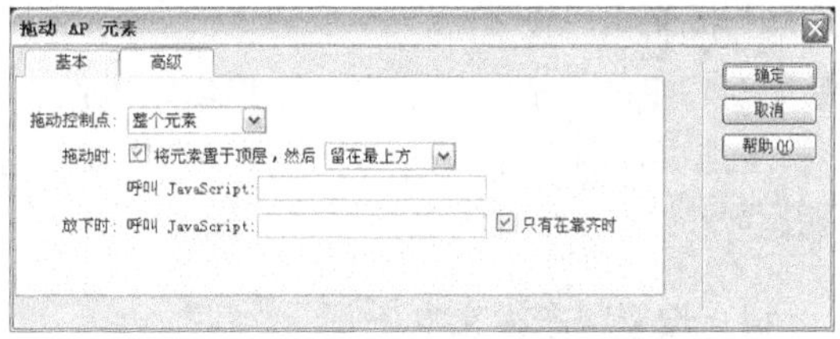

图 11-60

拖动控制点：设置浏览者是否必须单击层的特定区域才能拖动层。

拖动时：设置层拖动后的堆叠顺序。

呼叫 JavaScript：输入在拖动层时重复选择的 JavaScript 代码或函数名称。

放下时，呼叫 JavaScript：输入在放下层时重复选择的 JavaScript 代码或函数名称。如果只有在层到达拖曳目标时才选择该 JavaScript，则选择“只有在靠齐时”复选框。

在对话框中根据需要设置相应选项，单击“确定”按钮完成设置。

步骤 3 如果不是默认事件，则单击该事件，会出现下拉箭头按钮，单击按钮，弹出包含全部事件的事件列表，用户可根据需要选择相应的事件。

步骤 4 按<F12>键浏览网页。

提 示 一般将“拖动层”动作与 onLoad 事件相关联并加在 body 对象上。

13. 设置容器的文本

“设置容器的文本”动作的功能是用指定的内容替换网页上现有层的内容和格式。该内容可以包括任何有效的 HTML 源代码。

虽然“设置容器的文本”将替换层的内容和格式设置，但保留层的属性，包括颜色。通过在“设置容器的文本”对话框的“新建 HTML”文本框中包括 HTML 标签，可对内容进行格式设置。

使用“设置层文本”动作的具体操作步骤如下。

步骤 1 选择“插入”面板“布局”选项卡中的“绘制 AP Div”按钮，在“设计”视图中拖曳出一个图层。在“属性”面板的“层编号”选项中输入层的唯一名称。

步骤 2 在文档窗口中选择一个对象，如文字、图像、按钮等，并调出“行为”控制面板。

步骤 3 在“行为”控制面板中单击“添加行为”按钮+，并从弹出的菜单中选择“设置文本 > 设置容器的文本”命令，弹出“设置容器的文本”对话框，如图 11-61 所示。

图 11-61

对话框中各选项的作用如下。

容器：选择目标层。

新建 HTML：输入层内显示的消息或相应的 JavaScript 代码。

在对话框中根据需要选择相应的层，并在“新建 HTML”选项中输入层内显示的消息，单击“确定”按钮完成设置。

步骤 4 如果不是默认事件，则单击该事件，会出现下拉箭头按钮，单击按钮，弹出包含全部事件的事件列表，用户可根据需要选择相应的事件。

步骤 5 按<F12>键浏览网页。

14. 设置状态栏文本

“设置状态栏文本”动作的功能是设置在浏览器窗口底部左侧的状态栏中显示的消息。访问者常常会忽略或注意不到状态栏中的消息，如果消息非常重要，还是考虑将其显示为弹出式消息或层文本。用户可以在文本中嵌入任何有效的 JavaScript 函数调用、属性、全局变量或其他表达式。若要嵌入一个 JavaScript 表达式，需将其放置在大括号（{}）中。

使用“设置状态栏文本”动作的具体操作步骤如下。

步骤 1 选择一个对象，如文字、图像、按钮等，并调出“行为”控制面板。

步骤 2 在“行为”控制面板中单击“添加行为”按钮 +，并从弹出的菜单中选择“设置文本 > 设置状态栏文本”命令，弹出“设置状态栏文本”对话框，如图 11-62 所示。对话框中只有一个“消息”选项，其含义是在文本框中输入要在状态栏中显示的消息。消息要简明扼要，否则，浏览器将把溢出的消息截断。

在对话框中根据需要输入状态栏消息或相应的 JavaScript 代码，单击“确定”按钮完成设置。

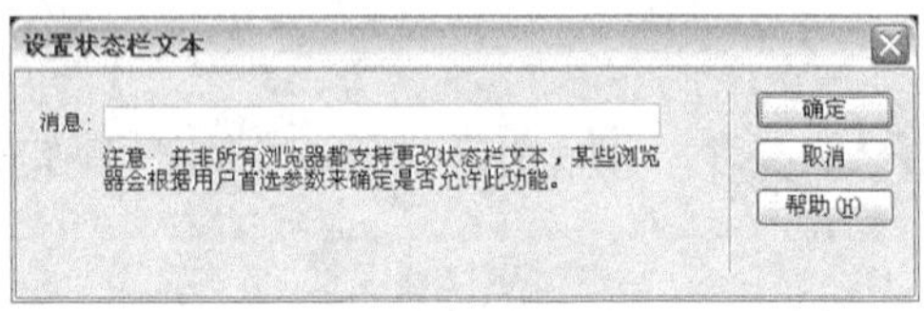

图 11-62

步骤 3 如果不是默认事件，在“行为”控制面板中单击该动作前的事件列表，选择相应的事件。

步骤 4 按<F12>键浏览网页。

15. 设置文本域文字

“设置文本域文字”动作的功能是用指定的内容替换表单文本域的内容。用户可以在文本中嵌入任何有效的 JavaScript 函数调用、属性、全局变量或其他表达式。若要嵌入一个 JavaScript 表达式，将其放置在大括号（{}）中。若要显示大括号，在它前面加一个反斜杠（\{}）。

使用“设置文本域文字”动作的具体操作步骤如下。

步骤 1 若文档中没有“文本域”对象，则要创建命名的文本域。选择“插入 > 表单 > 文本域”命令，在表单中创建文本域。然后在“属性”面板的“文本域”选项中输入该文本域的名称，并使该名称在网页中是唯一的，如图 11-63 所示。

步骤 2 选择文本域并调出“行为”控制面板。

步骤 3 在“行为”控制面板中单击“添加行为”按钮 +，并从弹出的菜单中选择“设置文本 > 设置文本域文字”命令，弹出“设置文本域文字”对话框，如图 11-64 所示。

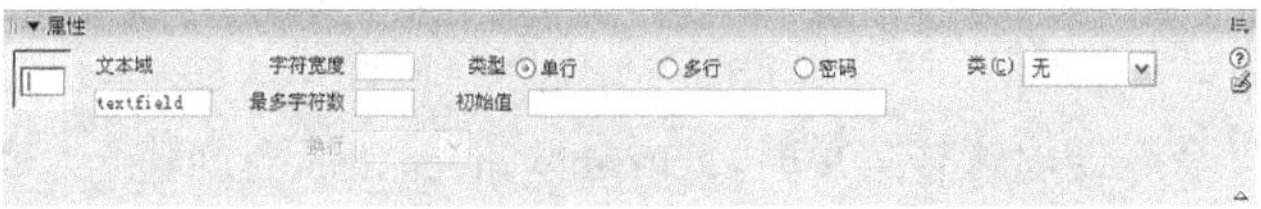

图 11-63

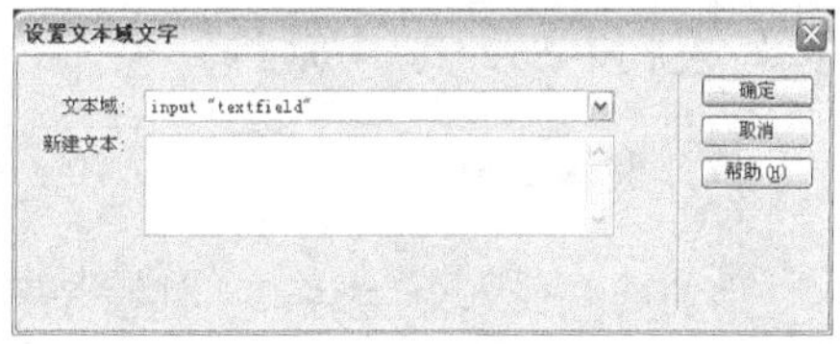

图 11-64

对话框中各选项的作用如下。

文本域：选择目标文本域。

新建文本：输入要替换的文本信息或相应的 JavaScript 代码。如要在表单文本域中显示网页的地址和当前日期，则在“新建文本”选项中输入“The URL for this page is {window.location}, and today is {new Date()}.”。

在对话框中根据需要选择相应的文本域，并在“新建文本”文本框中输入要替换的文本信息或相应的 JavaScript 代码，单击“确定”按钮完成设置。

步骤 4 如果不是默认事件，则单击该事件，会出现下拉箭头按钮，单击按钮，弹出包含全部事件的事件列表，用户可根据需要选择相应的事件。

步骤 5 按<F12>键浏览网页。

16. 设置框架文本

“设置框架文本”动作的功能是用指定的内容替换框架的内容和格式设置。该内容可以是文本，也可以是嵌入任何有效的放置在大括号（{}）中的 JavaScript 表达式，如 JavaScript 函数调用、属性、全局变量或其他表达式。

使用“设置框架文本”动作的具体操作步骤如下。

步骤 1 若网页不包含框架，则选择“修改 > 框架集”命令，在其子菜单中选择一个命令，如“拆分左框架”、“拆分右框架”、“拆分上框架”或“拆分下框架”，创建框架集。

步骤 2 调出“行为”控制面板。在“行为”控制面板中单击“添加行为”按钮 +，并从弹出的菜单中选择“设置文本 > 设置框架文本”命令，弹出“设置框架文本”对话框，如图 11-65 所示。

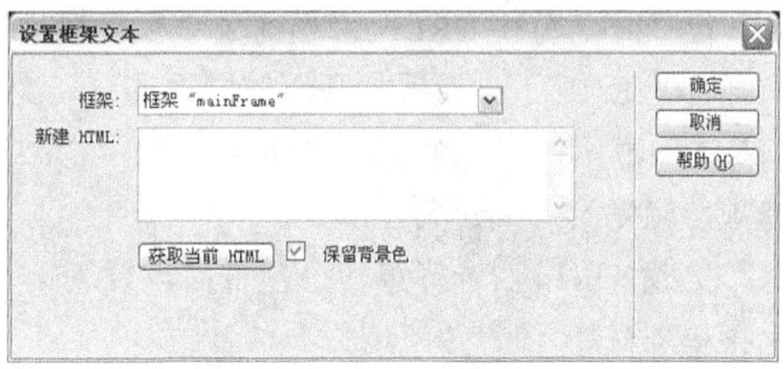

图 11-65

对话框中各选项的作用如下。

框架：在其下拉菜单中选择目标框架。

新建 HTML：输入替换的文本信息或相应的 JavaScript 代码。如表单文本域中显示网页的地址和当前日期，则在“新建 HTML”选项中输入“The URL for this page is {window.location}, and today is {new Date()}.”。

“获得当前 HTML”按钮：复制当前目标框架的 body 部分的内容。

保留背景色：选择此复选框，则保留网页背景和文本颜色属性，而不替换框架的格式。

用户可根据需要在对话框中设置相应的选项，单击“确定”按钮完成设置。

步骤 3 如果不是默认事件，则单击该事件，会出现下拉箭头按钮，单击按钮，弹出包含全部事件的事件列表，用户可根据需要选择相应的事件。

步骤 4 按<F12>键浏览网页。

17. 跳转菜单

当使用“插入 > 表单 > 跳转菜单”命令创建跳转菜单时，Dreamweaver CS3 会创建一个菜单对象并向其附加一个“跳转菜单”或“跳转菜单转到”行为。通常不需要手动将“跳转菜单”动作附加到对象上，但若要修改现有的跳转菜单，则需要使用“跳转菜单”行为。因此，“行为”控制面板中的“跳转菜单”行为的作用是修改现有的跳转菜单，即编辑和重新排列菜单项、更改要跳转到的文件，以及更改这些文件打开的窗口。

使用“跳转菜单”动作的具体操作步骤如下。

步骤 1 若文档中尚无跳转菜单对象，则创建一个跳转菜单对象。

步骤 2 在“行为”控制面板中单击“添加行为”按钮 +，并从弹出的菜单中选择“跳转菜单”命令，弹出“插入跳转菜单”对话框，如图 11-66 所示。

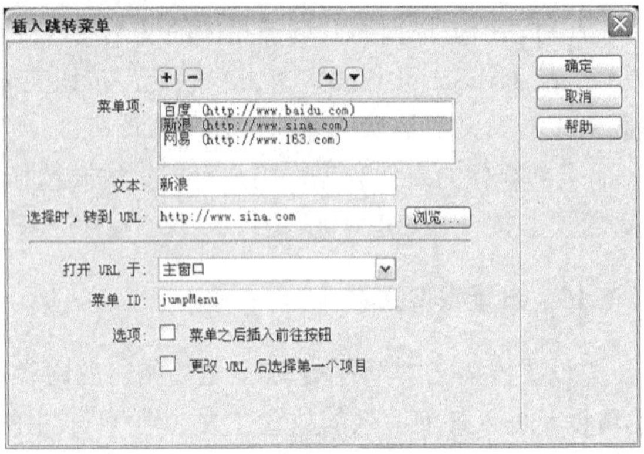

图 11-66

对话框中各选项的作用如下。

“添加项”按钮 + 和“移除项”按钮 −：添加或删除菜单项。

“在列表中下移项”按钮 ▼ 和“在列表中上移项”按钮 ▲：在菜单项列表中移动当前菜单项，设置该菜单项在菜单列表中的位置。

菜单项：显示所有菜单项。

文本：设置当前菜单项的显示文字，它会出现在菜单列表中。

选择时，前往 URL：为当前菜单项设置当浏览者单击它时要打开的网页地址。

打开 URL 于：设置打开浏览网页的窗口类型，包括“主窗口”和“框架”两个选项。“主窗口”选项表示在同一个窗口中打开文件；“框架”选项表示在所选中的框架中打开文件，但选择该选项前应先给框架命名。

更改 URL 后选择第一个项目：设置浏览者通过跳转菜单打开网页后，该菜单项是否是第 1 个菜单项目。

在对话框中根据需要更改和重新排列菜单项、更改要跳转到的文件以及更改这些文件在其中打开的窗口，然后单击“确定”按钮完成设置。

步骤 3 如果不是默认事件，则单击该事件，会出现下拉箭头按钮 ▼，单击 ▼ 按钮，弹出包含全部事件的事件列表，用户可根据需要选择相应的事件。

步骤 4 按<F12>键浏览网页。

18. 跳转菜单开始

“跳转菜单开始”动作与“跳转菜单”动作密切关联。“跳转菜单开始”将一个“前往”按钮和一个跳转菜单关联起来，单击“前往”按钮打开在该跳转菜单中选择的链接。通常情况下，跳转菜单不需要“前往”按钮，但是，如果跳转菜单出现在一个框架中，而跳转菜单项链接到其他框架中的页，则需要使用“前往”按钮，以允许访问者重新选择已在跳转菜单中选择的项。

使用“跳转菜单开始”动作的具体操作步骤如下。

步骤 1 选择表单中的“前往”按钮，或选择一个对象用作“前往”按钮，这个对象通常是一个按钮图像。

步骤 2 调出“行为”控制面板，在“行为”控制面板中单击“添加行为”按钮 +，并从弹出的菜单中选择“跳转菜单开始”命令，弹出“跳转菜单开始”对话框，如图 11-67 所示。在“选择跳转菜单”下拉列表中，选择“前往”按钮要激活的菜单，然后单击“确定”按钮完成设置。

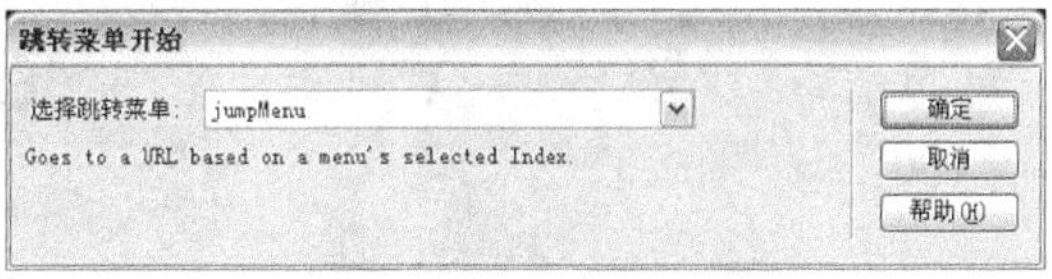

图 11-67

步骤 3 如果不是默认事件，则单击该事件，会出现下拉箭头按钮，单击按钮，弹出包含全部事件的事件列表，用户可根据需要选择相应的事件。

步骤 4 按<F12>键浏览网页。

11.2.5 【实战演练】——企业宣传公告网页

使用设置框架文本命令制作单击按钮显示指定内容效果，使用设置容器的文本命令制作指定的替换文字效果，使用设置状态栏文本命令制作在状态栏中显示电话号码，使用设置文本域命令制作在文本域中显示内容效果。（最终效果参看光盘中的“Ch11> 效果 > 企业宣传公告网页 > index.html”，如图 11-68 所示。）

图 11-68

11.3 综合演练——精品汽车网页

使用控制 Shockwave 或 Flash 命令控制动画的播放，使用“属性”面板为动画命名。（最终效果参看光盘中的“Ch11> 效果 > 精品汽车网页 > index.html”，如图 11-69 所示。）

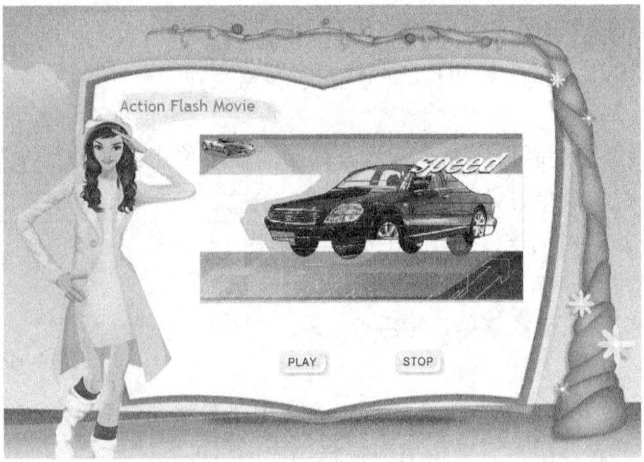

图 11-69

11.4 综合演练——美容购物网页

使用设置导航栏图像命令制作导航条效果。（最终效果参看光盘中的“Ch11> 效果 > 美容购物网页 > index.html”，如图 11-70 所示。）

图 11-70

第12章 网页代码

Dreamweaver CS3 提供了代码编辑工具，方便用户直接编写或修改代码，实现 Web 页的交互效果。在 Dreamweaver CS3 中插入的网页内容及动作都会自动转换为代码，因此，只有熟悉查看和编写代码的环境，了解源代码才能真正懂得网页的内涵。

课堂学习目标

- 网页代码
- 编辑代码
- 常用的 HTML 标签
- 脚本语言
- 响应 HTML 事件

12.1 运动鞋网页

12.1.1 【案例分析】

选择一双合适的运动鞋，能够在运动中减少运动损伤和疲劳感。本例是为超齐运动鞋制作的网页界面。该网页的主要功能是通过网络销售推广企业的相关产品，网页的设计要体现出运动的快感和魅力。

12.1.2 【设计理念】

在网页设计、制作过程中，将页面的背景设计为红色，寓意着热情和悦动。使用半透明的滑板人物来衬托出界面的灵动和活力。右上方放置了导航栏，方便客户浏览相关信息。下方展示了运动鞋的款式和功能。（最终效果参看光盘中的"Ch12 > 效果 > 运动鞋网页 > index.html"，如图 12-1 所示。）

图 12-1

12.1.3 【操作步骤】

步骤 1 打开 Dreamweaver CS3，新建一个空白文档。新建页面的初始名称为“Untitled-1”。选择“文件 > 保存”命令，弹出“另存为”对话框，在“保存在”下拉列表中选择当前站点目录保存路径，在“文件名”文本框中输入“index”，单击“保存”按钮，返回网页编辑窗口。

步骤 2 选择“修改 > 页面属性”命令，弹出“页面属性”对话框，单击“背景图像”右侧的“浏览”按钮，在弹出的“选择图像源文件”对话框中选择光盘中“Ch12 > clip >运动鞋网页> images”文件夹下的“bg.jpg”文件，单击“确定”按钮，返回到对话框中，如图 12-2 所示。单击“确定”按钮，窗口中的效果如图 12-3 所示。

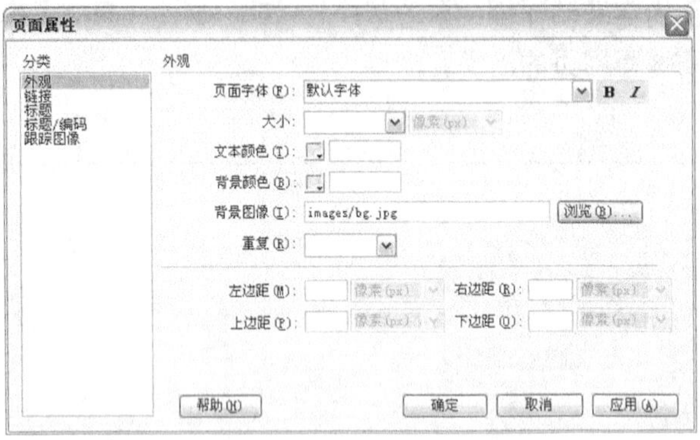

图 12-2

图 12-3

步骤 3 切换至“代码”视图窗口中，在标签<body>后面置入光标，如图 12-4 所示，单击鼠标右键，在弹出的快捷菜单中选择“插入标签”命令，弹出“标签选择器”对话框，在对话框中选择“HTML 标签 > 页元素 > iframe”选项，如图 12-5 所示。

步骤 4 单击“插入”按钮，弹出“标签选择器-iframe”对话框，单击“源”选项右侧的“浏览”按钮，在弹出的“选择文件”对话框中选择光盘中“Ch12 > clip >运动鞋网页”文件夹中的“index1.html”文件，如图 12-6 所示。

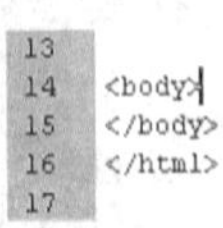

图 12-4

图 12-5

图 12-6

步骤 5 单击“确定”按钮，返回到对话框中，其他选项的设置如图 12-7 所示。在对话框左侧的列表中选择“浏览器特定的”选项，对话框中的设置如图 12-8 所示，单击“确定”按钮，单击“关闭”按钮，“代码”视图窗口中的效果如图 12-9 所示。

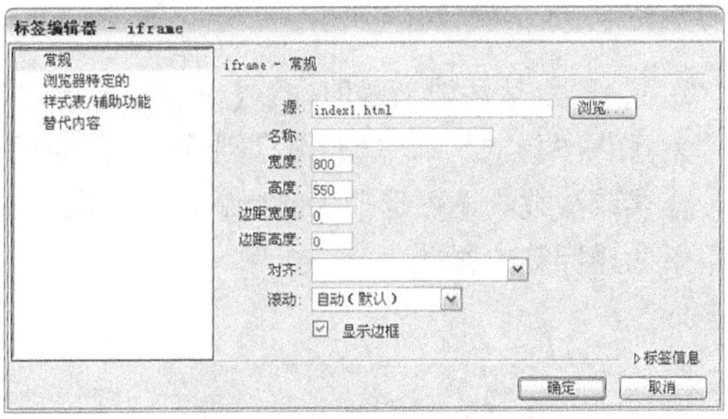

图 12-7

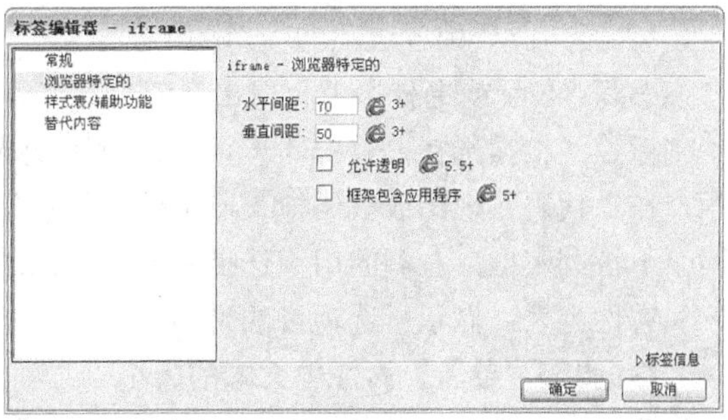

图 12-8

```
<body><iframe src="index1.html" width="800" marginwidth="0" height="550" marginheight="0"
scrolling="auto" hspace="70" vspace="50"></iframe>
</body>
</html>
```

图 12-9

步骤 6 切换至“设计”视图窗口中，如图 12-10 所示。保存文档，按<F12>键预览效果，如图 12-11 所示。

图 12-10

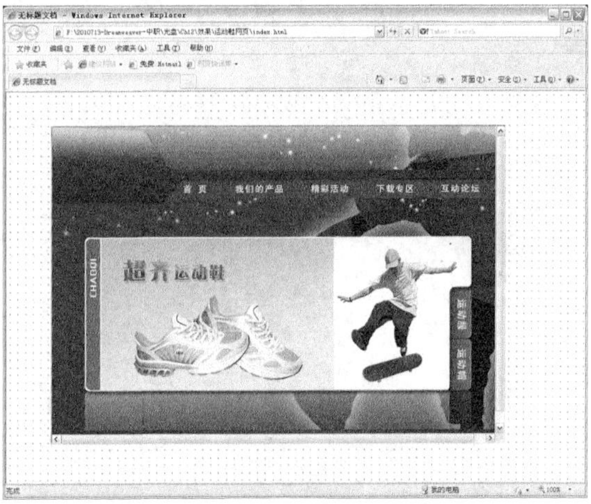

图 12-11

12.1.4 【相关工具】

1. 使用“参考”面板

“参考”面板为设计者提供了标记语言、编程语言和 CSS 样式的快速参考工具，它提供了有关在“代码”视图中正在使用的特定标签、对象或样式的信息。

◎ **调出“参考”面板的方法**

调出“参考”面板有以下两种方法。

① 选定标签后，选择“窗口 > 参考”命令，调出“参考”面板。

② 将插入点放在标签、属性或关键字中，然后按<Shift+F1>组合键。

◎ **“参考”面板的参数**

“参考”面板显示的内容是与用户所单击的标签、属性或关键字有关的信息，如图 12-12 所示。

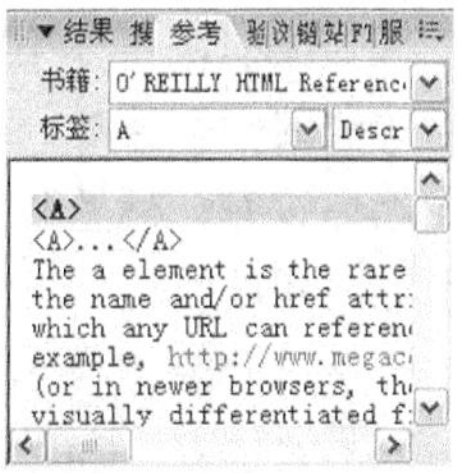

图 12-12

“参考”面板中各选项的作用如下。

书籍：显示或选择参考材料出自的书籍名称。参考材料包括其他书籍的标签、对象或样式等。

标签：根据选择书籍的不同，该选项可变成“对象”、“样式”或“CFML”选项。用于显示用户在“代码”视图或代码检查器中选择的对象、样式或函数，还可选择新的标签。该选项包含两个下拉列表框，左侧的用于选择标签，右侧的用于选择标签的属性。

属性列表：显示所选项目的说明。

◎ 调整“参考”面板中文本的大小

单击“参考”面板右上方的“菜单”按钮，可选择“大字体”、“中等字体”或“小字体”命令，调整“参考”面板中文本的大小。

2. 代码提示功能

代码提示是网页制作者在代码窗口中编写或修改代码的有效工具。只要在“代码”视图的相应标签间按下<space>键，即会出现关于该标签常用属性、方法、事件的代码提示下拉列表，如图12-13 所示。

图 12-13

在标签检查器中不能列出所有参数，如 onResize 等，但在代码提示列表中可以一一列出。因此，代码提示功能是网页制作者编写或修改代码的一个方便有效的工具。

3. 使用标签库插入标签

在 Dreamweaver CS3 中，标签库中有一组特定类型的标签，其中还包含 Dreamweaver CS3 应如何设置标签格式的信息。标签库提供了 Dreamweaver CS3 用于代码提示、目标浏览器检查、标签选择器和其他代码功能的标签信息。使用标签库编辑器，可以添加和删除标签库、标签和属性，设置标签库的属性以及编辑标签和属性。

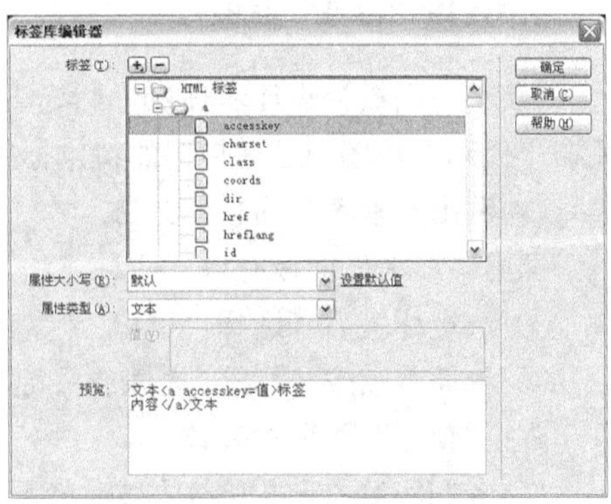

图 12-14

选择“编辑 > 标签库”命令，弹出“标签库编辑器”对话框，如图 12-14 所示。在对话框中列出了绝大部分各种语言所用到的标签及其属性参数，设计者可以轻松地添加和删除标签库、标签和属性。

◎ **新建标签库**

打开“标签库编辑器”对话框，单击“加号”按钮，在弹出的菜单中选择“新建标签库”命令，弹出“新建标签库”对话框，在“库名称”文本框中输入一个名称，如图 12-15 所示，单击“确定”按钮完成设置。

◎ **新建标签**

打开“标签库编辑器”对话框，单击“加号”按钮，在弹出的菜单中选择“新建标签”命令，弹出“新建标签”对话框，如图 12-16 所示。在“标签库”下拉列表中选择一个标签库，然后在“标签名称”文本框中输入新标签的名称。若要添加多个标签，则输入这些标签的名称，中间以逗号和空格来分隔标签的名称，如“First Tags, Second Tags”。如果新的标签具有相应的结束标签（</...>），则选择“具有匹配的结束标签”复选框，单击“确定”按钮完成设置。

◎ **新建属性**

打开“标签库编辑器”对话框，单击“加号”按钮，在弹出的菜单中选择“新建属性”命令，弹出“新建属性”对话框，如图 12-17 所示。一般情况下，在“标签库”下拉列表中选择一个标签库，在“标签”下拉列表中选择一个标签，在“属性名称”文本框中输入新属性的名称。若要添加多个属性，则输入这些属性的名称，中间以逗号和空格来分隔标签的名称，如“width, height”，单击“确定”按钮完成设置。

图 12-15

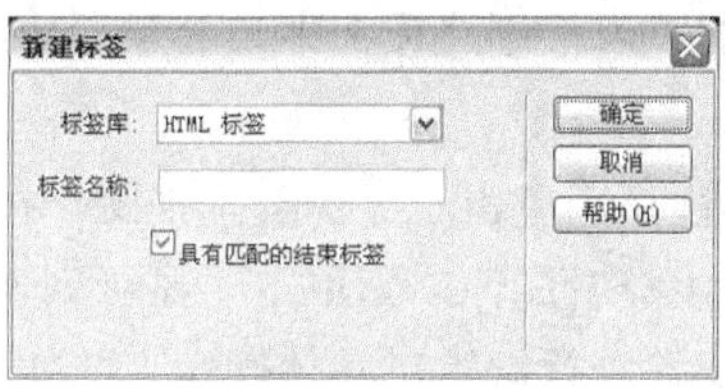

图 12-16

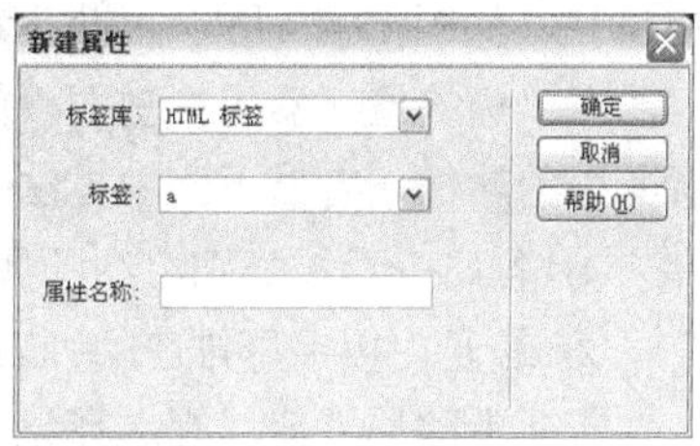

图 12-17

◎ **删除标签库、标签或属性**

打开“标签库编辑器”对话框，在“标签”列表框中选择一个标签库、标签或属性，单击“减号”按钮，则将选中的项从“标签”列表框中删除，单击“确定”按钮关闭“标签库编辑器”对话框。

4. 使用标签选择器插入标签

如果网页制作者对代码不是很熟悉，则可使用 Dreamweaver CS3 提供的另一个实用工具，即标签选择器。标签选择器不仅按类别显示所有标签，还提供该标签格式及功能的解释信息。

图 12-18

在“代码”视图中单击鼠标右键，在弹出的快捷菜单中选择“插入标签”命令，弹出“标签选择器”对话框，如图 12-18 所示。左侧列表框中包含支持的标签库的列表，右侧列表框中显示选定标签库文件夹中的单独标签，下方显示选定标签的详细信息。

使用“标签选择器”对话框插入标签的具体操作步骤如下。

步骤 1 打开“标签选择器”对话框。在左侧列表框中展开“标签”库，即从标签库中选择标签类别，或者展开该类别并选择一个子类别，从右侧列表框中选择一个标签。

步骤 2 若要在“标签选择器”对话框中查看该标签的语法和用法信息，则单击“标签信息”按钮 标签信息 。如果有可用信息，则会显示关于该标签的信息。

步骤 3 若要在“参考”面板中查看该标签的相同信息，单击图标，若有可用信息，会显示关于该标签的信息。

步骤 4 若要将选定标签插入代码中，则单击“插入”按钮 插入(I) ，弹出“标签编辑器”对话框。如果该标签出现在右侧选项框中并带有尖括号（如<title></title>），那么它不会要求其他信息就立即插入到文档的插入点，如果该标签不要求其他信息，则会出现标签编辑器。

步骤 5 单击“确定”按钮回到“标签选择器”对话框，单击“关闭”按钮关闭“标签选择器”对话框。

5. 使用标签检查器编辑代码

标签检查器列出所选标签的属性表，方便设计者查看和编辑选择的标签对象的各项属性。选择“窗口 > 标签检查器”命令，调出“标签检查器”控制面板。若想查看或修改某标签的属性，只需先在文档窗口中用鼠标指针选择对象或选择文档窗口下方要选择对象相应的标签，再选择“窗口 > 标签检查器” 命令，调出“标签检查器” 控制面板，此时，控制面板将列出该标签的属性，如图 12-19 所示。设计者可以根据需要轻松地找到各属性参数，并方便地修改属性值。

在“标签检查器”控制面板的“属性”选项卡中，显示所选对象的属性及其当前值。若要查看其中的属性，有以下两种方法。

① 若要查看按类别组织的属性，则单击“显示类别视图”按钮。

② 若要在按字母排序的列表中查看属性，则单击“显示列表视图”按钮。

若要更改属性值，则选择该值并进行编辑，具体操作方法如下。

① 在属性值列（属性名称的右侧）中为该属性输入一个新的值。若要删除一个属性值，则选择该值，然后按<Backspace>键。

② 如果要更改属性的名称，则选择该属性名称，然后进行编辑。

③ 如果该属性采用预定义的值，则从属性值列右侧的下拉列表（或颜色选择器）中选择一个值。

④ 如果属性采用 URL 值作为属性值，则单击“属性”面板中的“浏览文件”按钮或使用“指向文件”图标选择一个文件，或者在文本框中输入 URL。

⑤ 如果该属性采用来自动态内容来源（如数据库）的值，则单击属性值列右侧的“动态数据”按钮，然后选择一个来源，如图 12-20 所示。

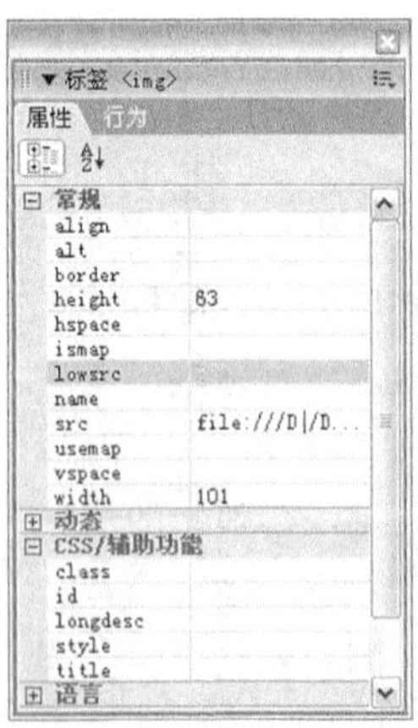

图 12-19

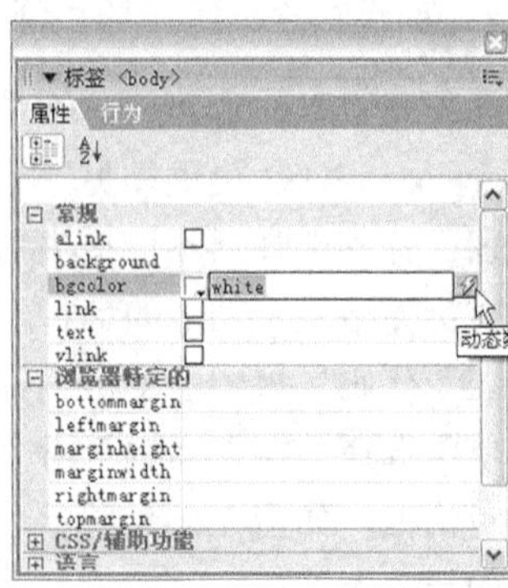

图 12-20

6. 使用标签编辑器编辑代码

标签编辑器是另一个编辑标签的方式。先在文档窗口中选择特定的标签，然后单击“标签检查器”控制面板右上角的“选项菜单”按钮，在弹出的菜单中选择“编辑标签”命令，打开“标签编辑器”对话框，如图 12-21 所示。

“标签编辑器”对话框中列出被不同浏览器版本支持的特殊属性、事件和关于该标签的说明信息，用户可以方便地指定或编辑该标签的属性。

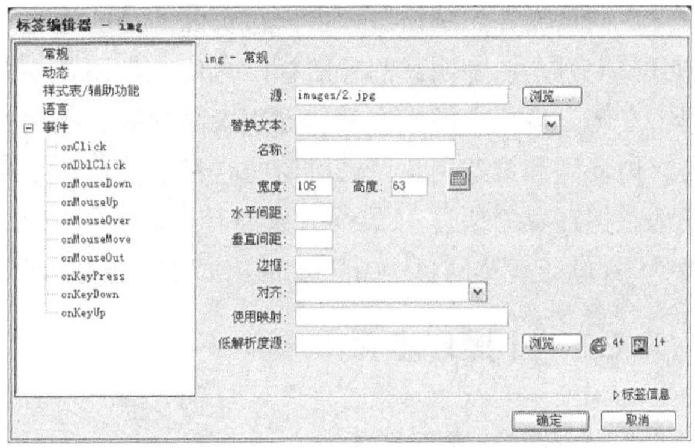

图 12-21

12.1.5 【实战演练】——在线试听网页

使用“页面属性”命令改变网面的背景图案，使用“插入标签”命令制作浮动框架效果。（最终效果参看光盘中的“Ch12 > 效果 > 在线试听网页 > index.html”，如图 12-22 所示。）

图 12-22

12.2 健康蔬菜网页

12.2.1 【案例分析】

蔬菜是人们日常饮食中必不可少的食物之一，可提供人体所必需的多种维生素和矿物质。本例是为蔬菜种植公司制作的网页，在网页设计上要布局合理，能给客户提供一个完善的蔬菜信息交流平台。

12.2.2 【设计理念】

在网页设计、制作过程中，将页面的功能进行合理划分。上方是清晰明确的导航栏，方便客户浏览相关信息；左侧是现代人的十大最佳健康食品的展示图；右侧是每周要闻和推荐信息。通过这些栏目，客户可以更准确地掌握蔬菜的信息。（最终效果参看光盘中的“Ch12 > 效果 > 健康蔬菜网页 > index.html”，如图 12-23 所示。）

图 12-23

12.2.3 【操作步骤】

1. 制作禁止网页另存为

步骤 1 选择“文件 > 打开”命令，在弹出的菜单中选择光盘中的“Ch12 > clip >健康蔬菜网页> index.html”文件，如图 12-24 所示。

图 12-24

步骤 2 将窗口切换至“代码”视图窗口中，在标签“<body>”后面置入光标，按<Enter>键，如图 12-25 所示。输入代码“<noscript><iframe src="*.html"></iframe></noscript>”，效果如图 12-26 所示。

```
</head>
<body bgcolor="
|
<!-- ImageReady
```

图 12-25

```
<body bgcolor="#FFFFFF" leftmargin="0" topmargin="0" marginwidth="0" marginheight="0">
<noscript><iframe src="*.html"></iframe></noscript>
<!-- ImageReady Slices (P6-85.psd) -->
```

图 12-26

步骤 3 保存文档，按<F12>键预览效果，如图 12-27 所示。选择“文件 > 另存为”命令，保存网页文档，单击“保存”按钮，弹出提示对话框，如图 12-28 所示，无法将网页保存。

图 12-27

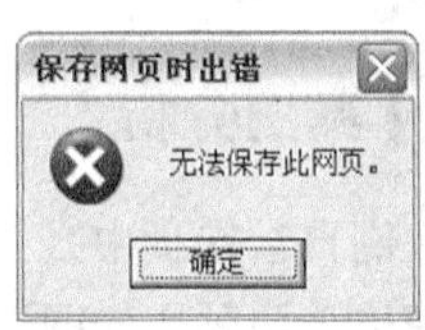

图 12-28

2. 制作禁止使用单击右键

步骤 1 返回 Dreamweaver 文档编辑窗口，将窗口切换至“代码”视图窗口中，在<head>和</head>之间输入以下代码：

```
<script language=javascript>
function click() {
}
function click1() {
if (event.button==2) {
alert('禁止使用单击右键！ ') }}
function CtrlKeyDown(){
if (event.ctrlKey) {
alert('不当的拷贝将损害您的系统！ ') }}
document.onkeydown=CtrlKeyDown;
document.onselectstart=click;
document.onmousedown=click1;
</script>
```

，如图 12-29 所示。

步骤 2 保存文档，按<F12>键预览效果。单击鼠标右键，弹出提示对话框，如图 12-30 所示，禁止使用单击右键。

图 12-29

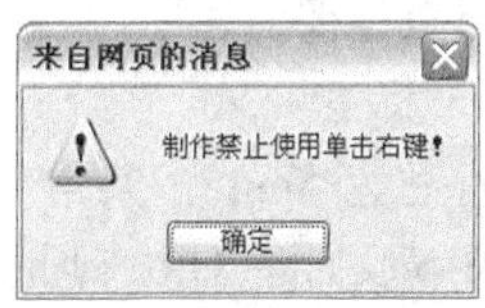

图 12-30

12.2.4 【相关工具】

1. 常用的 HTML 标签

HTML 是一种超文本标志语言，HTML 文件是被网络浏览器读取并产生网页的文件。常用的 HTML 标签有以下几种。

◎ **文件结构标签**

文件结构标签包含 html、head、title、body 等。html 标签用于标志页面的开始，它由文档头部分和文档体部分组成，浏览时只有文档体部分会被显示。head 标签用于标志网页的开头部分，开头部分用以存载重要资讯，如注释、meta、标题等。title 标签用于标志页面的标题，浏览时在浏览器的标题栏上显示。body 标签用于标志网页的文档体部分。

◎ 排版标签

在网页中有 4 种段落对齐方式：左对齐、右对齐、居中对齐和两端对齐。在 HTML 中，可以使用 ALIGN 属性来设置段落的对齐方式。

ALIGN 属性可以应用于多种标签，如分段标签<p>、标题标签<hn>、水平线标签<hr>等。ALIGN 属性的取值可以是 left（左对齐）、center（居中对齐）、right（右对齐）以及 justify（两边对齐）。两边对齐是指将一行中的文本在排满的情况下向左右两个页边对齐，以避免在左右页边出现锯齿状。

对于不同的标签，ALIGN 属性的默认值有所不同。对于分段标签和各个标题标签，ALIGN 属性的默认值为 left；对于水平线标签，ALIGN 属性的默认值为 center。若要将文档中的多个段落设置成相同的对齐方式，可将这些段落置于<div>和</div>标签之间组成一个节，并使用 ALIGN 属性来设置该节的对齐方式。如果要将部分文档内容设置为居中对齐，也可以将这部分内容置于<center>和</center>标签之间。

◎ 列表标签

列表分为无序列表和有序列表两种。li 标签标志无序列表，如项目符号；ol 标签标志有序列表，如标号。

◎ 表格标签

表格标签包括表格标签<table>、表格标题标签<caption>、表格行标签<tr>、表格字段名标签<th>、列标签<td>等。

◎ 框架

框架网页将浏览器上的视窗分成不同区域，在每个区域中都可以独立显示一个网页。框架网页通过一个或多个 frmaeset 标签和 frame 标签来定义。框架集包含如何组织各个框架的信息，可以通过 frmaeset 标签来定义。框架集 frmaeset 标签置于 head 之后，以取代 body 的位置，还可以使用 noframes 标签给出框架不能被显示时的替换内容。框架集 frmaeset 标签中包含多个 frame 标签，用以设置框架的属性。

◎ 图形标签

图形标签为<img>，其常用参数是<src>和<alt>属性，用于设置图像的位置和替换文本。src 属性给出图像文件的 URL 地址，图像可以是 JPEG 文件、GIF 文件或 PNG 文件。ALT 属性给出图像的简单文本说明，这段文本在浏览器不能显示图像时显示出来，或图像加载时间过长时先显示出来。

<img>标签不仅用于在网页中插入图像，也可以用于播放 Video for Windows 的多媒体文件（*.avi）。若要在网页中播放多媒体文件，应在<img>标签中设置 dynsrc、start、loop、Controls 和 loopdelay 属性。

例如，将影片循环播放 3 次，中间延时 250ms。

```
<img src="SAMPLE-S.GIF" dynsrc="SAMPLE-S.AVI" loop=3 loopdelay=250>
```

例如，当鼠标指针移到 AVI 播放区域之上时才开始播放 SAMPLE-S.AVI 影片。

```
<img src="SAMPLE-S.GIF" dynsrc="SAMPLE-S.AVI" start=mouseover>
```

◎ 链接标签

链接标签为<a>，其常用参数有 3 个，href 标志目标端点的 URL 地址，target 显示链接文件的一个窗口或框架，title 显示链接文件的标题文字。

◎ 表单标签

表单在 HTML 页面中起着重要作用，它是与用户交互信息的主要手段。一个表单至少应该包括说明性文字、用户填写的表格、“提交”按钮、“重填”按钮等内容。用户填写了所需的资料之后，单击“提交”按钮，所填资料就会通过专门的 CGI 接口传到 Web 服务器上。网页的设计者随后就能在 Web 服务器上看到用户填写的资料，从而完成了从用户到设计者之间的反馈和交流。

表单中主要包括下列元素：普通按钮、单选按钮、复选框、下拉式菜单、单行文本框、多行文本框、“提交”按钮和“重填”按钮。

◎ 滚动标签

滚动标签是为<marquee>，它会将其文字和图像进行滚动，形成滚动字幕的页面效果。

◎ 载入网页的背景音乐标签

载入网页的背景音乐标签是为<bgsound>，它可设定页面载入时的背景音乐。

2. 脚本语言

脚本是一个包含源代码的文件，一次只有一行被解释或翻译成为机器语言。在脚本处理过程中，翻译每个代码行，并一次选择一行代码，直到脚本中所有代码都被处理完成。Web 应用程序经常使用客户端脚本，以及服务器端的脚本，本章讨论的是客户端脚本。

用脚本创建的应用程序有代码行数的限制，一般小于 100 行。脚本程序较小，一般用“记事本”或在 Dreamweaver CS3 的“代码”视图中编辑创建。

使用脚本语言主要有两个原因，一是创建脚本比创建编译程序快，二是用户可以使用文本编辑器快速、容易地修改脚本。而修改编译程序，必须有程序的源代码，而且修改了源代码以后，必须重新编译它，所有这些使得修改编译程序比脚本更加复杂而且耗时。

脚本语言主要包含接收用户数据、处理数据和显示输出结果数据 3 部分语句。计算机中最基本的操作是输入和输出，Dreamweaver CS3 提供了输入和输出函数。InputBox 函数是实现输入效果的函数，它会弹出一个对话框来接收浏览者输入的信息。MsgBox 函数是实现输出效果的函数，它会弹出一个对话框显示输出信息。

有的操作要在一定条件下才能选择，需要用条件语句实现。对于需要重复选择的操作，应该使用循环语句实现。

3. 响应 HTML 事件

前面已经介绍了基本的事件及其触发条件，现在讨论在代码中调用事件过程的方法。调用事件过程有 3 种方法，下面以在按钮上单击鼠标左键弹出欢迎对话框为例介绍调用事件过程的方法。

◎ 通过名称调用事件过程

```
<HTML>
<HEAD>
<TITLE>事件过程调用的实例</TITLE>
<SCRIPT LANGUAGE=vbscript>
<!--
sub bt1_onClick()
  msgbox "欢迎使用代码实现浏览器的动态效果！"
end sub
```

```
-->
</SCRIPT>
</HEAD>
<BODY>
  <INPUT name=bt1 type="button" value="单击这里">
</BODY>
</HTML>
```

◎ **通过 FOR/EVENT 属性调用事件过程**

```
<HTML>
<HEAD>
<TITLE>事件过程调用的实例</TITLE>
<SCRIPT LANGUAGE=vbscript for="bt1" event="onclick">
<!--
  msgbox "欢迎使用代码实现浏览器的动态效果！"
-->
</SCRIPT>
</HEAD>
<BODY>
  <INPUT name=bt1 type="button" value="单击这里">
</BODY>
</HTML>
```

◎ **通过控件属性调用事件过程**

```
<HTML>
<HEAD>
<TITLE>事件过程调用的实例</TITLE>
<SCRIPT LANGUAGE=vbscript >
<!--
  sub msg()
  msgbox "欢迎使用代码实现浏览器的动态效果！"
end sub
-->
</SCRIPT>
</HEAD>
<BODY>
 <INPUT name=bt1 type="button" value="单击这里" onclick="msg">
</BODY>
</HTML>
<HTML>
<HEAD>
<TITLE>事件过程调用的实例</TITLE>
```

```
</HEAD>
<BODY>
<INPUT name=bt1 type="button" value="单击这里" onclick='msgbox "欢迎使用代码实现浏览器的动态效果！"' language="vbscript">
</BODY>
</HTML>
```

12.2.5 【实战演练】——灯具购物网页

使用“代码”视图窗口输入代码制作灯具购物网页，将网页设为首页并加入收藏效果。（最终效果参看光盘中的“Ch12 > 效果 > 灯具购物网页 > index.html”，如图 12-31 所示。）

图 12-31

12.3 综合演练——在线电影网页

使用“标签选择器”面板制作文字的上、下标效果。（最终效果参看光盘中的“Ch12 > 效果 > 在线电影网页 > index.html”，如图 12-32 所示。）

图 12-32

12.4 综合演练——儿童用品专卖网

使用<marquee>标签制作滚动式消息效果，使用“代码”视图口输入代码为网页添加背景音乐。（最终效果参看光盘中的“Ch12 > 效果 > 儿童用品专卖网 > index.html”，如图 12-33 所示。）

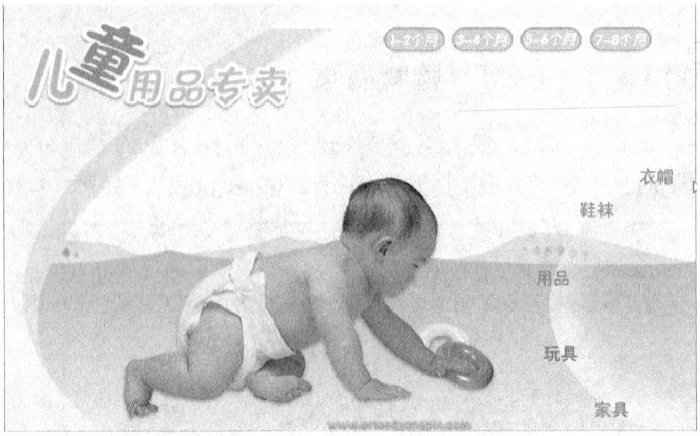

图 12-33